高等院校计算机类规划教材

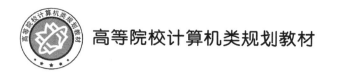

Python 人工智能基础

主　编　孙成立　赵　敏　李　持

副主编　高建波　方　芳　廖　远　涂继亮

北京邮电大学出版社
www.buptpress.com

内 容 简 介

本教材主要涉及人工智能的核心内容——机器学习,主要内容如下所述。

绪论:介绍人工智能的概念、特征、发展历史及人工智能、机器学习、深度学习的关系。

Python 基础:介绍开发环境,包括元组、列表、字典、集合,模块和函数,科学计算库 NumPy,数据分析工具 Pandas,数据可视化,面向对象编程、Python 的 GUI 程序设计及 Python 的数据库编程。

有监督学习算法:K 近邻算法、逻辑回归、决策树、支持向量机等。

无监督学习算法:K 均值算法、基于密度的扫描聚类、高斯聚类模型、主成分分析。

集成学习算法:非强依赖的 Bagging 和 随机森林算法及强依赖的 Boosting 算法(着重讲解 XGBoost 算法)。

神经网络和深度学习:神经网络的基本概念和深度学习基础。

本教材主要面向对 Python 人工智能基础感兴趣的初学者。掌握本教材内容以后,读者可以深入学习深度学习的相关内容。

图书在版编目(CIP)数据

Python 人工智能基础 / 孙成立,赵敏,李持主编 . - - 北京:北京邮电大学出版社,2022.6(2024.7 重印)
ISBN 978-7-5635-6654-9

Ⅰ. ①P⋯ Ⅱ. ①孙⋯ ②赵⋯ ③李⋯ Ⅲ. ①软件工具-程序设计 Ⅳ. ①TP311.561

中国版本图书馆 CIP 数据核字(2022)第 085883 号

策划编辑:刘纳新 姚 顺 责任编辑:王晓丹 米文秋 责任校对:张会良 封面设计:七星博纳

出版发行:北京邮电大学出版社
社　　　址:北京市海淀区西土城路 10 号
邮政编码:100876
发 行 部:电话:010-62282185 传真:010-62283578
E-mail:publish@bupt.edu.cn
经　　　销:各地新华书店
印　　　刷:河北虎彩印刷有限公司
开　　　本:787 mm×1 092 mm　1/16
印　　　张:19.5
字　　　数:483 千字
版　　　次:2022 年 6 月第 1 版
印　　　次:2024 年 7 月第 2 次印刷

ISBN 978-7-5635-6654-9　　　　　　　　　　　　　　　　　　定价:46.00 元

前　　言

随着人工智能理论研究和实践应用的不断深入发展,人工智能基础知识愈显重要。与十多年前甚至更早时期相比,人工智能基础的相关内容已有所变化,迫切需要更新相关教材。

在内容编排上,本教材以机器学习为主要讲解内容,对神经网络和深度学习只做了初步介绍。

与传统教材侧重高等数学、统计学等学科的公式推导相比,本教材从最简单的案例入手,力求将枯燥的理论用通俗易懂的语言深入浅出地进行讲解,避免了深奥又枯燥的公式推导拉高初学者的进入门槛,极大地增加了初学者的学习信心。

不同于有些教材专注于编程用法而回避人工智能理论基础的特点,本教材在重点编排理论基础知识的同时,运用大量案例,从简单到复杂,阶梯式逐步引导,确保初学者在增强学习人工智能的乐趣的同时,领会人工智能相关前沿知识。

此外,本教材所用数据源多数是从 sklearn. datasets 中导入的数据集,极大地解决了初学者难以找到数据源的苦恼。

相信通过对本教材的学习,越来越多的年轻学子将掌握人工智能技术的初步知识,为进一步研究人工智能打下坚实基础,并逐渐运用人工智能技术,发展人工智能技术,为我们的民族、我们的国家贡献一份力量。

本教材由孙成立负责规划全书布局、章节设定等工作;赵敏负责完成多个章节的理论部分的撰写;李持负责编写神经网络和深度学习等的相关内容;高建波、方芳、廖远、涂继亮负责完成各个章节的资料查找及代码调试工作。

由于编者水平有限,书中难免存在疏漏和不足之处,恳请读者批评指正。

目　　录

绪　　论

1. 人工智能的基本概念、智能的特征、人工智能的发展历史

人工智能(Artificial Intelligence,AI)是早已存在的一个研究方向,其试图让机器具备像人类一样的智能,最近 AI 的大热得益于机器学习(machine learning)的助力,尤其是深度学习(deep learning)的助力。机器学习在垃圾邮件识别、房价线性回归预测、医学辅助诊断、字符识别等领域取得了鼓舞人心的进步,而深度学习在图像识别、自然语言处理、语音识别、体育竞技等方面取得了巨大的进步。在学习本书之前,读者需充分了解人工智能、机器学习和深度学习的关系。如图 0.1 所示,机器学习是人工智能领域的子集,而深度学习是机器学习的子集。人工智能是计算机科学的一个分支(它包含多学科的交叉学科),它企图了解智能的实质,并生产出一种新的、能以与人类智能相似的方式做出反应的智能机器。人工智能研究的内容有:计算机视觉、自然语言处理、语音识别、图像识别、机器人和推荐系统等。

图 0.1　人工智能、机器学习和深度学习的关系

人工智能从诞生以来,理论和技术日益成熟,应用领域也不断扩大。20 世纪 50 年代,人工智能进入"推理期",通过赋予机器逻辑推理能力使机器获得智能,当时的 AI 程序能够证明一些著名的数学定理,但由于机器缺乏知识,远不能实现真正的智能。20 世纪 70 年代,人工智能的发展进入"知识期",即将人类的知识总结出来教给机器,使机器获得智能,在这一时期,大量的专家系统问世,在很多领域取得了大量成果,但由于人类知识量巨大,因此出现了"知识工程瓶颈"。无论是"推理期"还是"知识期",机器都是按照人类设定的规则和总结的知识运作,因而并不"智能",而且大量的规则和知识需要耗费的人力成本太高。

于是,一些学者试图让机器自主学习,机器学习方法应运而生,人工智能进入"机器学习时期"。2001 年,在金融贸易竞赛中,具备 AI 的机器人战胜了人类;银行使用 AI 进行金融投资和财产管理;在临床医学领域,人工神经网络被用于辅助决策、分析医学影像、分析心脏声音;在客服方面,呼叫中心的回答机器也使用 AI 技术,自动识别并答复客户的提问;在体育竞技方面,随着 AlphaGo 的问世,曾经被认为机器人无法与人类比拼的竞技项目——围棋,也被 AI 攻克,AlphaGo 在围棋上击败了人类世界冠军李世石和柯洁,现在越来越多的职业围棋选手依赖 AI 训练自己的围棋技艺。人工智能可以对人的意识、思维过程进行模拟,虽然它不是人的智能,但却能像人那样思考,甚至有可能超过人的智能。人工智能发展史上的重要事件如图 0.2 所示。人工智能取得如此重大的进步离不开另外两个概念:机器学习和大数据。

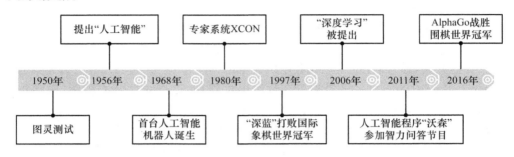

图 0.2　人工智能发展史上的重要事件

人工智能与机器学习、大数据等概念之间存在怎样的联系? 研究"人工智能"的目的是让机器能够像人类一样思考并行动。目前我们离这一目标还有些遥远,而且是否应该这样做(大力研究具备人的智能的机器人)还具有争议①。然而,实际上整个社会已经在全力推进并加速人工智能的研发进程。同时,人工智能被广泛地应用于各个领域,这被称为"应用人工智能",即帮助人类完成各种简单任务的手段或工具。而要实现"应用人工智能",则需要使用机器学习的技术。

关于机器学习的定义有很多,Peter Harrington 在其经典机器学习教程 *Machine Learning in Action* 中提出:"机器学习就是把无序的数据转换成有用的信息。"机器学习用大量数据训练出一个模型,然后使用该模型代替人类完成一些简单的任务,包括分类、回归和聚类分析。机器学习是目前应用人工智能较为主流的实现方式。赛事报道的新闻大同小异,可以借助于机器学习辅助撰写;医生需要机器辅助查看患者的医学影像底片,从而更准确地判断疾病的类型与程度;邮件服务器依赖机器学习鉴别垃圾邮件和正常邮件,从而有效地隔离无用的垃圾邮件……通过机器学习对数据进行训练,得出对应的算法模型,然后用这个模型分析新输入的数据,并自动生成结果,这样做可以显著地提高工作效率。

大数据(big data)提供了训练模型所需要的基础资源。Gartner Group 对大数据的定义为:需要新处理模式才能具有更强的决策力、洞察发现力和流程优化能力来适应海量、高增长率和多样化的信息资产。对这些数量惊人、形式多变的数据进行收集、管理、分析等工作的技术被称为"大数据技术"。海量数据经过预处理后变为实现应用人工智能的基础资料,计算机正是利用这些数据,并依据机器学习的算法,完成模型的训练,也即顺利完成"学习",然后利用训练后的模型去实现人类给予的新任务。

2. 人工智能的研究内容及研究领域

人工智能的研究范围如图 0.3 所示,其中机器学习是人工智能的核心,是实现人工智能

---

① 伟大的英国天体物理学家史蒂芬·霍金认为人类不应该大力研发人工智能技术,因为机器人拥有人类难以比拟的体力和记忆力,一旦机器人拥有了智能,那对人类是一种灾难。

的途径。根据学习的任务模式,机器学习可以分为四大类:监督学习、无监督学习、半监督学习和增强学习。这样分类符合麦肯锡思维的准则,即分类必须相互独立、完全穷尽。图0.3中的"深度学习""集成学习"和"迁移学习"不能作为机器学习的类别,但是却属于机器学习的范畴。

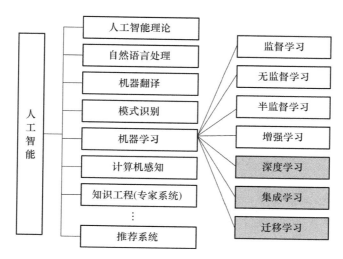

图0.3　人工智能和机器学习的关系及机器学习的分类

监督学习(supervised learning)利用带有标签的数据来训练模型,再用训练好的模型去测试新的数据。这种学习方式类似于学生利用带有答案的习题册进行学习,然后举一反三地做习题册中没有答案的题目。在这个例子中,"答案"等价于标签,"习题"等价于数据,"习题册中没有答案的题目"等价于新的数据。在监督学习中,数据=(特征,标签),其主要任务是对数据进行分类和回归分析。

无监督学习(unsupervised learning)用于找出输入数据的模式。典型的有对数据的聚类分析,如根据电影的特征做聚类分析并进行电影的标识(属于哪类电影)。此外,无监督学习还可以用于降维,从而能够更加清晰地认识数据。在无监督学习中,数据=(特征)。

半监督学习(semi-supervised learning)介于监督学习和无监督学习之间。实际上,生活中的数据大多数没有标签,同时对大多数数据进行标记的代价是很高的,因而半监督学习适用于样例集中一部分数据没有标签的情况。在半监督学习中,数据=(特征,标签)或者(特征)。

例如,对猫和狗的照片进行分类:

- 监督学习利用已有的猫和狗的标签,对新照片进行分类;
- 无监督学习利用照片里的特征将照片聚类为猫和狗两大类;
- 半监督学习先将未标记的照片聚类生成标签,再结合已有的标签进行分类。

增强学习(reinforcement learning)是在行动中学习,与监督学习不同的是它不需要输入和标签,而是根据环境对智能体(agent)在不同状态(state)下的行为(action)进行评价。评价分为正评价(奖励)和负评价(惩罚)。在增强学习中,数据=(特征,评价)。以股票交易系统为例,股票交易市场就是环境,交易系统就是智能体,股票价格就是状态,买卖股票的动作就是行为。股票交易系统持续预测股价,如果正确则奖励,反之则惩罚,通过不断地与市场交互,从而不断完善自己的系统,使自己越来越准确。

集成学习(ensemble learning)并不是机器学习的一个分类,它只是将若干个学习器(分类器或回归器)组合之后产生的一个新的学习器。弱分类器指那些分类准确率只稍微高于随机猜测的分类器。集成算法的优点在于保证弱分类器的多样性,而且集成不稳定的算法也能够得到比较明显的性能提升。

深度学习(deep learning)是机器学习的一个子集,它受生物学启发,通过各种神经网络来建模,通过调节各层节点的权重,建立输入与输出之间的关系。深度学习中的卷积神经网络可用于监督学习中的图片分类,循环神经网络可用于回归分析,同时,深度学习还可用于无监督学习中的聚类,在增强学习中也得到了应用。

迁移学习是将已训练好的模型参数迁移到新的模型中进行训练,而不需要从零开始学习。迁移学习的核心是找到新问题与原问题的相似性。迁移学习有一个有标签的数据 s＝(特征 s,标签 s)和一个无标签的数据 t＝(特征 t),在这两个领域中,特征 s 和特征 t 的分布不同,迁移学习就是要借助于 s 中的知识来学习 t 中的知识。

简而言之,机器学习是实现人工智能的途径与手段,大数据则提供实现人工智能的基础资料。大数据是人工智能的基础,而使大数据转变为知识或生产力离不开机器学习,**可以说机器学习是人工智能的核心,是使机器具有类似于人的智能的根本途径**。本书将集中于机器学习的知识,通过 Python 语言(一种适用于人工智能分析的计算机高级语言)进行编程,通过实例讲解机器学习中的各个算法及其应用。开发环境可以选择:Jupyter Notebook、PyCharm 或者 Spyder 等。

第1章 Python 基础

Python 是一种解释型的、面向对象的、动态数据类型的高级程序设计语言。

Python 由 Guido van Rossum 于 1989 年年底发明,第一个公开发行版发行于 1991 年。

像 Perl 语言一样,Python 源代码同样遵循 GPL(GNU General Public License) 协议。

Python 的设计具有很强的可读性,除具有其他语言经常使用的英文关键字、标点符号外,Python 还具有比其他语言更有特色的语法结构。

Python 是一种解释型语言:这意味着开发过程中没有编译环节。类似于 PHP 和 Perl 语言。

Python 是交互式语言:可以在一个 Python 提示符 >>> 后直接执行代码。

Python 是面向对象语言:Python 支持面向对象的编程技术。

Python 是初学者的语言:应用领域非常广泛,从简单的文字处理到 WWW 浏览器再到游戏都可以使用 Python 开发,Python 对初学者而言,其语法简单,易学易用。

1.1 开发环境、Python 基础知识

1.1.1 开发环境

本书所介绍的关于人工智能的开发环境框架是在 Windows 10 操作系统上进行搭建的。安装过程参照附录中的安装指南,基本上不会出现安装其他 IDE 时可能出现的各种路径配置等问题,搭建好以后再根据后续章节进行学习,对于初学者来说非常容易上手。

Anaconda 中的 Jupyter Notebook 相对于 PyCharm 来说,更多地用在数据探索和算法设计阶段,需要获得一段代码结果,PyCharm 更加适用于工程化的项目,如编写一个 python 库,或者编写一个项目等。对于刚上手的人来说,Jupyter Notebook 更加友好。

1.1.2 Python 基础知识

1. Python 是解释型编程语言

程序指的是一系列指令,用来告诉计算机做什么。而编写程序的关键在于,需要用计算机可以理解的语言来提供这些指令。为了有效避开所有影响给计算机传递指令的因素,计算机科学家们设计了一些符号,这些符号各有其含义,且无二义性,通常称它们为编程语言。编程语言中的每个结构都有固定的使用格式(称为语法)以及精确的含义(称为语义)。换句话说,编程语言指定了成套的规则,用来编写计算机可以理解的指令。习惯上,将这一条条指令称为计算机代码,而用编程语言来编写算法的过程称为编写代码。

Python 语言是一种编程语言,和 C、C++ 等编程语言一样,属于高级计算机语言。使

用高级计算机语言的目的是方便程序员理解和使用。但是,计算机硬件只能理解一种非常低级的编程语言,称为机器语言(二进制指令)。

使用 Python 编程语言,对两个数求和可以很自然地用 c＝a＋b 表示,但需要设计一种方法,将高级语言翻译成计算机可以执行的机器语言,有两种方法可以实现,分别是使用编译器和使用解释器(编译型语言和解释型语言的区别如表1.1所示)。

表 1.1 编译型语言和解释型语言的区别

类型	原理	优点	缺点
编译型语言	通过专门的编译器,将所有源代码一次性转换成特定平台(Windows、Linux 等)执行的机器码(以可执行文件的形式存在)	编译一次后,脱离了编译器也可以运行,并且运行效率高	可移植性差,不够灵活
解释型语言	由专门的解释器,根据需要将部分源代码临时转换成特定平台执行的机器码	跨平台性好,通过不同的解释器,可将相同的源代码解释成不同平台下的机器码	一边执行一边转换,效率很低

在什么时候将源代码转换成二进制指令呢?不同的编程语言有不同的规定:

有的编程语言要求必须提前将所有源代码一次性转换成二进制指令,也就是生成一个可执行程序(Windows 下的.exe),如 C、C＋＋等,这种编程语言称为编译型语言,使用的转换工具称为编译器。

有的编程语言可以一边执行一边转换,需要哪些源代码就转换哪些源代码,不会生成可执行程序,如 Python、JavaScript、PHP、Shell、MATLAB 等,这种编程语言称为解释型语言,使用的转换工具称为解释器。

Python 属于典型的解释型语言,所以运行 Python 程序需要解释器的支持,只要在不同的平台安装了不同的解释器,代码就可以随时运行,不用担心任何兼容性问题,真正实现"一次编写,到处运行"。

Python 几乎支持所有常见的平台,如 Linux、Windows、Mac OS、Android、FreeBSD、Solaris、PocketPC 等,所写的 Python 代码无须修改就能在这些平台上正确运行。也就是说,Python 的可移植性很强。

2. Python 的优缺点

(1) Python 的优点

1) 语法简单

和传统的 C、C＋＋等编程语言相比,Python 对代码格式的要求没有那么严格,这使得用户在编写代码时比较舒服,不用在细枝末节上花费太多精力。在开发 Python 程序时,用户可以专注于解决问题本身,而不用顾虑语法。

2) Python 是开源的

开源,也即开放源代码,即所有用户都可以看到源代码。官方将 Python 解释器和模块的代码开源,是希望所有 Python 用户都参与进来,一起改进 Python 的性能,弥补 Python 的不足。

3）Python 是免费的

大多数的开源软件是免费软件，Python 编程语言既开源又免费。用户使用 Python 开发或者发布自己的程序，不需要支付任何费用。

4）Python 是高级语言

Python 封装较深，隐藏了很多底层细节，如 Python 会自动管理内存（需要时自动分配，不需要时自动释放）。高级语言的优点是使用方便，缺点是隐藏了深层的设计细节。

5）Python 是解释型、跨平台语言

Python 是解释型语言，一般都是跨平台的（可移植性强）。

6）Python 是面向对象的编程语言

Python 支持面向对象，但它不强制使用面向对象。Java 是典型的面向对象的编程语言，但是它强制必须以类和对象的形式来组织代码。

7）Python 功能强大（模块众多）

Python 的模块众多，几乎可以实现所有的常见功能。除了 Python 官方提供的核心模块，很多第三方机构也会参与开发模块。

8）Python 可扩展性强

Python 的可扩展性体现在它的模块上，Python 具有脚本语言中最丰富和强大的类库，这些类库覆盖了文件 I/O、GUI（图形用户界面）、网络编程、数据库访问、文本操作等绝大部分应用场景。Python 依靠其良好的可扩展性，在一定程度上弥补了运行效率低的缺点。

（2）Python 的缺点

1）运行速度慢

运行速度慢是解释型语言的通病。Python 速度慢不仅仅是因为一边运行一边“翻译”源代码，还因为 Python 是高级语言，屏蔽了很多底层细节。这个代价也是很大的，Python 要做很多工作，有些工作特别消耗资源，如管理内存。随着计算机的硬件速度越来越快，硬件性能的提升可以弥补运行速度慢的不足。

2）代码加密困难

不像编译型语言的源代码会被编译成可执行程序，Python 是直接运行源代码，因此对源代码进行加密比较困难。

3. Python 的应用领域

Python 作为一种简单实用的编程语言，它的应用尤其广泛，主要应用于以下几个领域。

（1）网页开发

Python 可以作为一种服务器语言辅助前后端开发。在前端可以帮助生成各种文件，实现网页端的动态呈现；在后端可以用来创建不同的应用程序，处理前端传过来的请求。目前 Python 有很多网页框架（Flask、Bottle、Django 等）和数据处理函数库（Pandas、NumPy、Feedparser 等）可以直接调用，能极大地提升网页开发的速度。

（2）数据分析、数据科学

Python 有大量的数据分析和机器学习方面的模块可以使用。例如，Pandas 和 NumPy 可以搭配起来处理数据表格，SciPy 可以对数据进行统计，Matplotlib 可以生成各种图表，Scikit-Learn 模块有多种机器学习算法的函数可以调用，极大地减少了研究者的工作量。

（3）AR/VR

AR 是指增强现实技术，VR 是指虚拟现实技术，涉及很多的视频处理、图像处理任务。而 Python 提供了相关模块，其内部具有大量的函数可以调用，如过滤图片噪声、剪切图片、调整图片灰度、旋转和调整图片大小、边缘检测、模板匹配等，都可以处理 AR/VR 所涉及的图像、视频方面的问题。

（4）自然语言处理（NLP）

自然语言处理研究能实现人与计算机之间用自然语言进行有效通信的各种理论和方法。自然语言处理是一门融语言学、计算机科学、数学于一体的科学。在 Python 中可以导入相关模块（如 NLTK），可以实现对语句进行分类、提取关键词、比较两个语句之间的相似度等。

（5）网络爬虫

Python 语言很早就用来编写网络爬虫。Google 等搜索引擎公司大量地使用 Python 语言编写网络爬虫。

【例 1.1】 第一个 Python 程序。

新建一个 Python3 文件，在 In[ ]所在区域输入：print（"Hello，Python!"）。界面如图 1.1所示。

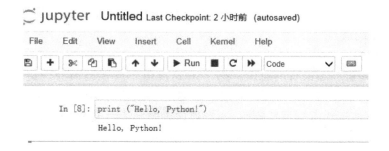

图 1.1　例 1.1 的界面

4. Python 标识符

在 Python 中，所有标识符可以包括字母、数字以及下划线，但不能以数字开头。Python 中的标识符是区分大小写的。

以下划线开头的标识符具有特殊意义。以单下划线开头的标识符（如 _toy）表示为受保护的成员，需通过类的接口进行访问，不能用 from xxx import * 来导入。以双下划线开头的标识符（如 __foo）代表类的私有成员。以双下划线开头和结尾的标识符代表 Python 的特殊方法专用的标识，如 __init__（）代表类的构造函数。

5. Python 保留字

表 1.2 列出了 Python 中的保留字，这些保留字不能用作常量或变量，或者任何其他标识符名称。所有 Python 中的保留字只包含小写字母。

表 1.2 Python 中的保留字

保留字	保留字	保留字
and	exec	not
assert	finally	or
break	for	pass
class	from	print
continue	global	raise
def	if	return
del	import	try
elif	in	while
else	is	with
except	lambda	yield

6. 行和缩进

Python 与其他语言最大的区别就是,Python 的代码块不使用大括号{}来控制类、函数以及其他逻辑块。Python 最具特色的是用缩进来写模块,如图 1.2 所示。缩进的空格数量是可变的,但是所有代码块语句包含相同的缩进空格数量。图 1.2 中缩进为 4 个空格。

```
a=5
if a==6:
    print ("True")
else:
    print ("False")

False
```

图 1.2 用缩进来写模块

【例 1.2】 Python 的注释语句及变量的定义。

```
gender = 'female'
name = "Hilary"   # 字符串
# 用反斜杠(\)将一条语句写在多行
tt = name + "   " + \
    gender
print(tt)
a = [0,1,2,
    3,4,5]   # 语句中包含[]、{}或()则不需要使用多行连接符反斜杠(\)
print(a)
print(gender);print(name)   # 多条语句写在一行,每条语句用分号隔开
```

运行结果如图 1.3 所示。

```
Hilary  female
[0, 1, 2, 3, 4, 5]
female
Hilary
```

图 1.3 例 1.2 的运行结果

关于语句和注释的说明：

- 通常一行一条语句；也有一行多条语句的，每条语句用分号隔开。
- 可以使用反斜杠（\）将一条语句写在多行；语句中包含［］、{}或()则不需要使用多行连接符反斜杠（\）。
- 可以使用引号(′)、双引号(″)、三引号(′′′或″″″) 来表示字符串，引号的开始与结束必须相互匹配，其中三引号可以由多行组成，是编写多行文本的快捷语法，常用于文档字符串。有时，三引号用来做多行注释。
- 井号(♯)作为一行注释。

Python 中的变量赋值不需要类型声明。允许同时为多个变量赋值，如 a，b，c ＝ 7，9，″Hilary″。

1.2 列表、元组、字典、集合

不同编程语言中的数据类型类似，但具体表示方法有所不同，以下是 Python 编程常用的数据类型：Number（数字）、String（字符串）、Bool（布尔型）、List（列表）、Tuple（元组）、Dictionary（字典）、Set（集合）。

数字：主要包括 int（整型）、float（浮点型）、complex（复数型）。

字符串：加了引号的字符都被认为是字符串，其声明有 3 种方式，分别是单引号、双引号和三引号。Python 中的字符串有两种数据类型，分别是 str 类型和 unicode 类型。str 类型采用 ASCII 编码，无法表示中文；unicode 类型采用 unicode 编码，能够表示任意字符，包括中文和其他语言。

布尔型：Python 的布尔类型也是用于逻辑运算，有两个值：True（真）和 False（假）。

以上几种数据类型在其他高级语言中都有介绍过，本章重点讲解 List（列表）、Tuple（元组）、Dictionary（字典）、Set（集合）等数据类型。

1. 列表

列表是 Python 中使用特别频繁的数据类型。列表可以完成大多数集合类的数据结构实现。它支持字符、数字、字符串，甚至可以包含列表（即嵌套）。列表用［ ］标识，是 Python 通用的复合数据类型。创建列表使用[]，如果要创建一个空的列表，直接用[]表示即可。

列表中值的切割需要用到变量［上界：下界］，可以截取相应的列表，从左到右索引默认从 0 开始，从右到左索引默认从一1 开始，下标可以为空，表示取到头或尾。

列表的函数和方法分别如表 1.3 和表 1.4 所示。

表 1.3 列表的函数

函数	说明
len(list)	列表元素个数
max(list)	返回列表元素最大值
min(list)	返回列表元素最小值
list(seq)	将元组转换为列表

表 1.4 列表的方法

方法	作用
list. append(obj)	在列表末尾添加新的对象
list. count(obj)	统计某个元素在列表中出现的次数
list. extend(seq)	在列表末尾一次性追加另一个序列中的多个值(用新列表扩展原来的列表)
list. index(obj)	从列表中找出某个值第一个匹配项的索引位置
list. insert(index, obj)	将对象插入列表
list. pop(obj=list[−1])	移除列表中的一个元素(默认是最后一个元素),并且返回该元素的值
list. remove(obj)	移除列表中指定值的第一个匹配项
list. reverse()	反转列表中的元素
list. sort([func])	对原列表进行排序

【例 1.3】 创建列表、索引列表、追加列表项、在指定位置添加列表项。

```
list1 = ['Fang','Min', 1997, 2000] #创建列表,即用逗号分隔的不同数据项
list2 = [1, 2, 3, 4, 5, 6, 7 ]
print("list1[0]: ", list1[0]) #列表元素的输出
print ("list2[1:5]: ", list2[1:5]) #从左到右索引默认从 0 开始,不包含终点
list1.append('Liao') # 向 list1 末尾添加一个数据项
print(list1)
list1.insert(4,'Gao') #向列表指定位置插入一个元素,参数一:index,位置,参数
二:object
print(list1)
```

运行结果如图 1.4 所示。

```
list1[0]: Fang
list2[1:5]: [2, 3, 4, 5]
['Fang', 'Min', 1997, 2000, 'Liao']
['Fang', 'Min', 1997, 2000, 'Gao', 'Liao']
```

图 1.4 例 1.3 的运行结果

【例 1.4】 扩展列表,遍历列表,使用 remove()方法移除列表中指定值的第一个匹配项,使用pop()、del 从列表中移除指定索引号对应的项。

```
a = [1,2,3]
b = [4,5,6]
a.extend(b) #List.extend(tableList),扩展列表
print(a)
print("遍历列表")
for i in a:
    print(i) #遍历列表
print(a[1]) #只输出列表中的某一个元素
print("从列表 b 中移除值为 5 的项")
b.remove(5) #从列表 b 中移除值为 5 的项
print(b)
print("从列表 c 中移除索引号为 4 的项")
c = [1, 2, 3, 4, 5, 6]
c.pop(4) #pop 可通过参数 index 删除指定位置的元素,默认为最后一个元素
print(c)
print("用 del 从列表 c 中移除第二项")
del c[1]
print(c)
```

运行结果如图 1.5 所示。

```
[1, 2, 3, 4, 5, 6]
遍历列表
1
2
3
4
5
6
2
从列表b中移除值为5的项
[4, 6]
从列表c中移除索引号为4的项
[1, 2, 3, 4, 6]
用del从列表c中移除第二项
[1, 3, 4, 6]
```

图 1.5　例 1.4 的运行结果

【例 1.5】　列表的反转与排序。

```
a = [1, 2, 3, 4, 5, 6]
print("反转列表中的数据项")
a.reverse();print(a)
print("为列表中的数据项排序")
b = [2,4,6,7,3,1,5] #Python3X 中,不能将数字和字符一起排序,会出现报错
b.sort()
print(b)
```

运行结果如图 1.6 所示。

```
反转列表中的数据项
[6, 5, 4, 3, 2, 1]
为列表中的数据项排序
[1, 2, 3, 4, 5, 6, 7]
```

图 1.6　例 1.5 的运行结果

2. 元组

元组和列表一样,也是一种序列,与列表不同的是,元组是不可修改的,元组用()标识,内部元素用逗号隔开。

【**例 1.6**】　输入某年某月某日,判断这一天是这一年的第几天。

```
year = int(input('year:\n'))
month = int(input('month:\n'))
day = int(input('day:\n'))
months = (0,31,59,90,120,151,181,212,243,273,304,334)#创建元组
if 0 < month <= 12:
    sum = months[month - 1]#索引元组中的第几个数据项
else:
    print ('data error')
sum += day
leap = 0
# 判断是否为闰年,如果为闰年,则天数加 1
if (year % 400 == 0) or ((year % 4 == 0) and (year % 100 != 0)):
    leap = 1
if (leap == 1) and (month > 2):
    sum += 1
print ('it is the % dth day.' % sum)
```

运行结果如图 1.7 所示。请同学们考虑:如果闰年的 2 月份输入的日期大于 29,或者非闰年的 2 月份输入的日期大于 28,以及 1,3,5,7,8,10,12 月份输入的日期大于 31,4,6,9,11 月份输入的日期大于 30,应该怎样修改程序。

```
year:
2020
month:
7
day:
9
it is the 191th day.
```

图 1.7　例 1.6 的运行结果

3. 字典

字典是一种可变的容器,可以存储任意类型的数据;字典中每个数据都是用"键"(key)进行索引,而不像列表可以用下标进行索引;字典的数据没有先后顺序关系,列表是有序的

对象集合,字典是无序的对象集合;字典中的数据以键(key)-值(value)对的形式进行映射存储;字典的键不能重复,且只能用不可变类型作为字典的键。

字典也是 Python 提供的一种常用的数据结构,它用于存放具有映射关系的数据,如有份账单数据,鱼:79,蔬菜:20,牛肉:90,这组数据看上去像两个列表,但这两个列表的元素之间有一定的关系,如果单纯使用两个列表来保存这组数据,则无法记录两个列表之间的对应关系。为了保存具有映射关系的数据,Python 提供了字典,字典相当于保存了两组数据,其中一组数据是关键数据,被称为 key,另一组数据可通过 key 来访问,被称为 value。

由于字典中的 key 是非常关键的数据,而且程序需要通过 key 来访问 value,因此字典中的 key 不允许重复。

程序既可使用花括号语法来创建字典,也可使用 dict()函数来创建字典。dict 是一种类型,即 Python 中的字典类型。在使用花括号语法创建字典时,花括号中应包含多个key-value对,key 与 value 之间用英文冒号隔开,多个 key-value 对之间用英文逗号隔开。

表 1.5 和表 1.6 分别介绍了字典的一些内置函数和内置方法。

表 1.5　字典的内置函数

函数	作用
len（dict）	计算字典元素个数,即键的总数
str(dict)	输出字典可打印的字符串表示
type(variable)	返回输入的变量类型,如果变量是字典就返回字典类型

表 1.6　字典的内置方法

方法	作用
dict. clear()	删除字典内所有元素
dict. copy()	返回一个字典的浅复制
dict. fromkeys(seq[, val])	创建一个新字典,以序列 seq 中的元素做字典的键,val 为字典所有键对应的初始值
dict. get(key, default＝None)	返回指定键的值,如果值不在字典中则返回 default 值
dict. has_key(key)	如果键在字典 dict 中则返回 True,否则返回 False
dict. items()	以列表返回可遍历的(键,值)元组数组
dict. keys()	以列表返回一个字典所有的键
dict. setdefault(key, default＝None)	和 get()类似,但如果键不存在于字典中,将会添加键并将值设为 default
dict. update(dict2)	把字典 dict2 的键值对更新到 dict 中
dict. values()	以列表返回字典中的所有值
pop(key[,default])	删除字典给定键 key 所对应的值,返回值为被删除的值。key 值必须给出,否则,返回 default 值
popitem()	返回并删除字典中的最后一对键和值

【例 1.7】　创建字典、创建空字典、弹出字典中的最后一项、求字典的长度、删除字典中的某项、清空字典的内容。

```
prices = {'鱼': 79, '蔬菜': 20, '牛肉': 90}
print(prices)
# 创建空的字典,空的花括号代表空的字典
dict1 = {}
print(dict1)
# 将弹出的项的 key 赋值给 k、value 赋值给 v
k, v = prices.popitem()
print(k, v)   # 牛肉 90
# 使用元组作为 dict 的 key
dict2 = {(10, 30):'good', 50:'bad'}
print(dict2)
del prices['鱼']   # 删除键是'鱼'的条目
print(prices)
print("清空字典前的长度:",len(prices))# 字典的长度
prices.clear()   # 清空字典的内容
print("清空字典后的长度:", len(prices))
```

运行结果如图 1.8 所示。

```
{'鱼': 79, '蔬菜': 20, '牛肉': 90}
{}
牛肉 90
{(10, 30): 'good', 50: 'bad'}
{'蔬菜': 20}
清空字典前的长度: 1
清空字典后的长度: 0
```

图 1.8 例 1.7 的运行结果

【例 1.8】 浅复制示例。

```
a = {'one': 1, 'two': 2, 'three': [1,2,3]}
b = a.copy()
# 向 a 中添加新键值对,由于 b 已经提前将 a 中所有键值对都浅复制过来,因此 a 添加
新键值对不影响 b
a['four'] = 100
print(a)
print(b)
# 由于 b 和 a 共享[1,2,3](浅复制),因此移除浅复制操作前 a 中列表的元素也会影响 b
a['three'].remove(1)
print(a)
print(b)
```

运行结果如图 1.9 所示。

4. 集合

集合是可变的容器;集合内的数据对象是唯一的,是不可重复的;集合内的数据对象是

15

```
{'one': 1, 'two': 2, 'three': [1, 2, 3], 'four': 100}
{'one': 1, 'two': 2, 'three': [1, 2, 3]}
{'one': 1, 'two': 2, 'three': [2, 3], 'four': 100}
{'one': 1, 'two': 2, 'three': [2, 3]}
```

图 1.9　例 1.8 的运行结果

无序的,即集合中的数据没有先后关系;集合内的元素必须是不可变对象;集合是可迭代的;集合相当于只有键没有值的字典(键则是集合的数据)。

&:生成两个集合的交集。

|:生成两个集合的并集。

一:生成两个集合的补集。

^:生成两个集合的对称补集。

<:判断一个集合是否为另一个集合的子集。

>:判断一个集合是否为另一个集合的超集。

==/!=:判读集合是否相同/不同。

in/not in 运算符:判断 in 右侧的内容里是否包含左侧的内容,包含则返回真,不包含则返回假。判断 not in 右侧的内容里是否不包含左侧的内容,不包含则返回真,包含则返回假。

表 1.7 介绍了集合的内置方法。

表 1.7　集合的内置方法

方法	作用
s1. add(e)	在集合中添加一个新的元素 e;如果 e 已经存在,则不添加
s1. remove(e)	从集合中删除一个元素,如果该元素不存在于集合中,则产生 KeyError 错误
s1. discard(e)	从集合中移除一个元素 e,如果 e 不存在,则什么都不做
s1. clear(e)	清空集合内的所有元素
s1. copy(e)	将集合进行一次浅复制
s1. pop(e)	从集合中删除一个随机元素,如果集合为空则产生 KeyError 异常
s1. update(s2)	用 s1 与 s2 得到的全集更新 s1 集合
s1. difference(s2)	s1—s2 运算,返回存在于 s1 但不存在于 s2 中的索引元素的集合
s1. difference_update(s2)	等同于 s1=s1—s2
s1. intersection(s2)	等同于 s1&s2
s1. intersection_update(s2)	等同于 s1=s1&s2
s1. isdisjoint(s2)	如果 s1 与 s2 的交集为空则返回 True,非空则返回 False
s1. issubset(s2)	如果 s1 是 s2 的子集则返回 True,否则返回 False
s1. issuperset(s2)	如果 s1 包含 s2 则返回 True,否则返回 False
s1. symmetric_difference(s2)	s1 与 s2 的对称补集
s1. symmetric_difference_update(s2)	s1 与 s2 的对称补集,更新 s1
s1. union(s2)	生成 s1 与 s2 的并集

【**例1.9**】　创建集合,计算集合的并、交、差、对称补集及判断一个集合是否为另一个集合的子集。

```
s1 = {1,2,3}    #创建集合,可以直接用花括号
s2 = {2,3,4}    #创建集合,可以传入一个列表
s3 = s1 & s2    #集合的交集
print(s3)
s4 = s1 | s2    #集合的并集
print(s4)
s5 = s1 - s2    #集合的差
print(s5)
s6 = s1 ^ s2    #生成两个集合的对称补集,等同于 s6 = (s1-s2)|(s2-s1)
print(s6)
s11 = {2,3}
print(s11 < s1 )   #判断 s11 是否为 s1 的子集
```

运行结果如图1.10所示。

```
{2, 3}
{1, 2, 3, 4}
{1}
{1, 4}
True
```

图1.10　例1.9的运行结果

5. 数组

数组是同一类型的数据的有限集合。

【**例1.10**】　简单的列表相加及数组相加的示例。

```
import numpy as np
lis1 = [2,2,3]    #lis1 是列表类型
arraya = np.array([1,2,3])    # arraya 是数组类型
#从下面的 print 中可以看出 list 和 array 都可以根据索引来操作
print("输出列表 list1 及列表中的第一个元素",lis1,lis1[0])
print("输出数组 arraya 及数组中的第一个元素",arraya,arraya[0])
#从下面的 print 中可以看出 list 的加法运算是列表长度的增加,与数学计算无关
#而 array 的加法运算是真正的数学四则运算
print("list + list = ",lis1 + lis1,'\n',' array + array = ',arraya + arraya)
```

运行结果如图1.11所示。

```
输出列表list1及列表中的第一个元素 [2, 2, 3] 2
输出数组arraya及数组中的第一个元素 [1 2 3] 1
list+list= [2, 2, 3, 2, 2, 3]
 array+array= [2 4 6]
```

图1.11　例1.10的运行结果

1.3 模块和函数

1. 模块的创建

Python 提供了强大的模块支持。Python 标准库中包含了大量的模块(称为标准模块),此外还有大量的第三方模块,开发者可以开发自定义模块。这些强大的模块可以极大地提高开发者的开发效率。模块的英文为 Modules。可以说模块就是 Python 程序,任何 Python 程序都可以作为模块,是一个以 .py 为扩展名的文件,包含了 Python 对象定义和 Python 语句。在模块中可以定义变量、函数、类,模块中也可以包含可执行的代码。模块能够让程序员有逻辑地组织 Python 代码段。模块可以比作一盒积木,通过它可以拼出多种主题的玩具。一个函数仅相当于一块积木,而一个模块(.py 文件)中可以包含多个函数,也就是很多积木。模块具有方便开发、便于维护、模块复用等优点。

模块是对代码更高级的封装,即把能够实现某一特定功能的代码编写在同一个 .py 文件中,并将其作为一个独立体,这样既可以方便其他程序或脚本导入、使用,还能有效避免函数名和变量名发生冲突。

【例 1.11】 在某一目录下,使用 PyCharm 创建一个名为 M1.py 的模块文件,并在该模块中定义一个函数 newyear(),M1.py 模块文件的代码为:

```
def newyear():
    print("Happy new year!")
```

在同一目录下,再创建一个 M1import.py 文件,在该文件中导入刚刚创建的 M1.py 模块文件,并调用模块中的函数,M1import.py 文件的代码为:

```
import M1
M1.newyear()
```

运行 M1import.py 文件,其运行结果如图 1.12 所示。

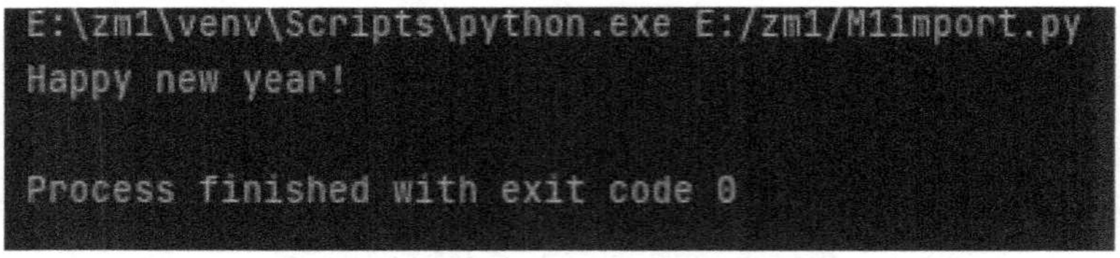

```
E:\zm1\venv\Scripts\python.exe E:/zm1/M1import.py
Happy new year!

Process finished with exit code 0
```

图 1.12 例 1.11 的运行结果

M1import.py 文件中使用了原本在 M1.py 模块文件中定义的 newyear()函数。相对于 M1import.py 来说,M1.py 就是一个自定义的模块,需要将 M1.py 模块导入 M1import.py 文件中,然后就可以直接在 M1import.py 文件中使用 M1.py 模块中的资源。

2. 模块的导入

使用 Python 进行编程时,有些功能可以借助于 Python 现有的标准库或者其他人提供的第三方库来实现。如使用一些数学函数〔余弦函数 cos()、绝对值函数 fabs()等〕,它们位于 Python 标准库的 math(或 cmath)模块中,只需要将此模块导入当前程序,即可直接使用这些函数。需要使用 import 导入模块,import 主要有以下两种导入模块的方法。

① import 模块名 1 ［as 别名 1］，模块名 2 ［as 别名 2］，…

该方法导入指定模块中的所有成员（包括变量、函数、类等）。当需要使用模块中的成员时，需用该模块名（或别名）作为前缀，否则 Python 解释器会报错。

② from 模块名 import 成员名 1 ［as 别名 1］，成员名 2 ［as 别名 2］，…

该方法导入模块中指定的成员，而不是全部成员。同时，当程序中使用某成员时，无须附加任何前缀，直接使用成员名（或别名）即可。

【例 1.12】　使用模块别名作为前缀访问模块中的成员，其代码为：

```
import sys as s,os as o
print(s.argv[0])
print(o.sep)
```

运行结果如图 1.13 所示。

```
E:/zm1/M1import.py
\
```

图 1.13　例 1.12 的运行结果

说明：sys 模块内的 argv 变量用于获取运行 Python 程序的命令行参数，其中 argv[0] 用于获取当前 Python 程序的存储路径。os 模块的 sep 变量代表平台上的路径分隔符。

【例 1.13】　使用 from...import 导入指定成员，可以直接使用成员名，其代码为：

```
from sys import argv
print(argv[0])
```

运行结果为 。

说明：在程序中直接使用 argv 成员，无须使用任何前缀。

另外，如果执行文件和模块不在同一目录，则直接使用 import 找不到自定义模块。可以通过 sys 模块导入自定义模块的 path。sys 模块是 Python 内置的，因此在执行文件中导入不在同一目录下的自定义模块的步骤如下：

① 先导入 sys 模块。

② 然后通过 sys.path.append(path) 函数来导入自定义模块所在的目录。

③ 导入自定义模块。

3. __name__ ＝＝"main"的用法

一个 Python 文件有两种使用方法：一是作为脚本直接执行；二是导入其他的 Python 脚本中被调用执行。而 if __name__ ＝＝"main": 的作用是控制这两种情况执行代码的过程，在 if __name__ ＝＝"main": 下的代码只有在第一种情况下（即文件作为脚本直接执行）才会被执行，而导入到其他脚本中是不会被执行的。

【例 1.14】　可以直接执行 test1.py 文件，执行 if __name__ ＝＝ "main": 后面的代码段。

```
#test1.py
print("what is this?")
if __name__ == "__main__":
```

```
print("what is that?")
```

运行结果如图 1.14 所示。

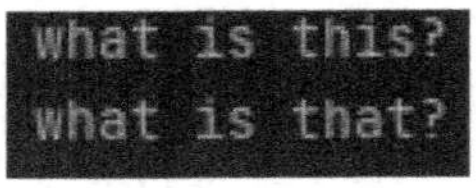

图 1.14　例 1.14 的运行结果

在 test1im.py 文件中导入 test1.py 文件,则不执行 if __name__ == "main":后面的代码段。test1im.py 文件中的代码为:

```
♯test1im.py
import test1
```

运行结果为 what is this? 。

4. 模块的内置函数

Python 模块的内置函数如表 1.8~表 1.13 所示。

表 1.8　数学运算的内置函数

分类	函数	作用
数学运算	abs	求数值的绝对值
	divmod	返回两个数值的商和余数
	max	返回可迭代对象中元素的最大值或所有参数的最大值
	min	返回可迭代对象中元素的最小值或所有参数的最小值
	pow	返回两个数值的幂运算值或其与指定整数的模值
	round	对浮点数进行四舍五入求值
	sum	对元素类型是数值的可迭代对象中的每个元素求和

表 1.9　类型转换的内置函数

分类	函数	作用
类型转换	bool	根据传入的参数逻辑值,创建一个新的布尔值
	int	根据传入的参数,创建一个新的整数
	float	根据传入的参数,创建一个新的浮点数
	complex	根据传入的参数,创建一个新的复数
	str	返回一个对象的字符串表现形式(给用户)
	bytearray	根据传入的参数,创建一个新的字节数组
	bytes	根据传入的参数,创建一个新的不可变字节数组
	memoryview	根据传入的参数,创建一个新的内存查看对象
	ord	返回 Unicode 字符对应的整数
	chr	返回整数所对应的 Unicode 字符
	bin	将整数转换成二进制字符串
	oct	将整数转换成八进制字符串

续 表

分类	函数	作用
类型转换	hex	将整数转换成十六进制字符串
	tuple	根据传入的参数,创建一个新的元组
	list	根据传入的参数,创建一个新的列表
	dict	根据传入的参数,创建一个新的字典
	set	根据传入的参数,创建一个新的集合
	frozenset	根据传入的参数,创建一个新的不可变集合
	enumerate	根据可迭代对象创建枚举对象
	range	根据传入的参数,创建一个新的 range 对象
	iter	根据传入的参数,创建一个新的可迭代对象
	slice	根据传入的参数,创建一个新的切片对象
	super	根据传入的参数,创建一个新的子类和父类关系的代理对象
	object	创建一个新的 object 对象

表 1.10　序列操作的内置函数

分类	函数	作用
序列操作	all	判断可迭代对象的每个元素是否都为 True 值
	any	判断可迭代对象的元素中是否有为 True 值的元素
	filter	使用指定方法过滤可迭代对象的元素
	map	使用指定方法去作用传入的每个可迭代对象的元素,生成新的可迭代对象
	next	返回可迭代对象中的下一个元素值
	reversed	反转序列生成新的可迭代对象
	sorted	对可迭代对象进行排序,返回一个新的列表
	zip	聚合传入的每个迭代器中相同位置的元素,返回一个新的元组类型的迭代器

表 1.11　对象操作的内置函数

分类	函数	作用
对象操作	help	返回对象的帮助信息
	dir	返回对象或者当前作用域内的属性列表
	id	返回对象的唯一标识符
	hash	获取对象的哈希值
	type	返回对象的类型,或者根据传入的参数,创建一个新的类型
	len	返回对象的长度
	ascii	返回对象的可打印表字符串表现方式
	format	格式化显示值

表 1.12 反射操作的内置函数

分类	函数	作用
反射操作	vars	返回当前作用域内的局部变量和其值组成的字典,或者返回对象的属性列表
	isinstance	判断对象是否为类或者类型元组中任意类元素的实例
	issubclass	判断类是否为另外一个类或者类型元组中任意类元素的子类
	hasattr	检查对象是否含有属性
	getattr	获取对象的属性值
	setattr	设置对象的属性值
	delattr	删除对象的属性
	callable	检测对象是否可被调用

表 1.13 模块的其他内置函数

分类	函数	作用
变量操作	globals	返回当前作用域内的全局变量和其值组成的字典
	locals	返回当前作用域内的局部变量和其值组成的字典
交互操作	print	向标准输出对象打印输出
	input	读取用户输入值
文件操作	open	使用指定的模式和编码打开文件,返回文件读写对象
编译执行	compile	将字符串编译为代码或者 AST 对象,使之能够通过 exec 语句来执行或者通过 eval 进行求值
	eval	执行动态表达式求值
	exec	执行动态语句块
	repr	返回一个对象的字符串表现形式(给解释器)
装饰器	property	标示属性的装饰器
	classmethod	标示方法为类方法的装饰器
	staticmethod	标示方法为静态方法的装饰器

5. 函数的定义、参数、返回值、嵌套、lambda 函数

函数是可以完成特定功能的代码块,是组织好的、可重复使用的、用来实现单一或相关联功能的代码段。函数必须先定义后使用。

函数的优点是:减少了代码的冗余;让程序增加了可扩展性;让程序变得更容易维护。

(1)函数的定义

在 Python 中,函数声明和函数定义是视为一体的。在 Python 中,函数定义的基本形式如下。

```
def function(params):
    block
    return expression/value
```

上述函数代码块以 def 关键词开头,后接函数标识符名称和圆括号。params 表示参数,任何参数均须放在圆括号中,多个参数之间用逗号分隔。函数内容以冒号起始,并且缩进。return［表达式］在结束函数时选择性地返回一个值或多个值给调用方,不带表达式的 return 相当于返回 None。

【例 1.15】　多个返回值的函数示例。

```
def Changefun(a):
    print("输出形参 a:",a)
    k = 90
    return a,k
b = "大家好"
s1,s2 = Changefun(b)
print("输出 s1:",s1)
print("输出 s2:",s2)
```

运行结果为:

输出形参 a:大家好

输出 s1:大家好

输出 s2:90

（2）嵌套

嵌套函数定义:在一个函数中定义另外一个函数。

嵌套调用:在一个函数的内部调用另外一个函数。

【例 1.16】　使用嵌套调用,找出三个整数中的最小值。

```
def min2(a1, a2):    #两个数中的最小值
    if a1 <= a2:
        return a1
    return a2
def min3(a1, a2, a3):    #三个数中的最小值
    m2 = min2(a1, a2)
    m3 = min2(m2, a3)
    return m3
a = 5
b = 18
c = 3
print(min3(a,b,c))
```

在本例中,函数 min3 中调用了另外一个函数 min2。

（3）函数的作用域

① 如果在函数中要对全局变量做改变,可以使用 global 关键字进行变量声明。

【例 1.17】　函数内部的变量前没有 global 关键字,为局部变量。

```
a = 5  #全局变量
def fun():
    a = 3  #作用域只在 fun()函数内部的局部变量
```

```
fun()
print(a)  #此处输出的是全局变量,输出结果为 5
```

【例 1.18】 函数内部的变量前使用 global 关键字,为全局变量。

```
a = 5
def fun():
    global a  #使用 global 关键字,此处的 a 是全局变量
    a = 3
fun()
print(a)  #全局变量在 fun()函数内部被改变,输出结果为 3
```

② nonlocal 关键字只能用于嵌套函数中,并且外层函数中定义了相应的局部变量,nonlocal 关键字修饰该变量以后,表示该变量是上一级函数中的局部变量。

【例 1.19】 嵌套函数定义中 nonlocal 关键字的使用。

```
def foo():
    a = 1
    print("外层函数 a 的值:", a)
    def wrapper():
        nonlocal a
        a += 1
        print("经过改变后,里外层函数 a 的值:", a)
    return wrapper()  #此语句相当于调用 wrapper()函数,并作为 foo()函数的返回值
foo()  #调用函数 foo()
```

程序运行结果为:

外层函数 a 的值:1
经过改变后,里外层函数 a 的值:2

(4) lambda 函数

在 Python 中有两种函数,一种是 def 定义的函数,另一种是 lambda 函数,也就是匿名函数。

用 lambda 函数可以减少代码的冗余,不用去命名函数名,可以快速地实现某项功能,同时可以使代码的可读性更强,使程序看起来更加简洁。其定义形式为:

```
lambda argument_list:expersion
```

【例 1.20】 写出下列 lambda 函数的等效函数形式。

```
c = lambda x,y,z:x * y * z
c(2,3,4)
```

其等效函数形式为:

```
def multi1(x,y,z):
    return x * y * z
multi1(2,3,4)
```

包是一个带有特殊文件 __init__. py 的目录。__init__. py 文件定义了包的属性和方法,它可以是一个空文件,但是必须存在。如果 __init__. py 不存在,这个目录就仅仅是一

个目录,而不是一个包。__init__. py 中有一个重要的变量,叫作__all__。有时会使用全部导入,如:from lib import * 。

__init__. py 文件的作用:包的标识,区别于普通文件夹;实现模糊导入,就是使用 import * 导入包。导入包实际执行的是__init__. py 文件,可以在__init__. py 文件中做这个包的初始化,以及加入需要统一执行的代码。

无论使用哪种方式导入包,只要是第一次导入包或者导入包的某一部分,都会先执行 __init__. py 文件。如前面介绍过的"from xxx import * "方式,导入包的一部分内容时, __init__. py 文件中给出的__all__来确定 * 所导入的内容。

【例 1. 21】 使用 PyCharm 创建一个模块,文件名为 moduel1. py。创建一个文件 moduelimport1. py,该文件中导入 moduel1. py,然后运行该文件。

moduel1. py 的代码:

```
class Student:
    def __init__(self,name,age):
        self.name = name
        self.age = age


s1 = Student('Lichi',25)
print(s1.name)
print(s1.age)
```

moduelimport1. py 文件的代码:

```
import moduel1
```

运行 moduelimport1. py 文件,运行结果如图 1.15 所示。

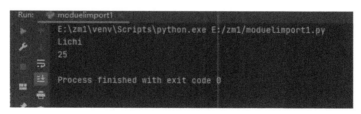

图 1.15　例 1.21 的运行结果

1.4　科学计算库 NumPy

1. 创建 NumPy 数组

NumPy(Numerical Python)是 Python 语言的一个扩展程序库,支持大量的维度数组与矩阵运算,此外也针对数组运算提供大量的数学函数库。NumPy 通常与 SciPy(Scientific Python)和 Matplotlib(绘图库)一起使用,这种组合是一个强大的科学计算环境,有助于通过 Python 学习数据分析或者机器学习课程。NumPy 最重要的一个特点是其 N 维数组对象 ndarray,它是一系列同类型数据的集合,以下标 0 开始进行集合中元素的索引。ndarray 对象是用于存放同类型元素的多维数组,即 ndarray 中的每个元素在内存中都有相同数据类型。下面介绍 NumPy 生成数组的一些函数。

- numpy. array 用于生成 ndarray 对象,格式如下:

numpy. array(object,dtype = None,copy = True,order = None,subok = False,ndmin = 0)

其中:object 表示数据或者数列;dtype 表示数组元素的数据类型,可选;copy 表示对象是否需要复制;order 表示创建数组的样式,C 为行方向,F 为列方向,A 为任意方向(默认方向);subok 表示默认返回一个与基类类型一致的数组;ndmin 表示指定生成的数组的最小维度。

- numpy. empty 用于创建一个指定形状(shape)、数据类型(dtype)且未初始化的数组,格式如下:

numpy. empty(shape,dtype = float,order ='C')

其中:shape 表示数组的形状;dtype 表示返回 ndarray 的数据类型,如果没有提供,则会使用输入数据的数据类型;order 表示创建数组的样式,C 为行方向,F 为列方向,A 为任意方向(默认方向)。

- numpy. zeros 用于创建指定形状的数组,数组元素以 0 来填充,格式如下:

numpy. zeros(shape, dtype = float, order = 'C')

参数含义同上。

- numpy. ones 用于创建指定形状的数组,数组元素以 1 来填充,格式如下:

numpy. ones(shape, dtype = None, order = 'C')

参数含义同上。

- numpy. asarray 用于从已有的数据中创建数组,格式如下:

numpy. asarray(a, dtype = None, order = None)

其中:a 表示任意形式的输入参数,可以是列表、列表的元组、元组、元组的元组、元组的列表、多维数组;其他参数同上。

- numpy. arange 用于创建数值范围并返回 ndarray 对象,格式如下:

numpy. arange(start,stop,step,dtype)

其中:start 表示起始值,默认值为 0;stop 表示终止值;step 表示步长,默认值为 1;dtype 表示返回 ndarray 的数据类型,如果没有提供,则会使用输入数据的数据类型。

- numpy. linspace 用于创建一个一维数组,数组是由一个等差数列构成的,格式如下:

numpy. linspace(start, stop, num = 50, endpoint = True, retstep = False, dtype = None)

其中:start 表示序列的起始点;stop 表示序列的终止点;endpoint 如果是 True,则序列包含终止点,如果是 False,则序列不包含终止点;retstep 如果为 True,则返回(样本,步长);dtype 表示输出的数据类型。

ndarray 数据类型:数据类型的命名采用"类型名+数字"的形式,其中数字表示数据的位长。在计算机中位(bit)是数据最小的单位,1 字节(Byte)的长度等于 8 位,即 1 Byte = 8 bit。int64 表示 8 个字节长度的整型,float64 表示 8 个字节长度的双精度浮点型。同样类型的元素在内存或磁盘中所占的空间是一样的,因此在处理海量数据时,如果数据类型设置不合理,会导致内存或磁盘存储空间的浪费,并影响计算效率。ndarray 的基本数据类型如表 1.14 所示。

表 1.14　**ndarray 的基本数据类型**

类型	类型代码	说明
int8、uint8	i1、u1	有符号和无符号 8 位整型
int16、uint16	i2、u2	有符号和无符号 16 位整型
int32、uint32	i4、u4	有符号和无符号 32 位整型
int64、uint64	i8、u8	有符号和无符号 64 位整型
float16	f2	半精度浮点数
float32	f4、f	单精度浮点数
float64	f8、d	双精度浮点数
float128	f16、g	扩展精度浮点数
complex64、complex128	c8、c16	两个 32 位、64 位浮点数表示的复数
complex256	c32	两个 128 位浮点数表示的复数
bool		为 True 或 False 值的布尔型
object	O	Python 对象类型
string_	S	固定长度的字符串类型
unicode_	U	固定长度的 Unicode 类型

【例 1.22】　numpy. linspace 的用法。

```
import numpy as np
np.linspace(1，10，10)
# array([ 1.，　2.，　3.，　4.，　5.，　6.，　7.，　8.，　9.，10.])
np.linspace(1，10，10，endpoint = False)
#array([1.，1.9,2.8,3.7,4.6,5.5,6.4,7.3,8.2,9.1])
a = np.linspace(1，10，10，endpoint = False，retstep = True)
# (array([1.，1.9,2.8,3.7,4.6,5.5,6.4,7.3,8.2,9.1]),0.9)
print(a)
```

2. ndarray 对象的数据类型转换

Python 列表的最大特点是列表可以存入不同数据类型的元素。而 ndarray 对象要求所有元素的数据类型必须一致。NumPy 会自动识别 ndarray 中的数据类型,如果数据类型不一致,NumPy 会将所有元素自动转换成一个合适的数据类型。astype()函数可以对 NumPy 对象进行数据类型转换,而直接修改 dtype 是无效的。调用 astype()函数修改数据的类型,但对原数据的类型不进行修改,需要再对原数据进行赋值操作才可以改变。

【例 1.23】　ndarray 对象的数据类型转换示例。

```
import numpy as np
arr = np.array([1,2,3,4,5])
print(arr)
print(arr.dtype) #dtype('int32')
# 转换数据类型:int32→float64
float_arr1 = arr.astype(np.float64) #原数组 arr 的类型没有改变
```

```
print(float_arr1.dtype) # dtype('float64')
```

运行结果如下：

```
[1 2 3 4 5]
int32
float64
```

【例1.24】 numpy.array对数组自动转换数据类型。

```
import numpy as np
arr1 = np.array([1,2,3])
arr2 = np.array([1,2.2,3]) #自动转换为浮点数
arr3 = np.array([1,2.2,'3']) #自动转换为字符串
print(arr1)
print(arr2)
print(arr3)
```

运行结果如下：

```
[1 2 3]
[1.  2.2 3. ]
['1''2.2''3']
```

【例1.25】 NumPy的性质和用法。

```
import numpy as np
#创建一个ndarray只需调用NumPy的array函数即可
a = np.array([10,12,13,16])
b = np.array([[1, 2], [3, 4]]) #多维数组
print ("a:",a) #输出为a:[10 12 13 16]
print ("b:",b)
c = np.arange(4)
print("c:",c) #输出为c:[0 1 2 3]
d = b ** 2
print("d:",d)
print("a-c=",a-c) #输出为a-c= [10 11 11 13]
e = np.array([9, 3, 6], dtype = complex) #dtype参数
print (e) #输出为[9.+0.j 3.+0.j 6.+0.j]
# int8,int16,int32,int64 4种数据类型可以使用字符串'i1','i2','i4','i8'代替
f = np.dtype('i4')
print(f) #输出为int32
#结构化数据类型的使用,类型字段和对应的实际类型将被创建
g = np.dtype([('age',np.int8)])
h = np.array([(30,),(50,),(90,)], dtype = g)
print(h['age']) #字段age的值为[30 50 90]
student = np.dtype([('name','S20'), ('age', 'i1'), ('avgscore', 'f4')])
j = np.array([('Rachel', 21, 89),('Hilary', 18, 85)], dtype = student)
```

print(j)♯输出为[(b'Rachel', 21, 89.) (b'Hilary', 18, 85.)],字符串前加 b 表示字符串是 bytes 类型

　　k = np.arange(24)

　　print ("k.ndim",k.ndim)♯ k 目前只有一个维度

　　print (k)

　　♯ 现在调整其大小

　　l = k.reshape(2,4,3)♯ l 现在拥有 3 个维度

　　print ("l.ndim",l.ndim)

　　print("l",l)

　　♯ndarray.shape 表示数组的维度,返回一个元组,这个元组的长度就是维度的数目

　　m = np.array([[1,2,3],[4,5,6]])

　　print ("m.shape:",m.shape)

　　m.shape = (3,2)♯ndarray.shape 可用于调整数组大小

　　print ("m:",m)

　　n = m.reshape(6,1)♯NumPy 的 reshape 函数也可调整数组大小

　　print ("n:",n)

　　o = np.array([1,2,3,4,5], dtype = np.int8)

　　print ("o.itemsize:",o.itemsize)♯ndarray.itemsize 返回数组中每一个元素所占的字节数

　　p = np.empty([3,2], dtype = int)♯numpy.empty 用于创建一个指定形状(shape)、数据类型(dtype)且未初始化的数组

　　print ("p:",p)

　　q = np.zeros((5,), dtype = np.int) ♯numpy.zeros 用于创建指定形状的数组,数组元素以 0 来填充

　　print("q:",q)

　　R = np.ones([2,2], dtype = int)♯numpy.ones 用于创建指定形状的数组,数组元素以 1 来填充

　　print("R:",R)

　　s = [1,2,3]

　　t = np.asarray(s)♯numpy.asarray 将列表转换为 ndarray

　　print ("t:",t)

　　u = (1,2,3)

　　v = np.asarray(u)♯将元组转换为 ndarray

　　print ("v:",v)

　　w = [(1,2,3),(4,5,5)]

　　x = np.asarray(w, dtype = float)♯将元组列表转换为 ndarray,设置了 dtype 参数为浮点型

　　print ("x:",x)

　　y = b'Hello World'

　　♯numpy.frombuffer 创建动态数组,元素是字符串的时候,Python 3 默认 str 是

Unicode 类型,所以要转成 bytestring 需在原 str 前加上 b

```
z = np.frombuffer(y, dtype = 'S1')
print ("z:",z)
# 使用 range 函数创建列表对象
list = range(5)
it = iter(list)
#numpy.fromiter 方法从可迭代对象中建立 ndarray 对象,返回一维数组
x = np.fromiter(it, dtype = float)
print(x)
# 使用 arange 函数创建数值范围并返回 ndarray 对象
x = np.arange(7, dtype = float)
print (" arange 函数创建数值,x:",x)
#numpy.linspace 函数用于创建一个一维数组,数组是由一个等差数列构成的
#np.linspace(start, stop, num = 50, endpoint = True, retstep = False, dtype = None)
x1 = np.linspace(1,10,10)
print("x1:",x1)
```

运行结果如下:

a:[10 12 13 16]

b:[[1 2]
 [3 4]]

c:[0 1 2 3]

d:[[1 4]
 [9 16]]

a − c = [10 11 11 13]

[9. + 0.j 3. + 0.j 6. + 0.j]

int32

[30 50 90]

[(b'Rachel', 21, 89.) (b'Hilary', 18, 85.)]

k.ndim 1

[0 1 2 3 4 5 6 7 8 9 10 11 12 13 14 15 16 17 18 19 20 21 22 23]

l.ndim 3

l [[[0 1 2]
  [3 4 5]
  [6 7 8]
  [9 10 11]]

 [[12 13 14]
  [15 16 17]
  [18 19 20]
```
```

```
  [21 22 23]]]
m.shape：(2，3)
m：[[1 2]
 [3 4]
 [5 6]]
n：[[1]
 [2]
 [3]
 [4]
 [5]
 [6]]
o.itemsize：1
p：[[        0 1075970048]
 [        0 1074266112]
 [        0 1075314688]]
q：[0 0 0 0 0]
R：[[1 1]
 [1 1]]
t：[1 2 3]
v：[1 2 3]
x：[[1. 2. 3.]
 [4. 5. 5.]]
z：[b'H' b'e' b'l' b'l' b'o' b'' b'W' b'o' b'r' b'l' b'd']
[0. 1. 2. 3. 4.]
arange 函数创建数值,x：[0. 1. 2. 3. 4. 5. 6.]
x1：[1.  2.  3.  4.  5.  6.  7.  8.  9. 10.]
```

注意：安装了 Anaconda 后，在 IPython 中可以正常使用各种科学计算的包，但是在 PyCharm 中 import 则会显示：Module Not Found Error：No module named 'numpy'。此时需要在 PyCharm 的"Settings"（"File"→"Settings"→"Project：当前项目名"→"Python Interpreter"）中设置一下 Interpreter，如图 1.16 所示，将其设置为 Anaconda。

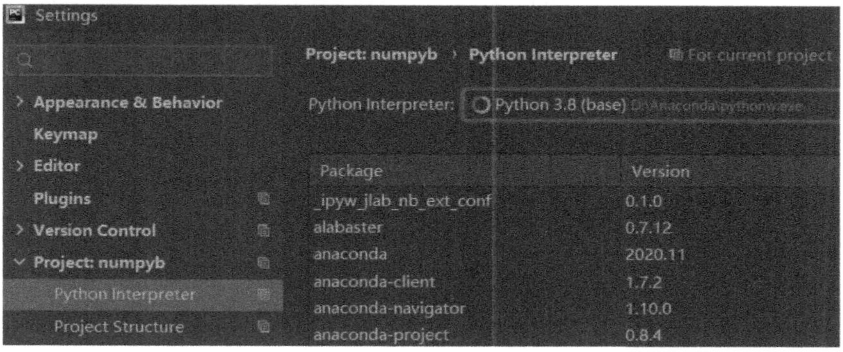

图 1.16　设置 Python 解释器为 Anaconda

【例1.26】 对数组进行减法运算。

```
t1 = np.arange(12).reshape(4,3)
t2 = np.arange(3)
t3 = t1 - t2
print(t1)
print(t2)
print(t3)
```

运行结果如下：

```
[[ 0  1  2]
 [ 3  4  5]
 [ 6  7  8]
 [ 9 10 11]]
[0 1 2]
[[0 0 0]
 [3 3 3]
 [6 6 6]
 [9 9 9]]
```

【例1.27】 学习 NumPy 的取整函数。

```
import numpy as np
np.random.seed(7)  #np.random.seed用随机数种子使每次生成的随机数相同
a = np.random.randn(5)  #返回符合标准正态分布的一组值
a_a = np.around(a,2)  # 四舍五入
a_f = np.floor(a)     # 向下取整
a_c = np.ceil(a)      # 向上取整
print("a:",a)
print("a_a:",a_a)
print("a_f:",a_f)
print("a_c:",a_c)
```

运行结果如下：

```
a: [ 1.6905257  -0.46593737  0.03282016  0.40751628 -0.78892303]
a_a: [ 1.69 -0.47  0.03  0.41 -0.79]
a_f: [ 1. -1.  0.  0. -1.]
a_c: [ 2. -0.  1.  1. -0.]
```

【例1.28】 广播(Broadcast)是 NumPy 对不同形状(shape)的数组进行数值计算的方式,对数组的算术运算通常在相对应的元素上进行。

```
import numpy as np
a = np.arange(1,10).reshape(3,3)   # [[1 2 3][4 5 6][7 8 9]]
b = np.array([1,1,1])
c = a + b   #广播
```

```
d = np.add(a,b)    #add(),subtract(),multiply(),divide()函数可对数组使用广
```
播进行加减乘除运算
```
print(c)    #输出[[ 2  3  4][ 5  6  7][ 8  9 10]]
print(d)    #输出[[ 2  3  4][ 5  6  7][ 8  9 10]]
```

【例 1.29】　两个数组（矩阵）点乘。

```
import numpy
a = numpy.array([2,4,5])
b = numpy.array([[1],[1],[1]])    #也可用语句 b = numpy.array([1,1,1])
c = numpy.dot(a,b)
print(c)
```

运行结果如下：

```
[11]
```

Python 中符合切片并且常用的有：列表、字符串、元组。而数组的切片是从原数组中切割出一个新数组。ndarray 数组可以基于 0～n 的下标进行索引，设置 start、stop 及 step 参数，从原数组中切割出一个新数组，其中−1 表示最后一个元素的索引号。

【例 1.30】　一维数组切片和索引。

```
import numpy as np
a = np.arange(9)
print("a:",a)                  # a:[0 1 2 3 4 5 6 7 8]
print("a[3]: ",a[3])           # a[3]: 3
print("a[-1]: ",a[-1])         # a[-1]: 8
print("a[1:6:3]:",a[1:6:3])    # a[1:6:3]: [1 4]
print("a[:]: ",a[:])           # a[:]: [0 1 2 3 4 5 6 7 8]
print("a[::-1]: ",a[::-1])     # a[::-1]: [8 7 6 5 4 3 2 1 0]
```

【例 1.31】　二维数组切片和索引。

```
import numpy as np
a = np.arange(1,13).reshape(3,4)  #[[ 1  2  3  4][ 5  6  7  8][ 9 10 11 12]]
print(a)
print(a[2])             # 获取第三行,输出:[ 9 10 11 12]
print(a[1][3])          # 获取第二行的第四列,输出:8
print(a[1,3])           # 获取第二行的第四列,输出:8
print(a[:,1])           # 获取所有行的第二列,输出:[ 2  6 10]
print(a[::2,:])         # 获取奇数行的所有列,输出:[[ 1  2  3
                        # 4][ 9 10 11 12]]
print(a[::-1,::-1])     # 行列倒序,输出:[[12 11 10  9][ 8  7  6
                        # 5][ 4  3  2  1]]
```

【例 1.32】　多维数组切片和索引。

```
ar_2 = np.arange(12).reshape(3,4)
print(ar_2)        #[[ 0  1  2  3][ 4  5  6  7][ 8  9 10 11]]
print(ar_2[2])     #[ 8  9 10 11]
```

```
#以下方法等效
print(ar_2[2][0])        #8
print(ar_2[2,0])         #8
ar_2 = np.arange(12).reshape(3,2,2)
#[[[ 0  1][ 2  3]][[ 4  5][ 6  7]][[ 8  9][10 11]]]为3页2行2列
print(ar_2)
old = ar_2[0].copy()
ar_2[0] = 100
print(ar_2)              #[[[100 100][100 100]][[ 4  5][ 6  7]][[ 8  9]
                         #[10  11]]]
print('\n')
ar_2[0] = old
print(ar_2)
print(ar_2[1,1])         #[6 7]
print(ar_2[1,1,1])       #7
```

有很多图像处理的包可以使用,如 OpenCV、Matplotlib、SciPy 等,这里使用 NumPy 来实现图像处理算法,以此来加深 NumPy 和图像算法的学习。进行图像读取、显示、保存之后,就可以开始 NumPy 图像处理编程了(了解 NumPy 的使用和图像处理的一些算法)。

【例 1.33】 使用 Matplotlib 读取文件、保存文件。

```
import numpy as np
import  matplotlib.pyplot as plt
import matplotlib.image as img
im = img.imread("E:/pythonProject5/image/rachel3.bmp")   #图像读取
print(im.shape)
plt.imshow(im)                                            #图像显示
img.imsave("E:/pythonProject5/image/save.jpg",im)         #图像保存
```

运行结果如图 1.17 所示。

(1008, 756, 4)

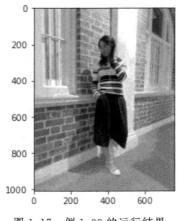

图 1.17　例 1.33 的运行结果

【**例 1.34**】 使用 NumPy 等模块完成图像灰度化。

```python
import numpy as np
import  matplotlib.pyplot as plt
import matplotlib.image as img
def imgGray(im):
    """
    im：source image
    Return gray image.
    """
    imgarray = np.array(im)
    rows = im.shape[0]
    print(im.shape) #(1008,756,4)行,列,颜色(RGB 及透明度 Alpha 通道)
    cols = im.shape[1]
    for i in range(rows):
        for j in range(cols):
            imgarray[i, j, :] = (imgarray[i, j, 0] * 0.299 + imgarray[i, j,
1] * 0.587 + imgarray[i, j, 2] * 0.114)
    return imgarray
#test
im = img.imread("E:/pythonProject5/image/rachel3.bmp")
im = imgGray(im)
plt.imshow(im) # plt.imshow对图像进行处理并显示格式,Jupyter 中也能显示图像
plt.show()
```

运行结果如图 1.18 所示。

(1008, 756, 4)

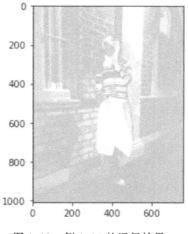

图 1.18　例 1.34 的运行结果

【例 1.35】 图像二值化示例。

```python
import numpy as np
import  matplotlib.pyplot as plt
import matplotlib.image as img
def imgThreshold(im, threshold):
    """

    im: source image
    threshold: 0 - 255
    Return blackwhite image.
    """

    imgarray = np.array(im)
    rows = im.shape[0]
    cols = im.shape[1]
    for i in range(rows):
        for j in range(cols):
            gray = (imgarray[i, j, 0] * 0.299 + imgarray[i, j, 1] * 0.587 + imgarray[i, j, 2] * 0.114)
            if gray <= threshold :
                imgarray[i,j,:] = 0
            else:
                imgarray[i,j,:] = 255
    return imgarray
im = img.imread("E:/pythonProject5/image/rachel3.bmp")
im = imgThreshold(im, 128)
plt.imshow(im)
plt.show()
```

运行结果如图 1.19 所示。

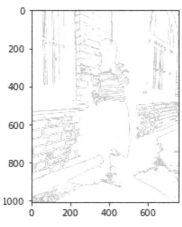

图 1.19　例 1.35 的运行结果

3. meshgrid 函数

meshgrid 函数是用两个坐标轴上的点在平面上画网格(本书以两个参数为例,同样可以使用多个参数)。针对二维数组,参数 x,y 为两个一维数组,设 x 的形状为 N,y 的形状为 M。返回值是一个列表,由两个矩阵组成,通过解包操作来获得返回值的两个矩阵。如果指定 indexing 参数为 indexing $=$ 'xy'(默认),则返回的矩阵为 (M,N);如果 indexing $=$ 'ij',则返回的矩阵形状就是 (N,M)。

【例 1.36】　使用 meshgrid 函数,参数 indexing 取默认值,查看下面的代码,分析分解包后两个矩阵的不同。

```
import numpy as np
x = np.array([1,2,3]) #X_{x} = 3
y = np.array([5,7,9,11]) #X_{y} = 4
xv,yv = np.meshgrid( x , y )
print(xv)
print(yv)
```

运行结果如图 1.20 所示。

```
[[1 2 3]
 [1 2 3]
 [1 2 3]
 [1 2 3]]
[[ 5  5  5]
 [ 7  7  7]
 [ 9  9  9]
 [11 11 11]]
```

图 1.20　例 1.36 的运行结果

两个矩阵都是 $(4,3)$ 的矩阵。

【例 1.37】　通过对两个参数的逐步分析来观察如何通过 meshgrid 函数变成一个网格。

x:表示一维向量 $(1,2,3)$,$N = 3$。

y:表示一维向量 $(4,5,6,7)$,$M = 4$。

xv:表示 x 坐标轴上的坐标矩阵。

yv:表示 y 坐标轴上的坐标矩阵。

```
x = np.array([1,2,3]) #x = (x1,x2,x3)
y = np.array([4,5,6,7]) #y = (y1,y2,y3,y4)
xv,yv = np.meshgrid( x , y )
```

把一维向量 x 看成 (x_1,x_2,x_3),输出的 xv[[1 2 3][1 2 3][1 2 3][1 2 3]]看成行向量就是 4 个向量,如图 1.21 所示。

把 y 向量看成 (y_1,y_2,y_3,y_4),yv 的结果是[[4 4 4][5 5 5][6 6 6][7 7 7]],可以看成 4 个向量,如图 1.22 所示。

把两个一维数组形成网格,通过分析可以得到图 1.23(a)和图 1.23(b)所示的数据网格及网格对应的坐标。numpy. meshgrid( )函数的本质是生成网格点的坐标矩阵,确定 xOy

平面上每个位置的坐标。在绘制三维图时，xOy 平面的坐标矩阵中的每个位置对应着一个特定的 z 值（只计算坐标矩阵中的位置点所对应的值，而不是计算平面上所有点对应的值），然后将它们绘制出来，即得到所谓的三维图。绘制三维图的代码如下，效果如图 1.23（c）所示。

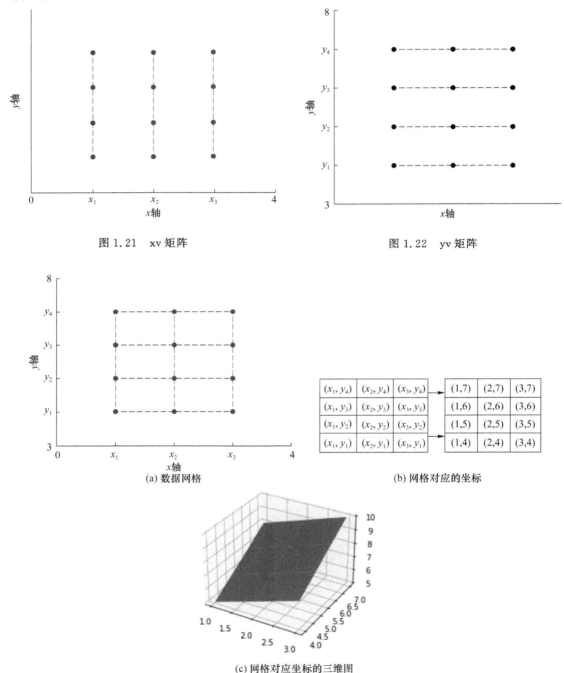

图 1.21 xv 矩阵

图 1.22 yv 矩阵

(a) 数据网格

(b) 网格对应的坐标

(c) 网格对应坐标的三维图

图 1.23 数据网格、网格对应的坐标及网格对应坐标的三维图

```
import matplotlib.pyplot as plt
import numpy as np
figure = plt.figure()
ax = figure.add_subplot(projection = '3d')
x = np.array([1,2,3])  #x = (x1,x2,x3)
y = np.array([4,5,6,7])  #y = (y1,y2,y3,y4)
[xv,yv] = np.meshgrid(x,y)
z = xv + yv
ax.plot_surface(xv,yv,z)
plt.show()
```

1.5 数据分析工具 Pandas

如果用 Python 的列表和字典来打比方,那么可以说 NumPy 是列表形式的,没有数值标签,而 Pandas 就是字典形式的。Pandas 是基于 NumPy 构建的,让以 NumPy 为中心的应用变得更加简单。要使用 Pandas,首先需要了解其两个主要数据结构:Series 和 DataFrame。

Series 的字符串表现形式为:索引在左边,值在右边。若没有为数据指定索引,则会自动创建 $0 \sim N-1$(N 为长度)的整数型索引。

【例 1.38】 使用 pandas.Series 创建数组。

```
import pandas as pd
import numpy as np
s = pd.Series([1,3,6,np.nan,44,1])
print(s)
```

运行结果如下:

```
0    1.0
1    3.0
2    6.0
3    NaN
4    44.0
5    1.0
dtype: float64
```

DataFrame 是一个表格型的数据结构,其包含一组有序的列,每列可以是不同的类型(数值、字符串、布尔值等)。DataFrame 既有行索引也有列名,可以看作由 Series 组成的大字典。可以根据每一个不同的索引来挑选数据,如例 1.39 中挑选 b 列的元素。

【例 1.39】 使用 pandas.DataFrame 创建给定行标签和列标签的数据。

```
import pandas as pd
import numpy as np
dates = pd.date_range('20210901',periods = 6)   #产生时间序列作为 df 的行索引
```

```
df = pd.DataFrame(np.random.randn(6,4),index = dates,columns = ['a','b','c','d'])
print(df)
print(df['b'])    #选取所有行的b列数据
```

运行结果如下：

```
                    a           b           c           d
2021 - 09 - 01   1.601102    1.335542   - 0.973895   - 1.057342
2021 - 09 - 02 - 0.529189    0.705236     0.589614   - 0.640025
2021 - 09 - 03   0.203366    0.405290     0.267172   - 1.685583
2021 - 09 - 04   0.242523    0.623202     1.051706     1.475135
2021 - 09 - 05 - 0.025430 - 0.635180   - 1.338339   - 0.332468
2021 - 09 - 06   0.957660    1.306066     0.013524     0.922798
2021 - 09 - 01     1.335542
2021 - 09 - 02     0.705236
2021 - 09 - 03     0.405290
2021 - 09 - 04     0.623202
2021 - 09 - 05   - 0.635180
2021 - 09 - 06     1.306066
Freq: D, Name: b, dtype: float64
```

创建一组没有给定行标签和列标签的数据时，系统会自动默认从 0 开始建立索引号。

【例 1.40】 使用 pandas.DataFrame 创建列标签为"A～F"的数据，行标签的索引号从 0 开始。

```
import pandas as pd
import numpy as np
df2 = pd.DataFrame({'A' : 1.,
                    'B' : pd.Timestamp('20210301'),
                    'C' : pd.Series(range(4),dtype = 'float32'),
                    'D' : np.array([3] * 4,dtype = 'int32'),
                    'E' : pd.Categorical(["red","green","blue","purple"]),
                    'F' : 'fruit'})
print(df2)
print(df2['A'])    #和下一行是等效的
print(df2.A)
```

可以使用标签来选择数据：loc 通过标签名字选择某一行数据，或者先选择某行或所有行(:代表所有行)，然后选择其中一列或几列数据。例如：

```
print(df2.loc[:,['A','B']])#选取所有行的 A,B 两列的数据
```

采用位置进行选择：iloc 可以通过位置选择在不同情况下所需要的数据，如选某一个、连续选或者跨行选等操作。例如：

```
print(df2.iloc[3,1])#输出第四行第二列的数据
print(df2.iloc[3:5,1:3])#输出第四行到第五行的第二列到第三列的数据
```

【例1.41】 设置行标签和列标签,如果A的值大于4,则与B相对应的值设置为0。

```
import pandas as pd
dates = pd.date_range('20210301', periods = 6)
df = pd.DataFrame(np.arange(24).reshape((6,4)),index = dates, columns = ['A',
'B','C','D'])
print(df)
df.B[df.A>4] = 0
print(df)
```

运行结果如图1.24所示。

说明:要更改B中的数,而更改的位置是取决于A的。对于A大于4的位置,更改B在相应位置上的数为0,代码为df.B[df.A>4] = 0。

```
              A   B   C   D                        A   B   C   D
2021-03-01    0   1   2   3        2021-03-01      0   1   2   3
2021-03-02    4   5   6   7        2021-03-02      4   5   6   7
2021-03-03    8   9   10  11       2021-03-03      8   0   10  11
2021-03-04    12  13  14  15       2021-03-04      12  0   14  15
2021-03-05    16  17  18  19       2021-03-05      16  0   18  19
2021-03-06    20  21  22  23       2021-03-06      20  0   22  23
```
(a) 没有重置B列的表格型数据   (b) 重置B列后的表格型数据

图1.24 例1.41的运行结果

1.6 数据可视化

Matplotlib的figure是一个单独的figure小窗口,小窗口里面还可以有更多的小图片。

【例1.42】 用np.linspace函数定义x:(−5,5)内的200个数据。用plt.figure函数定义一个图像窗口。使用plt.plot函数画(x,y2)曲线。再使用plt.plot函数画(x,y1)曲线:曲线的颜色属性(color)为红色;曲线的宽度(linewidth)为1.0;曲线的类型(linestyle)为虚线。用matplotlib.pyplot.show函数显示图像。代码如下,运行结果如图1.25所示。

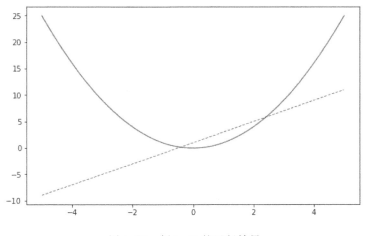

图1.25 例1.42的运行结果

```
import matplotlib.pyplot as plt
import numpy as np
x = np.linspace(-5, 5, 200)  # 从 -5 到 5 的 200 个数据
y1 = 2 * x + 1
y2 = x ** 2
plt.figure(num = 1, figsize = (8, 5))
plt.plot(x, y2)
plt.plot(x, y1, color = 'red', linewidth = 1.0, linestyle = '--')
plt.show()
```

【例 1.43】 导入 matplotlib.pyplot 简写作 plt。使用 plt.xlim 函数设置 x 坐标轴范围：(-2, 2)。使用 plt.ylim 函数设置 y 坐标轴范围：(-3, 3)。使用 plt.xlabel 函数设置 x 坐标轴名称：wide。使用 plt.ylabel 函数设置 y 坐标轴名称：long。代码如下,运行结果如图 1.26 所示。

```
import matplotlib.pyplot as plt
plt.xlim((-2, 2))
plt.ylim((-3, 3))
plt.xlabel('wide')
plt.ylabel('long')
plt.show()
```

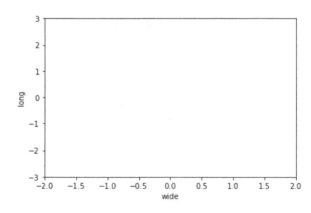

图 1.26　例 1.43 的运行结果

【例 1.44】 导入 matplotlib.pyplot 简写作 plt,再导入模块 NumPy 来产生一些随机数据。生成含有 1 024 个呈标准正态分布的二维数据组（均值为 0,方差为 1）的数据集,并图像化该数据集。每一个点的颜色值用 T 来表示,运行结果如图 1.27 所示。

```
import matplotlib.pyplot as plt
import numpy as np
n = 1024    # 数据点个数
X = np.random.normal(0, 1, n)    # 均值为 0,方差为 1 的 n 个数值
Y = np.random.normal(0, 1, n)    # Y 值
```

```
T = np.arctan2(Y,X)   #批量计算反正切
plt.scatter(X, Y, s = 75, c = T, alpha = .5)   #s表示大小,是一个标量或一个
shape 为(n,)的数组
plt.xlim( − 1.5, 1.5)
plt.xticks(np.arange( − 1.5, 1.5, step = 0.2),color ='blue',rotation = 60)
plt.ylim( − 1.5, 1.5)
plt.yticks(())   #ignore yticks,用于设置 y 轴刻度间隔
plt.show()
```

数据集生成完毕,现在用 plt.scatter 绘制点集,输入 X 和 Y 作为位置,size=75,颜色为 T,color map 用默认值,透明度 alpha 为 50%。x 轴显示范围 xlim 定位(−1.5,1.5),并用 yticks(())函数隐藏 y 轴刻度,y 轴刻度显示使用的方法与 xticks 相似,见代码。

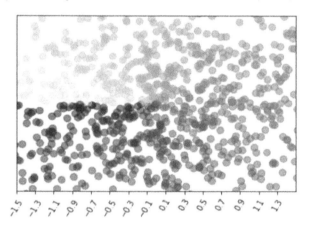

图 1.27　例 1.44 的运行结果

【例 1.45】　向上向下分别生成 12 个数据,X 为 0 到 11 的整数,Y 是相应的均匀分布的随机数据,使用的函数是 plt.bar,参数为 X 和 Y。运行结果如图 1.28 所示。

```
import matplotlib.pyplot as plt
import numpy as np
n = 12
X = np.arange(n)
Y1 = (1 − X / float(n)) * np.random.uniform(0.5, 1.0, n)
Y2 = (1 − X / float(n)) * np.random.uniform(0.5, 1.0, n)
plt.bar(X, + Y1)
plt.bar(X, − Y2)
plt.xlim( − .5, n)
plt.xticks(())
plt.ylim( − 1.25, 1.25)
plt.yticks(())
plt.show()
```

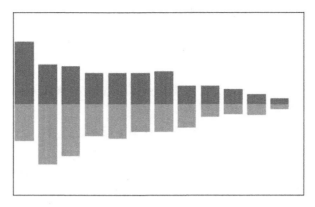

图 1.28　例 1.45 的运行结果

【**例 1.46**】　使用 matplotlib. pyplot 画等高线,代码如下,运行结果如图 1.29 所示。

```python
import matplotlib.pyplot as plt
import numpy as np
def f(x,y):
    return (1 - x / 2 + x**5 + y**3) * np.exp(-x**2 -y**2)
n = 256
x = np.linspace(-3, 3, n)
y = np.linspace(-3, 3, n)
X,Y = np.meshgrid(x, y)
plt.contourf(X, Y, f(X, Y), 8, alpha = .75, cmap = plt.cm.hot)
C = plt.contour(X, Y, f(X, Y), 8, colors = 'black', linewidth = .5)
plt.show()
```

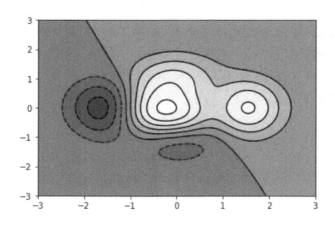

图 1.29　例 1.46 的运行结果

　　数据集即三维点 (x,y) 和对应的高度值,共有 256 个点。高度值使用一个 $f(x,y)$ 函数生成,x,y 分别是在区间 $[-3,3]$ 中均匀分布的 256 个值,并用 meshgrid 在二维平面中将每一个 x 和每一个 y 分别对应起来,编织成栅格。使用 plt. contourf 函数把颜色加进去,位置参数分别为 $X,Y,f(X,Y)$,透明度为 0.75,并将 $f(X,Y)$ 的值对应到 color map 的暖色组中寻找对应颜色。使用 plt.contour 函数画线,位置参数为 X,Y,f(X,Y),颜色为黑色,线条宽度为 0.5。运行结果如图 1.29 所示,只有颜色和线条,没有数值 Label。

【例 1.47】 使用 matplotlib.subplot 将许多小图放在一张大图里显示。

```
import matplotlib.pyplot as plt
plt.figure()
plt.subplot(2,2,1)
plt.plot([0,1],[0,1])
plt.subplot(2,2,2)
plt.plot([0,1],[0,2])
plt.subplot(223)
plt.plot([0,1],[0,3])
plt.subplot(224)
plt.plot([0,1],[0,4])
plt.show()   # 展示
```

使用 plt.subplot 来创建子图。plt.subplot(2,2,1)表示将整个图像窗口分为 2 行 2 列,当前位置为 1。使用 plt.plot([0,1],[0,1])在第 1 个位置创建一张子图。plt.subplot(2,2,3)表示将整个图像窗口分为 2 行 2 列,当前位置为 3。plt.subplot(2,2,3)可以简写成 plt.subplot(223),Matplotlib 同样可以识别。使用 plt.plot([0,1],[0,3])在第 3 个位置创建一张子图。

另外可以使用 matplotlib.animation 做动画,可以课后了解其用法。

1.7 面向对象编程、**Python** 的 **GUI** 程序设计及 **Python** 的数据库编程

1. 面向对象编程的基本概念

面向对象最重要的概念是类(Class)和实例(Instance)。类是模板,而实例是根据类创建出来的一个个具体的"对象",每个对象都拥有相同的方法和相同的属性,但各自的属性值可能不同。要先定义类,后产生对象。例如,要先设计一个学生类(Student 类),然后才能实例化张三和李四两个对象。

类:用来描述具有相同的属性和方法的对象的集合。它定义了该集合中每个对象所共有的属性和方法。在 Python 中,使用 class 关键字创建一个类,在 class 关键字后就要加上类名,类名的首字母一般要大写,且要符合驼峰式命名法,如交通工具类的类名为 VehicleType。类名后面的括号表示该类是从哪个类继承的,如果没有恰当的继承类,就使用 object 类。

```
class VehicleType(object):
    vehiclename = "car"
```

类变量:类变量在所有实例化的对象中是公用的。类变量定义在类中且在函数体之外。类变量通常不作为实例变量使用,可在类的所有实例之间共享(即它们不是单独分配给每个实例的)。

实例变量:在类的声明中,实例变量就是用 self 修饰的变量,是实例化之后每个实例单

独拥有的变量。

数据成员(或属性):类变量或者实例变量,用于处理类及其实例对象的相关数据。

方法重写:如果从父类继承的方法不能满足子类的需求,可以对其进行改写,这个过程称为方法的覆盖(override),也称为方法的重写。

方法重载:类中支持多个同名函数,但参数的个数或类型要有所不同,在调用的时候,解释器会根据参数的个数或类型来调用相应的函数。

局部变量:定义在函数内、在类的方法内(未加 self 修饰的)的,都属于局部变量。

封装:将类的某些部分(属性、方法)隐藏起来,具有一定的保护作用,隐藏对象的属性和方法的实现细节,仅对外提供公共的访问方式。

继承:即一个派生类(derived class)继承基类(base class)的属性和方法。继承也允许把一个派生类的对象当作一个基类的对象对待。

实例化:创建一个类的实例,类的具体对象。

方法:类中定义的函数。和普通函数不同的是,类方法至少要包含一个 self 参数。

对象:通过类定义的数据结构实例。对象包括两个数据成员(类变量和实例变量)和方法。

【例 1.48】 创建一个 Student 类和一个 Student 类的对象。

```python
class Student():  #用 class 定义一个类,类名首字母大写
    # count1 是类的静态属性(或称类变量)
    count1 = 0
    # count1 是类变量,而 age 和 name 是实例变量
    def __init__(self,age,name):        #双下划线方法为内置方法
        self.age = age
        self.name = name
    # 访问实例变量(用 self.age,self.name)
student1 = student(25,'Rachel')
print(student1.name)
print(student1.age)                #打印实例变量,用对象名修饰,输出 25
print(Student.count1)              #打印类变量,用类名修饰,输出 0
Student.count1 = Student.count1 + 2
print(Student.count1)             #打印类变量,用类名修饰,输出 0
```

执行结果如下:

```
Rachel
25
0
2
```

【例 1.49】 在类中,__init__()用于在创建对象时进行初始化操作。

```python
class Animal():
    # __init__用于在创建对象时进行初始化操作给实例变量 name 和 color 赋值
    def __init__(self, name, color):
```

```
        self.name = name
        self.color = color
    def play(self, action):
        print('%s 颜色的 %s 正在玩 %s.' % (self.color,self.name, action))
animal = Animal("dog","black")
animal.play("篮球")
```

执行结果如下：

black 颜色的 dog 正在玩篮球

类中的函数通常称为方法。当定义好一个类之后,可以通过例 1.49 的方式来创建对象并调用实例方法。类有一个名为 __init__() 的特殊方法(构造方法),该方法在类实例化时会自动调用。如实例化类 animal = Animal("dog","black"),对应的 __init__()方法就会被调用。

【例 1.50】　self 代表类的实例,而非类,类的方法与普通的函数只有一个特别的区别: 类的方法必须有一个额外的第一个参数,按照惯例它的名称是 self。

```
class Animal:
    def show(self):
        print(self)
        print(self.__class__)
animal = Animal()
animal.show()
```

执行结果如下：

< __main__,Animal object at 0x000001640E3AD970 >

< class'__main__,Animal'>

由执行结果可以看出,self 代表的是类的实例所在的地址,self.__class__ 则指向类。

访问权限:

在 Python 中,对于**类的成员**有 3 种访问权限:公有成员在任何地方都能访问;私有成员只能在类的内部使用,不能在类的外部以及派生类中使用;受保护成员可以被派生类继承。

属性和方法的访问权限分为公开的、私有的和受保护的,如果希望属性是私有的,在给属性命名时可以用两个下划线作为开头,如果属性名以单下划线开头,则表示属性是受保护的。

类的方法包括实例方法、静态方法和类方法,3 种方法在内存中都归属于类,区别在于调用方式不同。

① **实例方法**在定义时第一个参数必须是实例对象,该参数名一般约定为"self",通过它来传递实例的属性和方法(也可以传递类的属性和方法)。在调用时只能由实例对象调用。

② **类方法**在定义时使用装饰器@classmethod。第一个参数名一般约定为"cls",通过它来传递类的属性和方法(不能传递实例的属性和方法)。在调用时实例对象和类名都可以调用。

③ **静态方法**在定义时使用装饰器@staticmethod。参数随意,没有"self"和"cls"参数,但是方法体中不能使用类或实例的任何属性和方法。在调用时实例对象和类名都可以调

用。静态方法是类中的函数。静态方法主要用来存放逻辑性的代码,不会涉及类中的属性和方法的操作。可以理解为,静态方法是独立的、单纯的函数,其仅仅托管于某个类的命名空间中,便于使用和维护。

【例 1.51】 实例方法可以通过对象名或者类名调用,但是方式有所不同。

```python
class Foo(object):
    def test(self):            #定义了实例方法
        print("it is object method")
    @classmethod               #装饰器
    def test1(cls):            #定义了类方法
        print("it is class method")
    @staticmethod
    def test2():               #定义了静态方法
        print("it is static method")
ff = Foo()
ff.test()                      #通过实例调用实例方法
Foo.test(ff)                   #通过类名调用实例方法,需要自己传递实例引用
Foo.test1()                    #通过类名调用类方法
```

运行结果如下:

```
it is object method
it is object method
it is class method
```

【例 1.52】 如果 Foo 派生了子类,且子类覆盖了某个类方法,则最终会调用子类的方法并且传递的是子类的类对象。

```python
class Foo2(Foo):
    @classmethod
    def test1(self):
        print(self)
        print("foo2 object")
f2 = Foo2()
f2.test1()
Foo2.test2()#用类名调用继承下来的静态方法
```

运行结果如下:

```
<class '__main__.Foo2'>
foo2 object
it is static method
```

双下划线方法:在定义时解释器提供的由双下划线加方法名加双下划线(__方法名__)的具有特殊意义的方法(如__init__)。在调用时,不同的双下划线方法有不同的触发方式,例如:在实例化对象时,系统会自动调用__init__()方法。

@property:一种特殊的属性,访问它时会执行一段函数,通过@property 可以定义一些

特殊函数,通过这些特殊的函数完成对私有变量设置只读或只写或可读可写的操作,在类的外部可以像使用类的成员变量一样调用这些特殊的函数。

【例1.53】　私有方法在类外不能被调用。

```
class Animal：
    # __init__用于在创建对象时进行初始化操作,通过该方法绑定name和color
两个属性
    def __init__(self, name, color)：
        self.name = name
        self.color = color
    def __play(self, action)：
        print('%s 正在玩 %s.' % (self.name, action))
animal = Animal("dog","black")#创建实例对象
animal.__play("篮球")
```

执行结果如下：

AttributeError：'Animal' object has no attribute '__play'

由于__play是私有方法,在类外没有访问权限,因此提示以上错误。

【例1.54】　类中简单的静态方法、类方法、实例方法、属性的使用。

```
import time
class People：
    counts = 0
    name = "Noname"                  # 静态属性或类变量
    __age = 18                       # 私有静态属性
    def __init__(self, name, gender)： # 双下方法(内置方法)
        self.name = name              # 对象属性或实例变量
        self.__gender = gender        # 私有对象属性
        self.__age = 16
    def __outage(self)：              # 私有方法
        print("the gender is：",self.__gender)
    def outpname(self)：              # 实例方法
        print("name is：", self.name)
    @classmethod
    def pricount(cls)：               # 类方法,对类中的静态变量进行改变要
                                      #   用类方法
        print("counts is：",cls.counts)

    @staticmethod
    def staticfunc()：                # 静态方法,方法体中不能使用类或实例
                                      #   的任何属性和方法
        print("call the static method")
```

```
            @staticmethod
            def showTime():
                print(time.strftime("%H:%M:%S", time.localtime()))
            @property
            def prop(self):                        # 属性
                print(self.__gender)
            @property
            def age(self):
                return self.__age
            @age.setter                            #@属性.setter 就可以把属性的读和写
                                                   函数设置为相同名字了

            def age(self, age):
                if age < 16:
                    print('年龄必须大于 16 岁')
                    return
                self.__age = age
                return self.__age
    class M_Student(People):                       #派生类
        grade = 6
        @classmethod
        def func(cls):
            print(cls)                             # 获取 M_Student 类的类空间(< class '__
                                                   main__.M_Student '>)

            cls.name = "Min"                       # 给 M_Student 类添加静态属性
    peo1 = People("Rachel",0)
    print(peo1.age)                                # 实际上是通过 age() 函数调用私有的实
                                                   例变量__age

    peo1.age = 15
    peo1.age = 20
    print(peo1.age)
    peo1.outpname()                                #调用实例方法
    peo1.prop                                      #不用加括号
    peo1.staticfunc()                              # 静态方法,在调用时实例对象和类名都
                                                   可以调用

    People.staticfunc()
    People.pricount()                              #类方法,在调用时实例对象和类名都可
                                                   以调用

    peo1.pricount()
    peo1.showTime()
```

```
People.showTime()
#peo1.outage()                          #不能在类外调用私有方法

st1 = M_Student("Lichi",0)
print(st1.name)
print(st1.grade)
print(M_Student.name)                   #调用从基类继承下来的静态属性
print(M_Student.func())                 #调用类方法,改变继承的静态属性的值
print(M_Student.name)                   #改变以后的值
st1.outpname()                          #尽管名字相同,但实例变量的值没有被改变
#st1.outage()                           #不能在类外调用基类私有方法
```
执行结果如下:
```
16
年龄必须大于16岁
20
name is: Rachel
0
call the static method
call the static method
counts is: 0
counts is: 0
19:17:31
19:17:31
Lichi
6
Noname
<class'__main__.M_Student'>
None
Min
name is: Lichi
```

类的销毁:Python 和 Java 都是垃圾自动回收,不需要显式地销毁对象。执行 del obj 时会调用对象的 __del__()方法,这样对象的引用计数会减 1,当对象的引用计数为 0 时,对象就会被销毁,内存就会被回收。

【例 1.55】 在 Python 语言中,__del__()用于销毁对象。
```
import gc
class People:
    counts = 0
    def __init__(self, name, gender):      # 双下方法(内置方法)
        self.name = name                   # 对象属性
```

```
        self.gender = gender          ♯ 私有对象属性
        self.age = 16
    def __del__(self):
        print("delete object")

    def Showinfo(self):                ♯ 实例方法
        print("name is:", self.name)
        print("gender is:", self.gender)
        print("age is:", self.age)
peo1 = People("Rachel",0)
peo2 = People("ChiLi",0)
peo3 = peo2
print(id(peo1),id(peo2),id(peo3))
del peo3 ♯ 没有输出"delete object"
del peo2 ♯ 输出了"delete object"
gc.collect()
```

运行结果如下：

```
1742322631632 1742322634464 1742322634464
delete object
28
```

使用 Python 自带的编译器运行时，如果 __del__().py 没有关闭，则 peo1 所引用的内存就不会被销毁，所以在 Python 自带的 IDLE 中执行结果不会输出"delete object"。Python中的 gc.collect()命令可以回收没有被使用的空间，但是这个命令还会返回一个数值，是清除掉的垃圾变量的个数。

类的继承： 面向对象的编程带来的主要好处之一是代码的重用，实现这种重用的方法之一是通过继承机制。通过继承创建的新类称为**子类**或**派生类**，被继承的类称为**基类**、**父类**或**超类**。在 Python 中，子类继承父类后就拥有了父类的所有非私有特性。

【例 1.56】 图 1.30 所示为动物界和猫狗各类之间的继承关系，定义基类和相应的派生类。

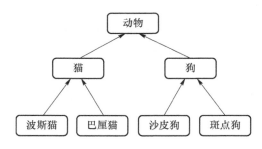

图 1.30 动物界和猫狗各类之间的继承关系

```
class Animal(object):
```

```
        def __init__(self,name,color = "黄色"):
            self.name = name
            self.color = color
        def run(self):
            print("%s:在跑" % self.name)
    class Dog(Animal):
        def setNewName(self,newName):
            self.name = newName
        def eat(self):
            print("%s:在吃" % self.name)
    jm = Dog("金毛")
    print("jm 的名字是:%s,颜色是:%s" % (jm.name,jm.color))
    jm.eat()
    jm.setNewName("藏獒")
    jm.run()
```

运行结果如下:

jm 的名字是:金毛,颜色是:黄色

金毛:在吃

藏獒:在跑

虽然子类没有定义__init__()方法,但是父类定义了该方法,在子类继承父类的时候,这个方法就被继承了,所以只要创建 Dog 的对象,就默认执行继承过来的__init__()方法。子类继承父类,在定义子类时,小括号中为父类的名字,父类的所有非私有的属性、方法都会被子类继承。

多层继承:子类可以继续派生出子类,类在纵向上进行深度拓展。如从 Person 类派生出 Student 类,又从 Student 类派生出 CollegeStudent 类。

在子类中给父类传递参数使用如下方法:

super(子类名称,self).__init__(参数 1,参数 2,...)

或者:

父类名称.__init__(self,参数 1,参数 2,...)

当子类和父类具有同样的方法,但方法中执行的内容不同时,子类可以重写父类方法。父类的对象还是调用父类的方法;子类对象不再调用父类的方法,而是调用本身类中的方法。如父类 Person 和子类 Student 都有 sleep()方法,虽然有继承关系,但是子类对象调用子类中的 sleep()方法,父类对象调用父类中的 sleep()方法。如果子类对象想调用父类的同名方法,则需使用 super(子类名,子类对象).方法名(),如 super(Student,ls).sleep()是子类对象 ls 调用父类方法 sleep()。

【例 1.57】 多层继承实例。

```
class Person:
    def __init__(self,name,age):
        self.name = name
```

```python
        self.age = age
    def sleep(self):
        print('{}正在睡觉。'.format(self.name))
    def drink(self):
        print('{}正在喝饮料。'.format(self.name))
class Student(Person):
    def __init__(self,name,age,grade):
        #新式类的写法:super(子类,self).__init__(参数1,参数2,...)
        super(Student, self).__init__(name,age)
        self.grade = grade
    def eat(self):
        print('{}正在吃饭。'.format(self.name))
    def sleep(self):
        print('{}正在睡觉吗?'.format(self.name))
        Person('小孙',19).sleep()#调用父类中的方法
        super().sleep()#super 是代表父类的实例
class CollegeStudent(Student):
    def __init__(self,name,age,grade,major):
        #经典类的写法:父类名称.__init__(self,参数1,参数2,...)
        Student.__init__(self,name,age,grade)
        self.major = major
    def play_game(self):
        print('{}正在玩游戏吗?'.format(self.name))
zs = Person('张三',20)
zs.sleep()#调用父类的方法
ls = Student('李四',13,2)
ls.drink()
ls.sleep()#调用子类的方法
super(Student,ls).sleep()
ww = CollegeStudent('王五',20,3,'electronicengineering')
ww.play_game()
```

运行结果如下:

张三正在睡觉。

李四正在喝饮料。

李四正在睡觉吗?

小孙正在睡觉。

李四正在睡觉。

李四正在睡觉。

王五正在玩游戏吗?

多重继承：子类可以同时继承多个父类，子类可以继承父类的所有非私有的属性和方法。

【例1.58】　多重继承实例。

```
class Person：
    def __init__(self,name,age)：
        self.name = name
        self.age = age
    def sleep(self)：
        print('{}正在睡觉。'.format(self.name))
    def drink(self)：
        print('{}正在喝饮料。'.format(self.name))
    def eat(self)：
        print('{}正在吃饭。'.format(self.name))
class Student(Person)：
    def __init__(self,name,age,grade)：
        #新式类的写法：super(子类,self).__init__(参数1,参数2,...)
        super(Student, self).__init__(name,age)
        self.grade = grade
    def eat(self)：
        print('{}学生正在吃饭。'.format(self.name))
    def sleep(self)：
        print('{}学生正在睡觉。'.format(self.name))
    def learn(self)：
        print('{}学生正在学习。'.format(self.name))
class Teacher(Person)：
    def __init__(self,name,age,salary)：
        #经典类的写法：父类名称.__init__(self,参数1,参数2,...)
        Person.__init__(self,name,age)
        self.salary = salary
    def eat(self)：
        print('{}老师正在吃饭。'.format(self.name))
    def sleep(self)：
        print('{}老师正在睡觉。'.format(self.name))
    def work(self)：
        print('{}老师正在工作。'.format(self.name))
class GraduateStudent(Teacher,Student,Person)：
    def __init__(self,name,age,salary,grade)：
        #经典类的写法：父类名称.__init__(self,参数1,参数2,...)
        Teacher.__init__(self,name,age,salary)
```

```
        Student.__init__(self,name,age,grade)
    def sleep(self):
        print('{}研究生正在睡觉。'.format(self.name))
    def research(self):
        print('{}研究生正在做研究。'.format(self.name))
zs = Person('张三',20)
zs.sleep()  #调用基类 Person 的 sleep()方法
ls = Student('李四',13,2)
ls.sleep()  #调用 Student 类的 sleep()方法
ww = GraduateStudent('王五',20,5000,3)
ww.sleep()  #调用 GraduateStudent 类的 sleep()方法
ww.eat()
```

运行结果如下：

张三正在睡觉。

李四学生正在睡觉。

王五研究生正在睡觉。

王五老师正在吃饭。

对象所在类中如果没有重新定义所调用的方法,则根据父类的继承顺序,如果第一个父类中定义了该方法则直接调用该方法,如果第一个父类中没有定义该方法,则在下一个父类中找定义的该方法。

总结：

- 多重继承时,需要注意继承父类的顺序,调用方法时由左到右从父类中查找。
- 如果子类与父类中有相同的方法,子类对象会优先调用所在类的方法。
- 如果子类没有定义自己的初始化函数,父类的初始化函数会被默认调用；但是如果要实例化子类的对象,则只能传入父类的初始化函数对应的参数,否则会报错。

2. Python 的 GUI 程序设计

安装 PyQt5 以后,在 PyQt5 中编写 UI 可以直接通过代码来实现,也可以通过 Qt Designer 来完成。Qt Designer 的设计符合 MVC(Model-View-Controller,模型-视图-控制器)的架构,其实现了视图和逻辑的分离,从而实现了开发的便捷。Qt Designer 中的操作方式十分灵活,其通过拖拽的方式放置控件,可以随时查看控件效果。Qt Designer 生成的.ui 文件〔实质上是 XML(Extensible Markup Language,可扩展标记语言)格式的文件〕可以通过 PyUIC5 工具转换成.py 文件。

Qt Designer 随 PyQt5-tools 包一起安装,其安装路径在"Python 安装路径\Lib\site-packages\pyqt5-tools"下。

若要启动 Qt Designer,可以直接到上述目录下双击 designer.exe 来打开 Qt Designer；或将上述路径加入环境变量,在命令行输入 designer 来打开；或在 PyCharm 中将其配置为外部工具来打开。

下面以 PyCharm 为例,讲述 PyCharm 中 Qt Designer 的配置方法。

（1）PyCharm 中 PyQt5 工具的配置

配置 Qt Designer 的方法较多，主要有使用 Anaconde 下载以及在 PyCharm 的第三方库中下载。这里使用 PyCharm 集成开发环境，所以直接通过 PyCharm 安装，详细教程如下。

安装 PyQt5：File→Settings→Project：pythonProject→Project Interpreter→单击下面的加号→搜索 pyqt5→单击 install package（如果没有 pyqt5 和 pyqt5-tools 则安装它们）。

运行 designer.exe：在"此电脑中"查找 designer.exe 的路径，如 D:\PYTHON3.9\Lib\site-packages\qt5_applications\Qt\bin，然后双击 designer.exe 执行该文件。或者：File→Settings→Tools→External Tools，如图 1.31 所示。进入 External Tools 界面后，单击"＋"按钮，如图 1.32 所示，然后进入图 1.33 所示界面。

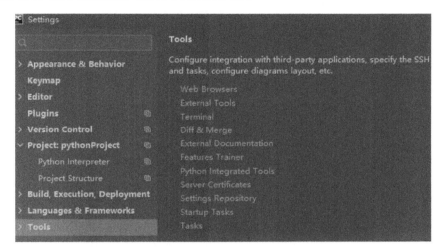

图 1.31　进入 Tools 界面

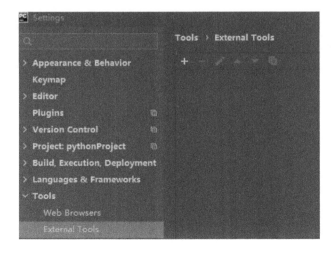

图 1.32　进入 External Tools 界面

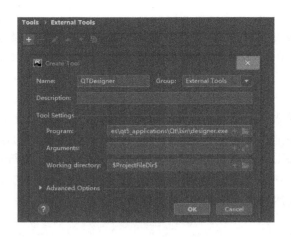

图 1.33　单击"＋"按钮后的界面

类似地添加 PyUIC：File→Settings→Tools→External Tools，单击"＋"按钮，编辑相应编辑框中的内容，如图 1.34 所示。

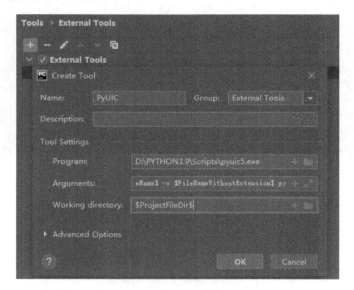

图 1.34　添加 PyUIC

在相应的编辑框中添加如下内容。

- Name：PyUIC。
- Program：PyUIC 的路径为当前解析器的 Scripts＼pyuic5．exe，此处为 D：＼PYTHON3．9＼Scripts＼pyuic5．exe。
- Arguments：＄FileName＄ -o ＄FileNameWithoutExtension＄．py。
- Working directory：＄ProjectFileDir＄。

单击"OK"按钮后回到主界面，即可看到刚刚添加的 QTDesigner 和 PyUIC，如图 1.35 所示。

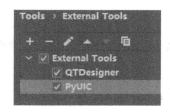

图 1.35　刚刚添加的 QTDesigner 和 PyUIC

（2）使用 Qt Designer 进行开发

使用 PyCharm 进行界面开发。启动 PyCharm 后，单击菜单 Tools→External Tools→QTDesigner，则会打开 Qt Designer 界面，如图 1.36 所示，在其上面进行编辑。

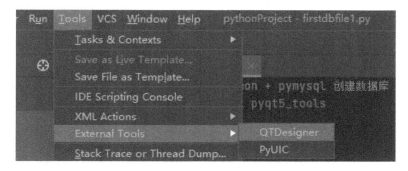

图 1.36　打开 Qt Designer 界面

如果出现错误提示：

Error running 'QTDesigner': Cannot start process, the working directory 'E:\pythonProject3' does not exist

则单击菜单 Run→Edit Configurations，如图 1.37 所示。

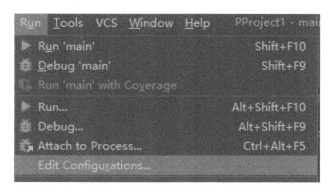

图 1.37　Run|Edit Configurations 菜单

将出现图 1.38 所示界面，在 Run/Debug Configurations 页面下会显示 Working directory，删除或者设置成合适的 directory 即可。

然后单击菜单 Tools→External Tools→QTDesigner，启动 QtDesigner，如图 1.39 所示。

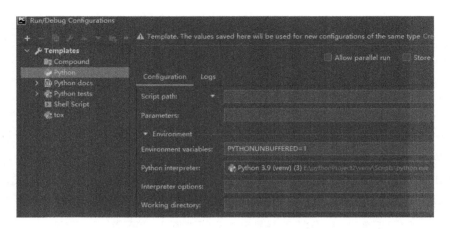

图 1.38　Run/Debug Configurations 页面

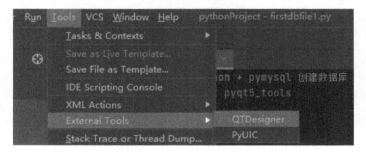

图 1.39　Tools|External Tools|QTDesigner 菜单

接下来即可设计用户图形界面的应用程序了。

进入 Qt Designer 界面,选择"Main Window",单击"创建",如图 1.40 所示。

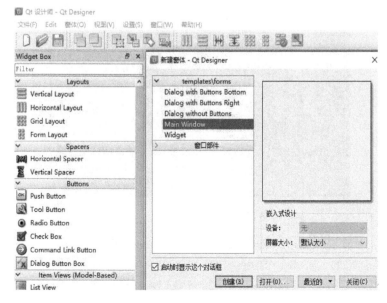

图 1.40　Qt Designer 界面

拖拽 Widget Box 的 Buttons 组中的两个 Push Button 按钮、Input Widgets 组中的两个 Line Edit 控件和 Display Widgets 组中的两个 Label 组件到窗体中,如图 1.41~图 1.43 所示。

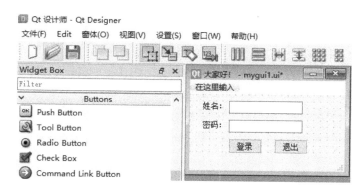

图 1.41 Buttons 组

图 1.42 Input Widgets 组   图 1.43 Display Widgets 组

按"Ctrl+R"预览窗口,观察是否为想要的界面,如图 1.44 所示。测试结束后,保存文件到 GUI 项目下。

图 1.44 测试所设计的界面

【例 1.59】 回到 PyCharm,在创建的项目下面有一个 mygui1.ui,这就是上述使用 Qt Designer 保存的文件,现在需要将这个文件转换成 .py 文件,右击该文件,选择 External Tools→PyUIC,等程序运行完毕后,项目中会出现一个 mygui1.py 文件。

```python
from PyQt5 import QtCore, QtGui, QtWidgets
class Ui_MainWindow(object):
    def setupUi(self, MainWindow):
        MainWindow.setObjectName("MainWindow")
```

```
            MainWindow.resize(238, 143)
            self.centralwidget = QtWidgets.QWidget(MainWindow)
            self.centralwidget.setObjectName("centralwidget")
            self.pushButton = QtWidgets.QPushButton(self.centralwidget)
            self.pushButton.setGeometry(QtCore.QRect(60, 70, 51, 23))
            self.pushButton.setObjectName("pushButton")
            self.lineEdit = QtWidgets.QLineEdit(self.centralwidget)
            self.lineEdit.setGeometry(QtCore.QRect(60, 10, 113, 20))
            self.lineEdit.setObjectName("lineEdit")
            self.lineEdit_2 = QtWidgets.QLineEdit(self.centralwidget)
            self.lineEdit_2.setGeometry(QtCore.QRect(60, 40, 113, 20))
            self.lineEdit_2.setObjectName("lineEdit_2")
            self.pushButton_2 = QtWidgets.QPushButton(self.centralwidget)
            self.pushButton_2.setGeometry(QtCore.QRect(130, 70, 51, 23))
            self.pushButton_2.setObjectName("pushButton_2")
            self.label = QtWidgets.QLabel(self.centralwidget)
            self.label.setGeometry(QtCore.QRect(20, 10, 31, 16))
            self.label.setObjectName("label")
            self.label_2 = QtWidgets.QLabel(self.centralwidget)
            self.label_2.setGeometry(QtCore.QRect(20, 40, 31, 16))
            self.label_2.setObjectName("label_2")
            MainWindow.setCentralWidget(self.centralwidget)
            self.menubar = QtWidgets.QMenuBar(MainWindow)
            self.menubar.setGeometry(QtCore.QRect(0, 0, 238, 23))
            self.menubar.setObjectName("menubar")
            MainWindow.setMenuBar(self.menubar)
            self.statusbar = QtWidgets.QStatusBar(MainWindow)
            self.statusbar.setObjectName("statusbar")
            MainWindow.setStatusBar(self.statusbar)

            self.retranslateUi(MainWindow)
            QtCore.QMetaObject.connectSlotsByName(MainWindow)

    def retranslateUi(self, MainWindow):
        _translate = QtCore.QCoreApplication.translate
        MainWindow.setWindowTitle(_translate("MainWindow", "大家好!"))
        self.pushButton.setText(_translate("MainWindow", "登录"))
        self.pushButton_2.setText(_translate("MainWindow", "退出"))
        self.label.setText(_translate("MainWindow", "姓名:"))
        self.label_2.setText(_translate("MainWindow", "密码:"))
```

里面已经自动编写了窗体的框架代码,但是这个文件无法运行,它只是定义了一个类。新建一个.py 文件 mymainfile1. py,将上述窗体框架文件用 import 的方式导入进来,并编写如下代码:

```python
import sys
from PyQt5.QtWidgets import QApplication, QMainWindow,QMessageBox
from mygui1 import *

class MyWindow(QMainWindow,Ui_MainWindow):
    def __init__(self, parent = None):
        super(MyWindow, self).__init__(parent)
        self.setupUi(self)
        self.pushButton.clicked.connect(self.end_event)   # 绑定登录函数


    # 登录函数
    def end_event(self):
        if self.lineEdit.text() == "":
            QMessageBox.about(self, '登录', '请输入姓名')
        elif self.lineEdit_2.text() == "":
            QMessageBox.about(self, '登录', '请输入密码')
        else:
            QMessageBox.about(self, '登录', self.lineEdit.text() + ' 欢迎登录')


if __name__ == '__main__':
    app = QApplication(sys.argv)
    myWin = MyWindow()
    myWin.show()
    sys.exit(app.exec_())
```

运行得到图 1.45 所示的窗口。

图 1.45　运行后的窗口

(3) 手动编写界面

【例 1.60】 手动编写一个登录窗口,文件名为 manualgui1.py。

```
import sys
from PyQt5.QtWidgets import (QApplication, QWidget, QLabel,
                             QLineEdit, QMessageBox, QPushButton)
from PyQt5.QtCore import QCoreApplication
# 主窗体
app = QApplication(sys.argv)                    # 创建应用对象
LoginWindow = QWidget()                         # 构造登录窗口
LoginWindow.setWindowTitle('登录窗口')           # 窗口标题
LoginWindow.resize(300, 180)                    # 窗口大小
# 姓名 Label
name_Label = QLabel(LoginWindow)                # 放置在登录窗口上
name_Label.setText('姓名:')                      # 设置显示文本
name_Label.move(60, 40)                         # 设置位置

# 输入姓名文本框
name_Edit = QLineEdit(LoginWindow)              # 放置在登录窗口上
name_Edit.move(100, 36)                         # 设置位置

# 密码 Label
pass_Label = QLabel(LoginWindow)                # 放置在登录窗口上
pass_Label.setText('密码:')                      # 设置显示文本
pass_Label.move(60, 80)                         # 设置位置

# 输入密码文本框
pass_Edit = QLineEdit(LoginWindow)              # 放置在登录窗口上
pass_Edit.move(100, 76)                         # 设置位置
pass_Edit.setEchoMode(QLineEdit.Password)       # 设置输入密码不可见


# 登录函数
def end_event():
    if name_Edit.text() == "":
        QMessageBox.about(LoginWindow, '登录', '请输入姓名')
    elif pass_Edit.text() == "":
        QMessageBox.about(LoginWindow, '登录', '请输入密码')
    else:
        QMessageBox.about(LoginWindow, '登录', name_Edit.text() + ' 欢迎登录')


# 登录按钮
```

```
end_Btn = QPushButton('登录', LoginWindow)
end_Btn.clicked.connect(end_event)    # 绑定登录函数
end_Btn.move(60, 120)

# 退出按钮
exit_Btn = QPushButton('退出', LoginWindow)
exit_Btn.clicked.connect(QCoreApplication.instance().quit)    # 绑定退出事件
exit_Btn.move(160, 120)

LoginWindow.show()                              # 显示窗口
sys.exit(app.exec_())                           # 进入消息循环
```

运行结果如图 1.46 所示。

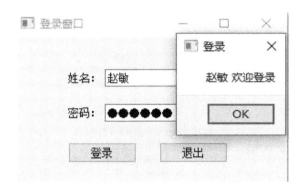

图 1.46　例 1.60 的运行结果

使用 Qt Designer 和手动编写代码的区别如下。

手动编写：需要大量的代码和运算来设置窗体中的控件属性以及大、小位置等。

使用 Qt Designer：先进行可视化的排版，通过鼠标拖拽、点击就能很轻松地得到一个符合业务逻辑的窗体，然后使用 PyUIC 将 .ui 文件转换成 .py 文件，最后新建一个文件，将创建好的窗体文件通过 import 方式导入。这样做的好处是将业务逻辑代码和窗体代码分离，使用户能够将主要精力放在业务逻辑上，而不是放在美化窗体上。此种方式使用用户界面与逻辑分离的思想。

3. Python 的数据库编程

首先打开 MySQL Workbench，单击菜单 Database→Connect to Database，各编辑框中按图 1.47 所示编辑，Password 处单击"Store in Vault"，会弹出图 1.48 所示界面，在此输入密码，设密码为"123456"。单击图 1.48 所示界面中的"OK"按钮，再单击图 1.47 所示界面中的"OK"按钮，会弹出图 1.49 所示界面。

在 Query 中创建数据库：输入代码"create database Students"，单击闪电符号 ，运行该 SQL 语句，在 SCHEMAS 中右击进行刷新，可以看到刚刚创建的数据库，如图 1.49 所示。

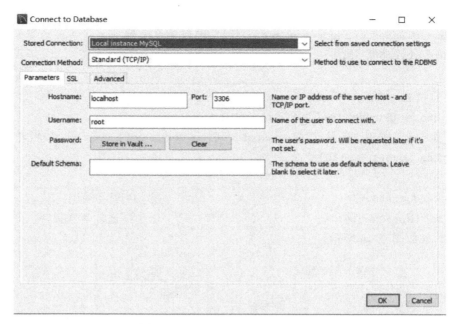

图 1.47　Connect to Database 界面

图 1.48　Store Password For Connection 界面

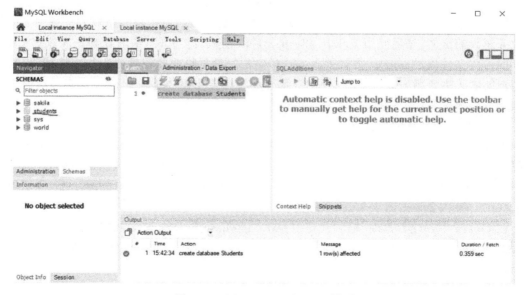

图 1.49　MySQL Workbench 界面

在数据库中创建表 student，然后输入语句"SELECT ＊ FROM students. student"对 student 进行查询。

① PyCharm 是编写 Python 程序较好用的编辑器，先打开它，然后新建一个项目，在项目中新建一个. py 文件 firstdbfile1. py。

② 单击菜单开始→Windows 系统→命令提示符，使用 pip list，查看是否安装了 PyMySQL，如果没有安装，则使用 pip 安装 PyMySQL 库，在命令行中输入"pip install PyMySql"，不区分大小写。或者在 PyCharm 的 Terminal 中输入"pip list"，查看所安装的包，如图 1.50 所示。

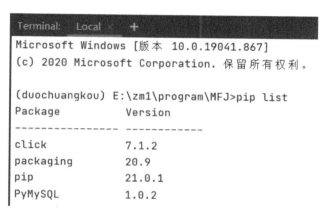

图 1.50　查看所安装的包

③ 安装好 PyMySQL 库之后，使用 PyCharm 创建一个项目 myfirstdb，如图 1.51 所示。

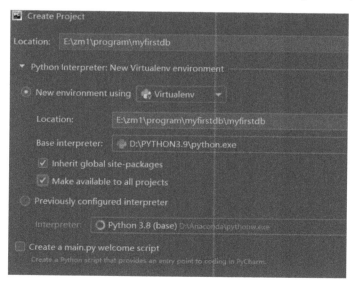

图 1.51　创建使用 PyMySQL 库的项目

【例 1.61】　在项目中创建一个 Python 文件 demo1，在该文件中导入 pymysql、创建连接，利用"Ctrl＋鼠标左键"可以查看源代码。

```
import pymysql
```

```
# host = 'localhost'
conn = pymysql.connect(host = '127.0.0.1', user = 'root', password = '123456',
            port = 3306,                # 默认端口号
            db = "students", charset = 'utf8')
cur = conn.cursor()
sql = "select count( * ) from student"
cur.execute(sql)
data = cur.fetchone()                   # 获取单条数据
print("获取 data 值：% s" % data)
cur.close()
```

运行结果如下：

获取 data 值：0

【例 1.62】 向数据库 students 中的表 student 添加记录。

```
import   pymysql
# host = 'localhost'
con = pymysql.connect(host = '127.0.0.1', user = 'root', password = '123456',
            port = 3306,                # 默认端口号
            db = "students", charset = 'utf8')
# 创建游标对象
cur = con.cursor()
# 编写插入数据的 sql
sql = 'insert into student(srname, major, sId) values( % s, % s, % s)'
try:
    # 执行 sql
    cur.executemany(sql, [('小方', "电子", 21041101), ('小高', "通信", 21042101),
('小朱', "电子", 21041103), ('小宋', "通信", 21042201)])
    # 提交事务
    con.commit()
    print('插入成功')
except Exception as e:
    print(e)
    con.rollback()
    print('插入失败')
finally:
    con.close()
```

运行结果如下：

插入成功

【例 1.63】 使用字典传递连接参数，然后查询表中的所有记录。

```
import pymysql
```

```
dbinfo = {"host":'127.0.0.1',
        "user":'root',
        "password":'123456',
        "port":3306,
        "db":"students",
        "charset":'utf8'}

sql = "SELECT * FROM student "
connect1 = pymysql.connect( ** dbinfo)#使用字典传递参数
cursor1 = connect1.cursor()
cursor1.execute(sql)
r2 = cursor1.fetchall()
print(r2)
cursor1.close()
connect1.close
```

第 2 章 模型评估与选择

由机器学习对待研究领域数据进行训练得到一个模型,然后试图用这个模型去分类、回归,预测未知的数据。训练的算法是非常重要的,由不同的算法可得到不同的模型,那么究竟哪种模型在待研究领域的数据分析中最合适呢? 如对当地房价数据进行训练得到房价预测模型,如何评估这个模型? 随着学习的深入将逐步解答这些问题。

2.1 模型的评估方法

在学习模型的评估方法之前需要弄懂两个概念:欠拟合和过拟合。

欠拟合:当使用过于简单的模型对训练数据进行拟合时,得到的模型训练误差比较大,用这样的模型来预测新的数据,其准确性会受到质疑。如图 2.1 所示,圆点表示不同的面积所对应的房价,直线表示房价预测模型,图中使用了一条直线来预测房价,这样会导致预测的误差偏大。

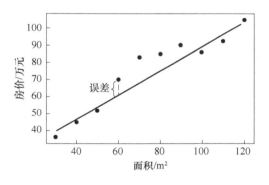

图 2.1 房价预测的欠拟合

过拟合:当使用过于复杂的模型对训练数据进行拟合时,虽然得到的模型对训练数据拟合得很好,但是这种模型对新数据的预测能力却未必好,有时甚至会导致完全错误的结论。如图 2.2 所示,房价预测曲线与房价点完全吻合,也即在训练集中,训练误差为零,用这样的模型去预测新房的房价是否合理呢? 在大多数情况下,这样的模型在预测新房价格时,会表现得非常不正常,也即过低的训练误差训练出来的模型并不能很好地胜任新数据的预测。

那么问题的关键是如何找到一个折中点,使得该模型拟合训练数据的误差大于复杂模型,又更适用于新数据的预测。评估一个模型的好坏需要量化指标——误差函数(代价函数),误差函数的取值越小,模型越好。误差函数的评估需要用到损失函数,它们的不同表现为误差函数是作用在多个数据点上的,而损失函数是作用在单个数据点上的,是一种衡量预测损失程度的函数。本章以回归分析预测房价为例,损失函数的定义为:

$$L(预测,标签)=(预测-标签)^2$$

其中,L 为损失函数,预测表示对结果的预测值,标签表示真实值,在这里,预测表示房价的预测值,标签表示房价的真实值。

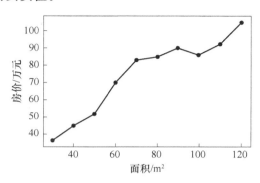

图 2.2　房价预测的过拟合

2.2　性能度量的方法

2.1节中已经提到了训练误差、真实误差,为说明模型评估与选择的原理,还需要测试误差和验证误差这两个概念。理论上,真实误差最小的模型是最好的模型,但实际上真实误差是非常难以计算的,此时需要用验证误差和测试误差来近似。

1. 训练误差

训练误差(training error)是模型在训练集上的误差,如式 2.1 所示:

$$训练误差 = e_{train}(h) = \frac{1}{m}\sum_{i=1}^{m}(h(x^{(i)})-y^{(i)})^2 \tag{2.1}$$

其中,m 表示样本点的数量,上标(i)表示第 i 个样本点,$h(x^{(i)})$表示第 i 个样本点的估计值,$y^{(i)}$表示第 i 个样本点的真实值,也即第 i 个样本点的标签(实际值)。

如图 2.1 所示,样本点与预测值的误差等于样本点纵坐标与预测直线上相同横坐标对应的点的纵坐标之差,这个误差就是训练误差。图 2.2 所示的预测模型(高阶曲线)的训练误差为零。但是训练误差的大小并不能说明真实误差的大小。

2. 真实误差

真实误差(true error)又被称作泛化误差(generalization error),是指训练完的模型在测试集上产生的误差。真实误差衡量了模型的推广能力,但实际上真实误差是很难测量的。

用房价预测的例子来说明真实误差的含义。假设市面上 70 m² 的房子只有 3 种售价:60 万元、70 万元、80 万元。60 万元和 80 万元的房子分别有 1 栋和 2 栋,70 万元的房子有 7栋。模型拟合得出的价格为 72 万元,那么模型的真实误差的计算如下所示:

$$真实误差_{70} = \sum_{i=1}^{3} 房价分布概率_i \times (真实价格_i - 拟合价格)^2$$
$$= \frac{1}{10}(60-72)^2 + \frac{7}{10}(70-72)^2 + \frac{2}{10}(80-72)^2$$
$$= 30$$

假设市场上只有两种不同面积的房子:10 栋 70 m² 和 5 栋 100 m²。那么模型对应的最终真实误差为：

$$真实误差 = \sum_{i=1}^{2}(房屋面积分布概率 \times 真实误差_i)$$
$$= \frac{10}{15} \times 真实误差_{70} + \frac{5}{15} \times 真实误差_{100}$$

但是，面积为 70 m² 和 100 m² 的房子有很多，每种面积对应的房价有很多种，而且未来还会不断有新房子出现，因此在给定房屋面积时所列出的真实误差表达式如式 2.2 所示：

$$e_{out}(h,x) = E_y\big[(y - h(x))^2\big] \tag{2.2}$$

其中，y 表示真实的房价，$h(x)$ 表示模型预测的房价，E_y 的下标 y 表示在真实房价维度上求积分。

式 2.2 可进一步表达为式 2.3：

$$e_{out}(h,x) = E_x[e_{out}(h,x)] = E_x\big[E_y[(y - h(x))^2]\big] = E_{x,y}\big[(y - h(x))^2\big] \tag{2.3}$$

其中，$E_{x,y}$ 的下标 x,y 表示在真实房价和面积两个维度上求积分。而这是很难求出一个具体数值的。

3. 测试误差

由于真实误差很难测量，因此需要找一个替代概念来估计真实误差，而这就是测试误差。测试误差（Test Error）是指模型在测试集上的误差，其计算公式如式 2.4 所示：

$$测试误差 = e_{test}(h) = \frac{1}{m_{test}} \sum_{i=1}^{m_{test}} (h(x^{(i)}) - y^{(i)})^2 \tag{2.4}$$

其中，h 中的参数是通过训练集拟合出来的，用在测试集的 m_{test} 个样例 $(x^{(i)}, y^{(i)})$ 上。需要注意的是，测试集（Test Set）是从所有样本中选出的样本数据组成的集合，该集合中的数据不能在训练集中出现。

由霍夫丁不等式可知（具体见参考文献[5]），当测试集足够多时，可以使用测试误差代替真实误差，一般来说，使用样本数据的 80% 作为训练集，20% 作为测试集。当样本数据不够时使用 5（或 10）折交叉验证法。使用测试误差虽然可以判断模型预测的误差大小，但是由于存在"测试集过拟合问题"，导致测试集不知不觉地选择了模型，因此该方法不适合模型的选择。那么该如何进行模型选择呢？验证误差的出现就是为了解决这个问题。

4. 验证误差

如图 2.3 所示，验证集也是样本数据中的一部分，样本数据扣除测试集后（测试集是最干净的，不允许受到验证集和训练集的污染），剩下的部分一部分作为训练集，一部分作为验证集。在划分测试集、训练集和验证集时，一般的方法如下：首先取出 20% 的样本数据作为测试集，然后从剩下的数据中随机取 25% 作为验证集，剩下数据的 75% 作为训练集。在选取验证集和训练集时会采用 K 折交叉验证集（K-fold cross validation set）的方法，把整个数据集平均但随机分成 K 份，每份大概包含 m/K 个数据，K 通常取 5 或者 10。这样处理后就可以避免测试集过拟合的问题。最终通过验证误差的大小决定选用哪种模型，验证误差越小越好。

验证误差（Validation Error）是指模型在验证集上的误差，计算公式如式 2.5 所示：

$$验证误差 = e_{val}(h) = \frac{1}{m_{val}} \sum_{i=1}^{m_{val}} (h(x^{(i)}) - y^{(i)})^2 \tag{2.5}$$

其中，h 里面的参数是从训练集中拟合出来的，用在验证集的 m_{val} 个样例上。

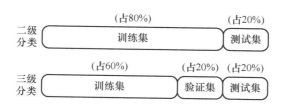

图 2.3 验证集、测试集、训练集的划分

2.3 模型的选择与常见模型的优缺点

模型的选择依据精度、简单、可解释性、高效性和可扩展性几个方面进行。

精度是首选条件,比较验证误差的大小,误差较小的模型可以作为备选模型。

简单原则要求永远从最简单的模型开始,然后根据需要再增加模型的复杂度。通过提高模型的复杂度可以提高精度,但是随着复杂度的增加,精度并非同步等比率增加,而是增加的越来越少,因此并不是越复杂的模型越好。

可解释性要求模型不但可以满足精度要求,而且可以被解释。例如,人工神经网络和支持向量机(SVM)的预测精度高,但是对于非专业人士来说是一个“黑盒”。当精度为首选条件时,可以考虑这些模型。但是如果将模型的可解释性作为首要考虑因素,就不能使用这些黑盒模型。而决策树模型会是一个比较好的选择,因为决策树每一次分类都有明确的分类条件,使用者可以清楚地知道自己在哪个分支出现问题。例如,医疗问诊阶段需要依据患者的检查单来判断患者所患疾病的类型,此时每次判断都将患者划分到不同的疾病类型中。

高效性和可扩展性要求模型能够及时、高效处理新数据,如在电子商务中,模型需要根据大数据快速分析出商机、客户可能感兴趣的商品、商家库存问题等。

综上所述,在选择模型时,除非对精度有特殊要求或者在模型复杂度上稍微上升就能在精度上有明显改进,其他情况下应优先选择简单的模型,因为简单意味着高效、易扩展和易解释。下面是常见模型的优缺点分析。

1. 决策树

(1)优点

① 决策树易于理解和解释。人们在通过解释后都有能力去理解决策树所表达的意义。

② 对于决策树,数据的准备往往是简单或者不必要的。其他的技术往往要求先把数据一般化,如去掉多余的或者空白的属性。

③ 能够同时处理数据型和常规型属性。其他的技术往往要求数据属性的单一。

④ 决策树是一个白盒模型。如果给定一个观察的模型,那么根据所产生的决策树很容易推出相应的逻辑表达式。

⑤ 易于通过静态测试来对模型进行评测。表示有可能测量该模型的可信度。

⑥ 在相对短的时间内能够对大型数据源做出可行且效果良好的结果。

⑦ 可以对有许多属性的数据集构造决策树。

⑧ 决策树可很好地扩展到大型数据库中,同时它的大小独立于数据库的大小。

（2）缺点

① 对于各类别样本数量不一致的数据,在决策树中,信息增益的结果偏向于那些具有更多数值的特征。

② 决策树处理缺失数据时的困难。

③ 过度拟合问题的出现。

④ 忽略数据集中属性之间的相关性。

2. 人工神经网络

（1）优点

① 在语音、语义、视觉、各类游戏(如围棋)的任务中表现极好。

② 算法可以快速调整,适应新的问题。

③ 分类的准确度高,并行分布处理能力强,分布存储及学习能力强,对噪声神经网络有较强的鲁棒性和容错能力,能充分逼近复杂的非线性关系,具备联想记忆的功能等。

（2）缺点

① 神经网络需要大量的参数,如网络拓扑结构、权值和阈值的初始值。

② 不能观察中间的学习过程,输出结果难以解释,会影响到结果的可信度和可接受程度。

③ 训练要求很高的硬件配置,学习时间过长,甚至可能达不到学习的目的。

④ 元参数(Metaparameter)与网络拓扑选择困难。

3. KNN 算法

（1）优点

① 简单、有效。

② 重新训练的代价较低(类别体系的变化和训练集的变化在 Web 环境和电子商务应用中是很常见的)。

③ 计算时间和空间线性于训练集的规模(在一些场合不算太大)。

④ 由于 KNN 算法主要靠有限的邻近的样本,而不是靠判别类域的方法来确定所属类别,因此对于类域的交叉或重叠较多的待分样本集来说,KNN 算法较其他方法更为适合。

⑤ 该算法比较适用于样本容量较大的类域的自动分类,而那些样本容量较小的类域采用这种算法比较容易产生误分。

（2）缺点

① KNN 算法是懒散学习方法(lazy learning,基本上不学习),一些积极学习的算法要快很多。

② 类别评分不是规格化的(不像概率评分)。

③ 输出的可解释性不强,例如,决策树的可解释性较强。

④ 该算法在分类时的主要不足之处是,当样本不平衡时,如一个类的样本容量很大,而其他类的样本容量很小时,有可能导致当输入一个新样本时,该样本的 K 个邻居中大容量类的样本占多数,该算法只计算"最近的"邻居样本,某一类的样本数量很大,那么或者这类样本并不接近目标样本,或者这类样本很靠近目标样本。无论怎样,数量并不能影响运行结果。可以采用权值的方法(和该样本距离小的邻居权值大)来改进。

⑤ 计算量较大。目前常用的解决方法是事先对已知样本点进行剪辑,事先去除对分类

作用不大的样本。

4．支持向量机

（1）优点

① 可以解决小样本情况下的机器学习问题。

② 可以提高泛化性能。

③ 可以解决高维问题。

④ 可以解决非线性问题。

⑤ 可以避免神经网络结构选择和局部极小点问题。

（2）缺点

① 对缺失数据敏感。

② 对非线性问题没有通用解决方案，必须谨慎选择 Kernel Function 来处理。

5．朴素贝叶斯

（1）优点

① 朴素贝叶斯（NBC）模型发源于古典数学理论，有着坚实的数学基础以及稳定的分类效率。

② NBC 模型所需估计的参数很少，对缺失数据不太敏感，算法比较简单。

（2）缺点

① 理论上，NBC 模型与其他分类方法相比具有最小的误差率，但是实际上并非总是如此。这是因为 NBC 模型假设属性之间相互独立，这个假设在实际应用中往往是不成立的（可以考虑用聚类算法先将相关性较大的属性聚类），这给 NBC 模型的正确分类带来了一定影响。在属性个数比较多或者属性之间相关性较大时，NBC 模型的分类效率比不上决策树模型的。而在属性之间相关性较小时，NBC 模型的性能最为良好。

② 需要知道先验概率。

③ 分类决策存在错误率。

6．AdaBoost 算法

（1）优点

① AdaBoost 是一种有很高精度的分类器。

② 可以使用各种方法构建子分类器，AdaBoost 算法提供的是框架。

③ 当使用弱分类器时，计算出的结果是可以理解的。而且弱分类器构造极其简单。

④ 简单，不用做特征筛选。

⑤ 不用担心过拟合问题。

（2）缺点

① AdaBoost 迭代次数（也就是弱分类器数目）不太好设定，可以使用交叉验证来进行确定。

② 数据不平衡导致分类精度下降。

③ 训练比较耗时，每次重新选择当前分类器最好切分点。

7．逻辑回归

（1）优点

① 预测结果是界于 0 和 1 之间的概率。

② 适用于连续性和离散性自变量。

③ 容易使用和解释。

（2）缺点

① 对模型中自变量多重共线性较为敏感，例如，两个高度相关的自变量同时放入模型，可能导致较弱的一个自变量回归符号不符合预期，符号被扭转。需要利用因子分析或者变量聚类分析等手段来选择有代表性的自变量，以减少候选变量之间的相关性。

② 预测结果呈"S"型，因此从 log(odds)向概率转化的过程是非线性的，在两端，随着 log(odds)值的变化，概率变化很小，边际值太小，斜坡太小，而中间概率的变化很大，很敏感，导致很多区间的变量变化对目标概率的影响没有区分度，无法确定阈值。

8. 随机森林

（1）优点

① 在当前的很多数据集上，相对于其他算法有着很大的优势，表现良好。

② 能够处理很高维度（特征很多）的数据，并且不用做特征选择。

③ 在训练完后，能够给出哪些特征比较重要。

④ 在创建随机森林的时候，对泛化使用的是无偏估计，模型泛化能力强。

⑤ 训练速度快，容易做成并行化方法。

⑥ 在训练过程中，能够检测到特征间的相互影响。

⑦ 实现比较简单。

⑧ 对于不平衡的数据集来说，可以平衡误差。

⑨ 如果有很大一部分的特征遗失，仍可以维持准确度。

（2）缺点

① 随机森林已经被证明在某些噪声较大的分类或回归问题上会过拟合。

② 对于有不同取值的属性的数据，取值划分较多的属性会对随机森林产生更大的影响，所以随机森林在这种数据上产出的属性权值是不可信的。

9. 聚类算法

（1）优点

让数据变得有意义。

（2）缺点

结果难以解读，针对不寻常的数据组，结果可能无用。

第3章 K 近邻算法

3.1 K 近邻算法简介

K 近邻(K-Nearest Neighbor,KNN)算法是最简单的分类和回归算法之一,且分类算法中 KNN 较为常用。KNN 算法属于监督学习算法。KNN 算法在分类问题中,假设给定的训练集的实例在某特征空间中类别已经确定,对于该特征空间中的新实例,KNN 算法根据其 K 个最近邻的训练集实例的类别,通过多数表决方式对新实例的类别进行预测。

KNN 算法的核心思想是如果一个样本在特征空间中的 K 个最相邻的样本中的大多数属于某一个类别,则该样本也属于这个类别,并具有这个类别上样本的特性。该方法在确定分类决策上只依据最邻近的一个或者几个样本的类别来决定待分样本所属的类别。KNN 算法在进行类别决策时,只与极少量的相邻样本有关。由于 KNN 算法主要靠有限的邻近的样本,而不是靠判别类域的方法来确定所属类别,因此对于类域的交叉或重叠较多的待分样本集来说,KNN 算法较其他方法更为适合。

3.2 K 近邻算法 API 初步使用

对于分类问题,使用 sklearn. neighbors. KNeighborsClassifier(n_neighbors＝5)函数,其中 n_neighbors:int,可选(默认为 5),查询使用的邻居数。

对于回归问题,先导入 from sklearn. neighbors import KNeighborsRegressor,使用 sklearn. neighbors. KNeighborsRegressor()函数,用 KNN 算法解决回归问题。

对未知类别的数据集中的每个点依次执行以下操作:

① 计算已知类别数据集中的点与当前点之间的距离(测距);

② 按照距离递增次序排序(距离排序);

③ 选取与当前点距离最小的 K 个点(选距离最小的 K 个点);

④ 确定前 K 个点所在类别的出现频率(K 个点所在类别);

⑤ 返回前 K 个点出现频率最高的类别作为当前点的预测分类(返回类别)。

3.3 距 离 度 量

要度量空间中点与点之间的距离,有多种方式,如常见的曼哈顿距离、欧式距离等。在 KNN 算法中通常使用欧式距离进行计算。在二维空间中,两个点(x_1,y_1),(x_2,y_2)的欧式距离计算公式为:

$$\rho = \sqrt{(x_2 - x_1)^2 + (y_2 - y_1)^2}$$

拓展到 n 维空间的点 $\boldsymbol{x}$ 和点 $\boldsymbol{y}$,其中 $\boldsymbol{x}(x_1, x_2, \cdots, x_n)$,$\boldsymbol{y}(y_1, y_2, \cdots, y_n)$,则两点的欧式距离公式如式 3.1 所示。

$$d(\boldsymbol{x}, \boldsymbol{y}) = \sqrt{(x_1 - y_1)^2 + (x_2 - y_2)^2 + \cdots + (x_n - y_n)^2} = \sqrt{\sum_{i=1}^{n}(x_i - y_i)^2} \quad (3.1)$$

KNN 算法是计算预测点与所有点之间的距离,然后保存并按照升序排序,选出前 K 个值,查看前 K 个值所对应的类别,哪一类别的值最多,则新的样本就归属于哪一类别。

3.4　K 值的选择

K 的取值比较重要,如何确定 K 的取值呢? 答案是通过交叉验证(将样本数据按照一定比例,拆分出训练集和验证集,如以 6∶4 将数据划分为训练集和验证集),从选取一个较小的 K 值开始,不断增加 K 的值,然后计算验证集的方差,最终找到一个比较合适的 K 值。根据 K 值的不同,依次计算方差,绘制出图 3.1 所示的方差变化曲线。

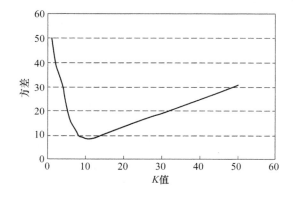

图 3.1　方差变化曲线

从图 3.1 中可以看出,当增大 K 值时,一般方差会先降低,因为在周围有更多的样本可以借鉴,分类效果会变好,但当 K 值继续增大时,方差会更高。 例如,一共 60 个样本,当 K 增大到 60 时,KNN 算法就没有意义了。因此选取方差最小时的 K 值。

选择较小的 K 值,相当于用较小领域中的训练实例进行预测,"学习"的近似误差会减小,只有与输入实例较近(相似)的训练实例才会对预测结果起作用,与此同时带来的问题是"学习"的估计误差会增大,或者说,K 值的减小就意味着整体模型变得复杂,容易发生过拟合。

选择较大的 K 值,相当于用较大领域中的训练实例进行预测,其优点是可以减小"学习"的估计误差,但缺点是"学习"的近似误差会增大。 此时,与输入实例较远(不相似)的训练实例也会对预测结果起作用,使预测发生错误。且 K 值的增大就意味着整体模型变得简单。 $K = N(N$ 为训练样本个数)则完全不可取,因为此时无论输入实例是什么,都只是简单地预测它属于在训练集中最多的类,模型过于简单,忽略了训练实例中大量的有用信息。

近似误差:对现有训练集的训练误差,关注训练集。如果近似误差过小,可能会出现过拟合的现象,对现有的训练集能有很好的预测,但是对未知的测试样本将会出现偏差较大的预测,模型本身并不接近最佳模型。

估计误差:可以理解为对测试集的测试误差,关注测试集。估计误差小,说明对未知数据的预测能力强,模型本身更接近最佳模型。

3.5 KNN 算法的特点及优势与劣势

1. KNN 算法的特点

KNN 算法是一种非参的、惰性的算法模型。

非参意味着这个模型不会对数据做出任何的假设,与之相对的是线性回归(假设线性回归是一条直线,见第 4 章线性回归)。也就是说,KNN 建立的模型结构是根据数据来决定的,这也比较符合现实的情况,毕竟实际情况往往与理论上的假设并不相符。

很多算法需要先对数据进行大量训练(training),然后才能得到一个算法模型。KNN 算法属于惰性算法,不需要训练数据的过程。

2. KNN 算法的优势与劣势

了解 KNN 算法的优势和劣势,可以在选择学习算法时设计出较为准确的方案。

(1) KNN 算法的优势

① KNN 理论简单,易于理解,容易实现,既可以用来做分类,又可以用来做回归。

② 可用于非线性分类。

③ 对数据没有假设,KNN 算法是惰性的,准确度高,对异常点不敏感。

④ KNN 可以处理分类问题,当然也可以处理多分类问题,适合对稀有事件进行分类。

⑤ KNN 是一种在线技术,新数据可以直接加入数据集而不必进行训练,训练时间为零。

⑥ 预测效果好。

(2) KNN 算法的劣势

① 需要大量内存。

② 计算量大,对于特征数非常多的情况,以及样本容量大的数据集,每一个待分类样本都要计算它到全体已知样本的距离,才能得到它的前 K 个最近邻点。

③ 预测速度慢。

④ 对样本不平衡问题(即有些类别的样本数量很多,而其他类别的样本数量很少)效果差。

⑤ KNN 每一次分类都会重新进行一次全局运算。

⑥ 对训练数据依赖度特别大,对训练数据的容错性差。如果训练集中有一两个数据是错误的,刚好又在需要分类的数值的旁边,就会直接导致预测结果的不准确。

⑦ K 值大小的选择没有理论最优选择,往往是结合 K-折交叉验证得到最优 K 值。

3.6 案   例

【例 3.1】 根据一组数据 data(特征是身高和体重)及其标签(性别),用 KNN 算法判断一个新的实例的性别。请用 Python 编写代码。

```
import numpy as np
import operator
def class_KNN(X,dataset,y,K):
    datasize = dataset.shape[0]                    # 返回 dataset 的行数
    print(datasize)
    diff = np.tile(X,(datasize,1)) - dataset       # tile 可以在行上重复生成
                                                   # datasize 个 X
    # print( np.tile(X,(datasize,1)))
    distances = ((diff ** 2).sum(axis = 1)) ** 0.5
    print(diff ** 2)
    print(distances)
    sort_distance = distances.argsort()
    class_count = {}
    for i in range(K):
        votelabel = y[sort_distance[i]]
        class_count[votelabel] = class_count.get(votelabel,0) + 1
    sort_class_count = sorted(class_count.items(),key = operator.itemgetter(1),reverse = True)
    return sort_class_count[0][0]
data = np.array([[157,65],[171,85],[181,83],[190,81],[156,52],[165,58],[170,65],[156,54],[170,68]])
y = ['m','m','m','m','fm','fm','fm','fm','fm']
x = [150,51]
print(class_KNN(x,data,y,3))
```

运行结果如下：
```
9
[[  49  196]
 [ 441 1156]
 [ 961 1024]
 [1600  900]
 [  36    1]
 [ 225   49]
 [ 400  196]
 [  36    9]
 [ 400  289]]
[15.65247584 39.96248241 44.55333882 50.          6.08276253 16.55294536
 24.41311123  6.70820393 26.2488095 ]
fm
```

【例 3.2】 使用 sklearn. neighbors. KNeighborsClassifier()函数实现 KNN 分类算法。

```
import numpy as np
import matplotlib.pyplot as plt
from sklearn.preprocessing import LabelBinarizer
from sklearn.neighbors import KNeighborsClassifier
X_train = np.array([[157,65],[171,85],[181,83],[190,81],[156,52],[165,58],
[170,65],[156,54],[170,68]])
y_train = ['m','m','m','m','fm','fm','fm','fm','fm']
label = LabelBinarizer()    # 将 y_train 转化为整数
y_train_transform = label.fit_transform(y_train)
print(y_train_transform)
k = 3 # 设置 K 值
KNN = KNeighborsClassifier(n_neighbors = k)
KNN.fit(X_train,y_train_transform.ravel())#ravel()方法将数组维度转为一维
y_predict = KNN.predict(np.array([155,70]).reshape(1,-1))[0]# reshape(1,
-1)表示转为一行多列
y_predict_transform = label.inverse_transform(y_predict) # 将数值型变量转
化为原来的字符标签
print(y_predict_transform)
```

运行结果如下：

```
[[1]
 [1]
 [1]
 [1]
 [0]
 [0]
 [0]
 [0]
 [0]]
['fm']
```

【例 3.3】 利用 KNN 算法解决回归问题,已知一组数据的特征是身高和性别,标签是体重,对于一个新的实例,判断其体重。

```
from sklearn.neighbors import KNeighborsRegressor
from sklearn.metrics import mean_squared_error,mean_absolute_error
from sklearn.preprocessing import StandardScaler          # 标准化数据
X_train = np.array([[157,1],[177,1],[187,1],[190,1],[156,0],[165,0],[170,
0],[156,0],[170,0]])
y_train = [65,85,83,81,52,58,65,64,68]
X_test = np.array([[169,1],[180,1],[161,0],[168,0]])
y_test = [65,93,55,66]
```

```
ss = StandardScaler()
X_train_scaled = ss.fit_transform(X_train)
X_test_scaled = ss.transform(X_test)
K = 3
KN = KNeighborsRegressor(n_neighbors = K)
KN.fit(X_train_scaled,y_train)
predictions = KN.predict(X_test_scaled)
print('预测的数据:',predictions)
print('MAE 为',mean_absolute_error(y_test,predictions))   # 平均绝对误差
print('MSE 为',mean_squared_error(y_test,predictions))   # 均方误差
```

运行结果如图 3.2 所示。

```
预测的数据: [77.66666667 83.        58.        63.66666667]
MAE为 7.000000000000002
MSE为 68.72222222222226
```

图 3.2　例 3.3 的运行结果

【例 3.4】　使用聚类数据生成器,对一个新的样本点用 KNN 算法进行分类,并用散点图法绘出。

```
import matplotlib.pyplot as plt# 导入画图工具
import numpy as np# 导入数组工具
from sklearn.datasets import make_blobs# 导入数据集生成器
from sklearn.neighbors import KNeighborsClassifier# 导入 KNN 分类器
from sklearn.model_selection import train_test_split# 导入数据集拆分工具
# 生成样本数为 500,centers 表示要生成的中心数(此例中为类别数),cluster_std
表示每个类别的方差
# random_state:随机生成器的种子,可以固定生成的数据,给定数之后,每次生成的
数据集就是固定的
data = make_blobs(n_samples = 500, n_features = 2, centers = 5, cluster_std = 1.0,
random_state = 8)
X, Y = data
#print(data)
print('=============X')
print(X.shape)
print('============y')
print(Y[0])
# 将生成的数据集进行可视化,s 表示的是大小,是一个标量或者一个 shape 大小为
(n,)的数组
# cmap:Colormap,标量或者一个 Colormap 的名字,cmap 仅仅当 c 是一个浮点数数组
的时候才使用
```

```
plt.scatter(X[:,0], X[:,1],s = 80, c = Y,  cmap = plt.cm.spring, edgecolors = 'k')
plt.show()

clf = KNeighborsClassifier()
clf.fit(X, Y)

# 绘制图形
x_min, x_max = X[:, 0].min() - 1, X[:, 0].max() + 1
# print('============= X[:, 0].min()')
# print(X[:, 0].min())

# 此处的 y_min,y_max 是 X 另一列的最小值减 1 和最大值加 1 的结果
y_min, y_max = X[:, 1].min() - 1, X[:, 1].max() + 1 # 若最小值和最大值相等,
这样处理后范围加宽
# meshgrid 从坐标向量中返回坐标矩阵
xx, yy = np.meshgrid(np.arange(x_min, x_max, .02), np.arange(y_min, y_max, .02))

# np.c_表示列向叠加, ravel()用于降维,化为一维
z = clf.predict(np.c_[xx.ravel(), yy.ravel()])

print('============= z')
print(z.shape)
z = z.reshape(xx.shape)
print('============= z reshape')
print(z.shape)
plt.pcolormesh(xx, yy, z,shading = 'auto',cmap = plt.cm.Pastel1)

# 散点图,s 表示点的大小,c 表示点的颜色,cmap 表示散点颜色方案,edgecolors 表
示散点的边缘线
plt.scatter(X[:, 0], X[:, 1], s = 80, c = Y, cmap = plt.cm.spring, edgecolors = 'k')
plt.xlim(xx.min(), xx.max()) # 设置 x 轴的数值显示范围
plt.ylim(yy.min(), yy.max())
plt.title("Classifier:KNN")

# 把待分类的数据点用 * 表示出来
plt.scatter(0, 5, marker = '*', c = 'red', s = 200)

# 对待分类的数据点的分类进行判断
res = clf.predict([[0, 5]])
```

```
plt.text(0.2，4.6，'Classification flag：' + str(res))
plt.text(3.75，-13，'Model accuracy：{:.2f}'.format(clf.score(X, Y)))

plt.show()
```
运行结果如图3.3所示。

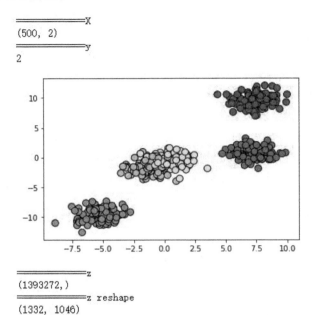

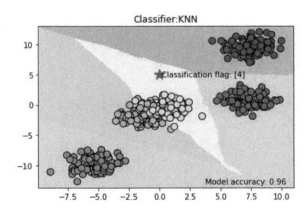

图3.3　例3.4的运行结果

【例3.5】　使用sklearn.datasets模块,导入波士顿数据,并对数据做回归分析。

```
import numpy as np
import pandas as pd
from sklearn.neighbors import KNeighborsRegressor
from sklearn.feature_selection import SelectKBest,f_regression
from sklearn.model_selection import train_test_split
```

```
from sklearn.preprocessing import StandardScaler
from sklearn.metrics import mean_squared_error
from sklearn.metrics import r2_score
import matplotlib.pyplot as plt


#加载数据集
data_url = "http://lib.stat.cmu.edu/datasets/boston"
raw_df = pd.read_csv(data_url, sep = "\s + ", skiprows = 22, header = None)
X = np.hstack([raw_df.values[::2, :], raw_df.values[1::2, :2]]) #hstack 左
右拼接
y = raw_df.values[1::2, 2]
print("Xshape", X.shape) #(506, 13)
print("y.shape", y.shape) #(506,) #加载数据集
"""筛选和标签最相关的 K = 4 个特征。
```

特征选择函数 SelectKBest 有两个参数,score_func 和 k。score_func 是给特征打分的函数,从高分到低分选取特征。k 用于限定特征个数,默认是 10。

score_func 有很多,若采用默认函数则不能进行回归任务,因为默认函数只能对分类的特征进行打分。"""

```
selector = SelectKBest(f_regression, k = 4) #特征选择,移除除了评分最高的 k 个
特征之外的所有特征
#f_regression 计算特征的相关系数,并排序。特征选择就是基于两两特征的相关程度
X_new = selector.fit_transform(X, y) # 拟合数据 + 转化数据,返回特征过滤后保
留下来的特征数据集
print(X_new.shape)
print(selector.get_support(indices = True).tolist()) #返回特征过滤后保留下
来的特征列索引
#划分数据集
X_train, X_test, y_train, y_test = train_test_split(X_new, y, test_size = 0.3,
random_state = 666)
#print(X_train.shape, y_train.shape)
#均值方差归一化
standardscaler = StandardScaler()
standardscaler.fit(X_train) #用于计算训练数据的均值和方差
#fit_transform 不仅计算训练数据的均值和方差,还基于算出的均值和方差来转换
训练数据,使数据为标准的正态分布
#transform 只是进行转换,把训练数据转换成标准的正态分布
X_train_std = standardscaler.transform(X_train)
X_test_std = standardscaler.transform(X_test)
#训练
```

```
kNN_reg = KNeighborsRegressor()
kNN_reg.fit(X_train_std,y_train)
#预测
y_pred = kNN_reg.predict(X_test_std)
print(np.sqrt(mean_squared_error(y_test, y_pred)))#计算均方差根判断效果
print(r2_score(y_test,y_pred))#计算均方误差回归损失,越接近于1拟合效果越好

#绘图展示预测效果
y_pred.sort()
y_test.sort()
x = np.arange(1,153)
Pplot = plt.scatter(x,y_pred)
Tplot = plt.scatter(x,y_test)
#legend 让可视化结果更加清晰直观,常常会对视图中的不同数据进行标注,也就是
进行图例展示
#handles 传入所画线条的实例对象
plt.legend(handles=[Pplot,Tplot],labels=['y_pred','y_test'])#label s:图例
的名称
plt.show()
```

运行结果如图 3.4 所示。

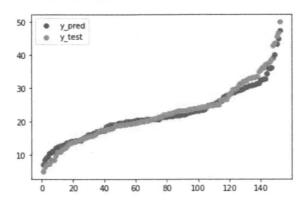

图 3.4   例 3.5 的运行结果

说明:

SelectKBest 函数中如果是回归问题则可以使用 f_regression 表示做回归计算,分类问题可以使用 chi2 等。

fit(X,y):在(X,y)上运行记分函数并得到适当的特征。

经过测试,$K=3$ 或者 4 时效果比较好。

函数 cross_validation. train_test_split()的用法及参数:

X_train,X_test, y_train, y_test = cross_validation. train_test_split(X,y,test_size, random_state)

该函数将矩阵随机划分为训练子集和测试子集,并返回划分好的训练集、测试集样本和训练集、测试集标签。参数解释:

- X:被划分的样本特征集。
- y:被划分的样本标签。
- test_size:如果是浮点数,在 0~1 之间,则表示测试集占比;如果是整数,则表示样本的数量。
- random_state:随机数的种子。

standardscaler:去均值和方差归一化。且是针对每一个特征维度来做的,而不是针对样本。

第4章 线性回归

4.1 线性回归简介及数学求导

1. 什么是回归？

回归(regression)是用于建模和分析变量之间关系的一种技术，常用来处理预测问题，通常用于研究一组随机变量$(y_1, y_2, \cdots, y_M)$和另一组变量$(X_1, X_2, \cdots, X_M)$之间的关系，其中，$y_1, y_2, \cdots, y_M$是因变量，$X_1, X_2, \cdots, X_M$是自变量。在统计学中，回归分析(regression analysis)指的是确定两种或两种以上变量间相互依赖的定量关系的一种统计分析方法。回归分析按照涉及的自变量的多少，可分为一元回归分析和多元回归分析；按照因变量的多少，可分为简单回归分析和多重回归分析；按照自变量和因变量之间关系的类型，可分为线性回归分析和非线性回归分析。

2. 什么是线性回归？

我们曾经学过直线方程$Y = WX + b$，当参数W和b已知的情况下，输入任意X，通过该方程可以得出一个Y值。而线性回归(linear regression)是在N维空间中找一个形式像直线方程的函数去拟合数据，是已知输入数据X与输出数据Y，然后寻求W和b的过程。如图4.1所示，横坐标代表房屋的面积，纵坐标代表房价，线性回归就是根据图中的各个点，找出一条直线，并且让这条直线尽可能地拟合图中的数据点。

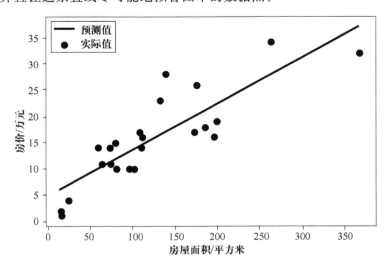

图 4.1　房屋面积与房价的线性关系

理想情况下所有点都落在直线上。但实际情况是各个数据点通常分布在直线的两侧，希望所有点离直线的距离最近，即使各点到直线的距离的平方和最小，也就是希望误差最小。而误差是真实值和预测值之间存在的差异。误差是相互独立的，具有相同的分布，其服从均值为0，方差为 σ^2 的高斯分布。

在统计学中，线性回归是利用称为线性回归方程的最小二乘函数对一个或多个自变量和因变量之间关系进行建模的一种回归分析。这种函数是一个或多个称为回归系数的模型参数的线性组合。只有一个自变量的情况称为一元回归，多于一个自变量的情况称为多元回归。设有 M 个样本 $(\boldsymbol{X}_1, \boldsymbol{X}_2, \cdots, \boldsymbol{X}_M)$，每个样本 $\boldsymbol{X}_i$ 有 N 个特征 $x_i^1, x_i^2, \cdots, x_i^N$，$\boldsymbol{W}$ 有 N 个分量，如式 4.1 所示，多元回归方程如式 4.2 所示。

$$\boldsymbol{W} = \begin{bmatrix} w^1 \\ w^2 \\ \vdots \\ w^N \end{bmatrix}, \quad \boldsymbol{X}_i = \begin{bmatrix} x_i^1 \\ x_i^2 \\ \vdots \\ x_i^N \end{bmatrix} \tag{4.1}$$

$$Y_i = w^1 x_i^1 + w^2 x_i^2 + \cdots + w^N x_i^N + b = \boldsymbol{W}^{\mathrm{T}} \boldsymbol{X}_i + b \tag{4.2}$$

3. 数学求导

学习线性回归之前需要回顾学过的基本初等函数以及函数的和、差、积、商与复合函数的求导，如表 4.1 和表 4.2 所示。

表 4.1　基本初等函数的求导

序号	求导公式
1	$a' = 0$；a 为常数
2	$(x^a)' = a x^{a-1}$
3	$(a^x)' = a^x \ln a$
4	$(\mathrm{e}^x)' = \mathrm{e}^x$
5	$(\log_a x)' = \dfrac{1}{x \ln a}$
6	$(\ln x)' = \dfrac{1}{x}$
7	$(\sin x)' = \cos x$
8	$(\cos x)' = -\sin x$

表 4.2　函数的和、差、积、商与复合函数的求导

序号	求导公式
1	$[u(x) \pm v(x)]' = u'(x) \pm v'(x)$
2	$[u(x) \cdot v(x)]' = u'(x) \cdot v(x) + u(x) \cdot v'(x)$
3	$\left[\dfrac{u(x)}{v(x)}\right]' = \dfrac{u'(x) \cdot v(x) - u(x) \cdot v'(x)}{v^2(x)}$
4	$\{f[h(x)]\}' = f'(h) h'(x)$

向量、矩阵求导公式如下：

$$\frac{\partial \boldsymbol{x}^{\mathrm{T}}}{\partial \boldsymbol{x}} = \boldsymbol{I}; \quad \frac{\partial \boldsymbol{x}}{\partial \boldsymbol{x}^{\mathrm{T}}} = \boldsymbol{I}; \quad \frac{\partial \boldsymbol{x}^{\mathrm{T}} \boldsymbol{A}}{\partial \boldsymbol{x}} = \boldsymbol{A}; \quad \frac{\partial \boldsymbol{A} \boldsymbol{x}}{\partial \boldsymbol{x}^{\mathrm{T}}} = \boldsymbol{A}; \quad \frac{\partial \boldsymbol{A} \boldsymbol{x}}{\partial \boldsymbol{x}} = \boldsymbol{A}^{\mathrm{T}}; \quad \frac{\partial \boldsymbol{x} \boldsymbol{A}}{\partial \boldsymbol{x}} = \boldsymbol{A}^{\mathrm{T}}$$

$$\frac{\partial \boldsymbol{u}}{\partial \boldsymbol{x}^{\mathrm{T}}} = \left(\frac{\partial \boldsymbol{u}^{\mathrm{T}}}{\partial \boldsymbol{x}}\right)^{\mathrm{T}}; \quad \frac{\partial \boldsymbol{u}^{\mathrm{T}} \boldsymbol{v}}{\partial \boldsymbol{x}} = \frac{\partial \boldsymbol{u}^{\mathrm{T}}}{\partial \boldsymbol{x}} \boldsymbol{v} + \frac{\partial \boldsymbol{v}^{\mathrm{T}}}{\partial \boldsymbol{x}} \boldsymbol{u}^{\mathrm{T}}; \quad \frac{\partial \boldsymbol{u} \boldsymbol{v}^{\mathrm{T}}}{\partial \boldsymbol{x}} = \frac{\partial \boldsymbol{u}}{\partial \boldsymbol{x}} \boldsymbol{v}^{\mathrm{T}} + \boldsymbol{u} \frac{\partial \boldsymbol{v}^{\mathrm{T}}}{\partial \boldsymbol{x}}$$

$$\frac{\partial \boldsymbol{x}^{\mathrm{T}} \boldsymbol{x}}{\partial \boldsymbol{x}} = 2\boldsymbol{x}; \quad \frac{\partial \boldsymbol{x}^{\mathrm{T}} \boldsymbol{A} \boldsymbol{x}}{\partial \boldsymbol{x}} = (\boldsymbol{A} + \boldsymbol{A}^{\mathrm{T}}) \boldsymbol{x}$$

$$\frac{\partial \boldsymbol{u}^{\mathrm{T}} \boldsymbol{X} \boldsymbol{v}}{\partial \boldsymbol{X}} = \boldsymbol{u} \boldsymbol{v}^{\mathrm{T}}; \quad \frac{\partial \boldsymbol{u}^{\mathrm{T}} \boldsymbol{X}^{\mathrm{T}} \boldsymbol{X} \boldsymbol{u}}{\partial \boldsymbol{X}} = 2 \boldsymbol{X} \boldsymbol{u} \boldsymbol{u}^{\mathrm{T}}; \quad \frac{\partial \left[(\boldsymbol{X} \boldsymbol{u} - \boldsymbol{v})^{\mathrm{T}} (\boldsymbol{X} \boldsymbol{u} - \boldsymbol{v}) \right]}{\partial \boldsymbol{X}} = 2 (\boldsymbol{X} \boldsymbol{u} - \boldsymbol{v}) \boldsymbol{u}^{\mathrm{T}}$$

4.2　线性回归 API 初步使用

使用 Python 做线性回归分析有多种方法,常用的有 sklearn、statsmodels、scipy 包。编写程序时可以调用包中相关模块的线性回归 API 函数。

① 线性回归函数:

sklearn.linear_model.LinearRegression(fit_intercept = True, normalize = False, copy_X = True, n_jobs = 1)

导入方式:from sklearn.linear_model import LinearRegression。

参数如下。

- fit_intercept:表示是否计算该模型的截距,默认值为 True。如果使用中心化的数据,可以考虑设置为 False,此时不考虑截距。
- normalize:表示是否归一化,默认值为 False。当 fit_intercept 设置为 False 的时候,此参数会被自动忽略。如果此参数为 True,回归器会标准化输入参数。通常将标准化工作放在训练模型之前。也可通过设置 sklearn.preprocessing.StandardScaler 来实现。
- copy_X:默认值为 True,否则 X 会被改写。
- n_jobs:表示使用的 CPU 个数,默认值为 1。当值为 -1 时,表示使用全部 CPU。

返回值的常用属性如下。

- coef_:回归模型系数。
- intercept_:截距。

② 岭回归函数:

sklearn.linear_model.Ridge(alpha = 1.0, *, fit_intercept = True, normalize = False, copy_X = True, max_iter = None, tol = 0.001, solver = 'auto', positive = False, random_state = None)

Ridge()岭回归是一种正则化方法,损失函数中加入 L2 范数惩罚项,具体参数请查阅相关手册。

导入方式:from sklearn.linear_model import Ridge。

③ Lasso 回归函数:

sklearn.linear_model.Lasso(alpha = 1.0, fit_intercept = True, normalize = False, precompute = False, copy_X = True, max_iter = 1000, tol = 0.0001, warm_start = False, positive = False, random_state = None, selection = 'cyclic')

Lasso()回归的惩罚项基于 L1 范数,具体参数请查阅相关手册。

导入方式:from sklearn.linear_model import Lasso。

Lasso 和 Ridge 回归都是在线性回归的基础上添加了一个惩罚项,让模型更稳定、更简单、泛化能力更强、避免过拟合。Lasso 回归是利用 L1 范数来逼近 L0 范数,因为系数可以减小到 0,所以可以做特征选择,但并非每个点都是可导的,所以计算起来可能没有 L2 范数方便。岭回归是利用 L2 范数来使系数不太大,同时方便计算,但不会使系数减小到 0,所以不能做特征选择,可解释性方面也没有 Lasso 回归强。

④ 如果不知道该模型是否为线性模型,可以使用 statsmodels,它是专门用于统计学分析的包,在模型未知的情况下来检验模型的线性显著性。

- statsmodels.api:横截面模型和方法。
- statsmodels.tsa.api:时间序列模型和方法。
- statsmodels.formula.api:使用公式字符串和 DataFrame 指定模型的便捷接口。
- statsmodels.stats.outliers_influence.variance_inflation_factor:多重共线性判断(方差膨胀因子)。
- statsmodels.api.OLS(endog[,exog, missing, hasconst]):构建普通最小二乘。
- statsmodels.api.WLS(endog, exog[,weights, missing, hasconst]):构建加权最小二乘。
- statsmodels.api.GLS(endog, exog[,sigma, missing, hasconst]):构建广义最小二乘。
- statsmodels.api.GLSAR(endog[,exog, rho, missing, hasconst]):构建具有 AR 协方差结构的广义最小二乘。
- statsmodels.api.RecursiveLS(endog, exog[,constraints]):构建递归最小二乘。
- statsmodels.api.RollingOLS(endog, exog[,window, min_nobs,…]):构建滚动普通最小二乘。
- statsmodels.api.RollingWLS(endog, exog[,window, weights,…]):构建滚动加权最小二乘。

具体参数请查阅相关手册。

⑤ 计算两组测量值的线性最小二乘回归函数:

scipy.stats.linregress(x,y = None, alternative ='two-sided')

导入方式:from scipy.stats import linregress。

参数如下。

- x,y:两个数组应该具有相同的长度。
- alternative:{'two-sided','less', 'greater'},默认为 two-sided。two-sided 表示回归线的斜率非零,less 表示回归线的斜率小于零,greater 表示回归线的斜率大于零。

返回值属性如下。

- slope:回归线的斜率。
- intercept:回归线的截距。
- rvalue:皮尔逊相关系数,rvalue 的平方等于决定系数。
- pvalue:用于假设检验,其原假设是斜率为零,使用具有检验统计量的 t 分布的 Wald 检验。
- stderr:在残差正态性假设下,估计斜率(梯度)的标准误差。

- intercept_stderr：在残差正态性假设下，估计截距的标准误差。

【例 4.1】 使用 pandas 包中相关函数导入 Excel 文件的数据，利用 scipy. stats 包学习使用 linregress()函数。

```
import scipy.stats as st
import pandas as pd
datas = pd.read_excel(r'E:\zm1\program\numpyb\dataloanlinearregression.xlsx')
# 读取 Excel 数据，引号内是 Excel 文件的位置
y = datas.iloc[:, 1] # 因变量为第 2 列数据
x = datas.iloc[:, 2] # 自变量为第 3 列数据
# 线性拟合，可以返回斜率、截距、r 值、p 值、标准误差
slope, intercept, r_value, p_value, std_err = st.linregress(x, y)
print(slope)# 输出斜率
print(intercept) # 输出截距
print(r_value ** 2) # 输出 r^2
```

运行结果如图 4.2 所示。

8.520503253947636
38.725553433073046
0.4557592322091008

图 4.2　例 4.1 的运行结果

其他包的使用方法见 4.6 节。

4.3　线性回归的损失和优化

1. 线性回归的损失

假设应用某种算法求出了 $\boldsymbol{W}, b$，根据已有的数据 $\boldsymbol{X}_i$ 及公式 $\boldsymbol{X}_i\boldsymbol{W}+b=\hat{y}_i$，可计算出预测值 $\hat{y}_i$，预测值与真实值之间有一个误差 ε_i，预测值、真实值与误差的关系如式 4.3 所示：

$$y_i = \boldsymbol{X}_i\boldsymbol{W} + b + \varepsilon_i \Rightarrow \varepsilon_i = y_i - \boldsymbol{X}_i\boldsymbol{W} - b \tag{4.3}$$

误差服从高斯分布：

$$p(\varepsilon_i) = \frac{1}{\sqrt{2\pi}\sigma} \exp\left(-\frac{(\varepsilon_i)^2}{2\sigma^2}\right) \tag{4.4}$$

将式 4.3 代入式 4.4，得式 4.5：

$$p(y_i \mid \boldsymbol{X}_i; \boldsymbol{W}) = \frac{1}{\sqrt{2\pi}\sigma} \exp\left(-\frac{(y_i - \boldsymbol{X}_i\boldsymbol{W} - b)^2}{2\sigma^2}\right) \tag{4.5}$$

似然函数如式 4.6 所示，是根据样本估计参数，使参数和数据的组合接近真实值的概率越大越好，使预测值成为真实值的可能性越大越好。

$$L(\boldsymbol{W}) = \prod_{i=1}^{M} p(y_i \mid \boldsymbol{X}_i; \boldsymbol{W}) = \prod_{i=1}^{M} \frac{1}{\sqrt{2\pi}\sigma} \exp\left(-\frac{(y_i - \boldsymbol{X}_i\boldsymbol{W} - b)^2}{2\sigma^2}\right) \tag{4.6}$$

因为加法比乘法更容易计算，所以将式 4.6 转换成对数似然函数，如式 4.7 所示：

$$\log L(\boldsymbol{W}) = \log \prod_{i=1}^{M} \frac{1}{\sqrt{2\pi}\sigma} \exp\left(-\frac{(y_i - \boldsymbol{X}_i\boldsymbol{W} - b)^2}{2\sigma^2}\right)$$

$$= \sum_{i=1}^{M} \log \frac{1}{\sqrt{2\pi}\sigma} \exp\left(-\frac{(y_i - \boldsymbol{X}_i\boldsymbol{W} - b)^2}{2\sigma^2}\right)$$

$$\log L(\boldsymbol{W}) = M\log \frac{1}{\sqrt{2\pi}\sigma} - \frac{1}{\sigma^2}\frac{1}{2}\sum_{i=1}^{M}(y_i - \boldsymbol{X}_i\boldsymbol{W} - b)^2 \tag{4.7}$$

目标是使似然函数(对数变换后)越大越好,也就是使式 4.8 的值越小越好,式 4.8 被称作目标函数或最小二乘拟合或最小二乘问题。

$$J(\boldsymbol{W}) = \frac{1}{2}\sum_{i=1}^{M}(y_i - \boldsymbol{X}_i\boldsymbol{W} - b)^2 \tag{4.8}$$

其中,M 表示样本个数,如果将一元线性方程 $y_i = \boldsymbol{X}_i\boldsymbol{W} + b$ 的输入数据都存放在矩阵 $\boldsymbol{X}$ 中,而回归系数都存放在向量 $\boldsymbol{W}$ 中,就可以得到矩阵形式的表达式,如式 4.9 所示:

$$\boldsymbol{y} = \boldsymbol{X}\boldsymbol{W} \tag{4.9}$$

均方误差可以写成式 4.10 的形式(此处 $\boldsymbol{W}$ 是 $N \times 1$ 的向量,$\boldsymbol{X}$ 为 $M \times N$ 的矩阵,$\boldsymbol{y}$ 是 $M \times 1$ 的向量)。

$$J(\boldsymbol{W}) = \frac{1}{2}\sum_{i=1}^{M}(\boldsymbol{X}_i\boldsymbol{W} - y_i)^2 = \frac{1}{2}(\boldsymbol{X}\boldsymbol{W} - \boldsymbol{y})^{\mathrm{T}}(\boldsymbol{X}\boldsymbol{W} - \boldsymbol{y}) \tag{4.10}$$

2. 线性回归的优化

如何求模型中的 $\boldsymbol{W}$,使得损失最小(目的是找到最小损失对应的 $\boldsymbol{W}$ 值)?线性回归经常使用的两种优化算法是:直接求解法和梯度下降法。

式 4.10 中只有 $\boldsymbol{W}$ 未知,因此可以看作一个 $\boldsymbol{W}$ 的二次方程,求 $J(\boldsymbol{W})$ 的问题就转变为求极值问题。

根据向量求偏导公式 $\left(\frac{\partial \boldsymbol{u}^{\mathrm{T}}\boldsymbol{v}}{\partial \boldsymbol{X}} = \frac{\partial \boldsymbol{u}^{\mathrm{T}}}{\partial \boldsymbol{X}}\boldsymbol{v} + \frac{\partial \boldsymbol{v}^{\mathrm{T}}}{\partial \boldsymbol{X}}\boldsymbol{u}^{\mathrm{T}}; \frac{\partial \boldsymbol{X}^{\mathrm{T}}\boldsymbol{A}}{\partial \boldsymbol{X}} = \boldsymbol{A}; \frac{\partial \boldsymbol{A}\boldsymbol{X}}{\partial \boldsymbol{X}} = \boldsymbol{A}^{\mathrm{T}}\right)$,对 $\boldsymbol{W}$ 求偏导,令其偏导数为 0,求解 $\boldsymbol{W}$,如式 4.18 所示。

$$\frac{\partial J(\boldsymbol{W})}{\partial \boldsymbol{W}} = \frac{\partial (\boldsymbol{X}\boldsymbol{W} - \boldsymbol{y})^{\mathrm{T}}(\boldsymbol{X}\boldsymbol{W} - \boldsymbol{y})}{\partial \boldsymbol{W}} = 2\boldsymbol{X}^{\mathrm{T}}(\boldsymbol{X}\boldsymbol{W} - \boldsymbol{y}) = \boldsymbol{0} \tag{4.11}$$

$$2(\boldsymbol{X}\boldsymbol{X}^{\mathrm{T}})(\boldsymbol{X}\boldsymbol{W} - \boldsymbol{y}) = \boldsymbol{X}\boldsymbol{0} \tag{4.12}$$

$$2(\boldsymbol{X}\boldsymbol{X}^{\mathrm{T}})^{-1}(\boldsymbol{X}\boldsymbol{X}^{\mathrm{T}})(\boldsymbol{X}\boldsymbol{W} - \boldsymbol{y}) = (\boldsymbol{X}\boldsymbol{X}^{\mathrm{T}})^{-1}\boldsymbol{X}\boldsymbol{0} \tag{4.13}$$

$$\boldsymbol{X}\boldsymbol{W} - \boldsymbol{y} = 0 \tag{4.14}$$

$$\boldsymbol{X}\boldsymbol{W} = \boldsymbol{y} \tag{4.15}$$

$$\boldsymbol{X}^{\mathrm{T}}\boldsymbol{X}\boldsymbol{W} = \boldsymbol{X}^{\mathrm{T}}\boldsymbol{y} \tag{4.16}$$

$$(\boldsymbol{X}^{\mathrm{T}}\boldsymbol{X})^{-1}(\boldsymbol{X}^{\mathrm{T}}\boldsymbol{X})\boldsymbol{W} = (\boldsymbol{X}^{\mathrm{T}}\boldsymbol{X})^{-1}\boldsymbol{X}^{\mathrm{T}}\boldsymbol{y} \tag{4.17}$$

$$\boldsymbol{W}^* = (\boldsymbol{X}^{\mathrm{T}}\boldsymbol{X})^{-1}\boldsymbol{X}^{\mathrm{T}}\boldsymbol{y} \tag{4.18}$$

式 4.11 中的 $\boldsymbol{X}$ 为 M 行 N 列的矩阵,并不能保证其有逆矩阵,但是左乘 $\boldsymbol{X}^{\mathrm{T}}$ 可以把 $\boldsymbol{X}^{\mathrm{T}}\boldsymbol{X}$ 变成一个方阵,即只有 $\boldsymbol{X}^{\mathrm{T}}\boldsymbol{X}$ 为满秩矩阵时,式 4.11 才成立。如果不是满秩,则不能解出 $\boldsymbol{W}^*$ 的值。

4.4 梯度下降法介绍

直接求解法可以一步到位,直接求出 $\boldsymbol{W}$(b 和 $\boldsymbol{W}$ 融合在一起了),然而在很多情况下无法简单地直接计算。而梯度下降法是通过一步一步的迭代,慢慢地靠近那条最优的直线,因此需要不断地优化。任意给出一个点,沿着下降最快的方向(梯度)往下移动,定义每一步移动的步长以及移动的次数来逼近最优值。随着迭代次数的增加,代价函数的值越来越小,而 $\boldsymbol{W}$ 的值也越来越逼近最优解。

关于梯度下降法的理解,以一个人下山为例。如果初始位置是山上的某个位置,那么如何到达山底呢?按照梯度下降法的思想,这个人将按如下操作到达最低点:

① 明确自己现在所处的位置;

② 找到相对于该位置而言下降最快的方向;

③ 沿着第②步找到的方向前进一小步,到达一个新的位置,此时的位置比原来的位置更低;

④ 如果不是最低点,则回到第①步;

⑤ 终止于最低点。

按照以上 5 步,最终到达最低点,整个过程为梯度下降法的完整流程。如果代价函数不是标准的凸函数,往往不能找到最小值,只能找到局部极小值。因此需要用不同的初始位置进行梯度下降,来寻找更小的极小值点。如果代价函数是凸函数,就可以通过一个初始位置找到最小值。代价函数如式 4.19 所示。代价函数分别对 $\boldsymbol{W}$ 和 b 求导,如式 4.20 和式 4.21 所示:

$$\text{loss} = \sum_{i=1}^{M} (\boldsymbol{X}_i \boldsymbol{W} + b - y_i)^2 \tag{4.19}$$

$$\frac{\partial \text{loss}}{\partial \boldsymbol{W}} = \sum_{i=1}^{M} 2\boldsymbol{X}_i^{\mathrm{T}} (\boldsymbol{X}_i \boldsymbol{W} + b - y_i) \tag{4.20}$$

$$\frac{\partial \text{loss}}{\partial b} = \sum_{i=1}^{M} 2(\boldsymbol{X}_i \boldsymbol{W} + b - y_i) \tag{4.21}$$

需要优化的模型为求和式,按照式 4.22~式 4.25 所示的方式循环更新参数,其中 lr 为学习率。

$$\boldsymbol{W}' = \boldsymbol{W} - \text{lr} \cdot \frac{\partial \text{loss}}{\partial \boldsymbol{W}} \tag{4.22}$$

$$b' = b - \text{lr} \cdot \frac{\partial \text{loss}}{\partial b} \tag{4.23}$$

再对 $\boldsymbol{W}$ 和 b 重新赋值:

$$\boldsymbol{W} = \boldsymbol{W}' \tag{4.24}$$

$$b = b' \tag{4.25}$$

学习率(步长)用于控制每一步前进的距离,以保证不至于走得太快而错过了最低点,同时要保证收敛速度不会太慢,因此步长选择在梯度下降中是非常重要的,不能太大,也不能太小。

梯度下降法在求解模型参数上比较强大。对于复杂的非线性模型,通过梯度下降法求得的解可能是局部极小值,而非全局最小值解,这可能是由于代价函数的非凸性。但在实践中,通过梯度下降法求得的解往往都能优化得很好,可以直接将梯度下降法求得的解近似作为最优解。

4.5　欠拟合与过拟合

设计好的线性回归模型有时预测并不准确。

模型预测不准确的本质是模型不能反映客观规律,其中一种情形是模型没能很好地解读客观规律——欠拟合;另一种情形是模型过度解读客观规律——过拟合。下面分别介绍线性回归模型中的欠拟合和过拟合现象及其解决方法。

欠拟合的表现是训练集、测试集表现都不好,误差都比较大,模型在一定程度上反映了客观规律,但是不够准确,而且通过某种方法可以变得更准确。产生欠拟合的主要原因:①模型的参数没有训练到最优。在训练模型的过程中,只有线性回归等少数情况可以获得参数的公式解,多数情况下使用优化算法寻找最优解。优化算法的缺点是容易陷入局部最优解,这有可能将导致模型预测不准确。②模型选择不正确。模型由两部分组成——变量和关系,这两部分选择不合适均有可能导致模型预测不准确。

对于欠拟合的解决办法:①增加训练的迭代次数,调整训练的学习率。②增加更多的特征,使输入数据具有更强的表达能力。特征挖掘尤为重要,具有强表达能力的特征往往可以抵过大量具有弱表达能力的特征,因此挖掘强特征非常必要。收集数据是解决问题的最优办法,很多时候没有对问题有全面的理解而急于建模,建立的模型往往不能反映客观规律。③增加模型复杂度。④减小正则化系数。

过拟合的表现是训练集拟合效果非常好,测试集预测效果较差,本质上是模型没有学习到正确的规律,而对随机扰动进行了学习。产生过拟合的主要原因:①从数据层面看,训练集和测试集的数据分布不一致;训练集样本过少,且样本单一,模型无法从中学到泛化的规则;模型特征多;训练集中的噪声多,导致模型过分记住了噪声特征;学习迭代次数过多。②从模型层面看,模型过于复杂。

模型特征的多少不是相对于数据量而言的,是相对于数据模型而言的。模型对随机扰动进行了学习,随机扰动本身并没有显著规律。对训练集内的随机扰动的学习不能适应测试集的情况是经常发生的。训练数据过少,无法覆盖真实的数据分布,则数据训练会对现有的片面数据训练过度。

对于过拟合的解决办法 :①尽可能多地收集数据,增大训练集的数据量,保证训练数据的分布和测试数据的分布保持一致。若训练集和测试集的分布完全不同,那么模型预测毫无价值。②减小模型复杂度,简化模型。③减少特征,防止维灾难(维灾难是指随着维度的增加,分类器性能逐渐上升,到达某点之后,其性能反而逐渐下降)。欠拟合需要增加特征数,过拟合则需要减少特征数,去除那些非共性特征,以提高模型的泛化能力。④提前结束训练,在模型迭代训练时,若模型训练的效果不再提高,如训练误差一直在降低,但是验证误差却不再降低甚至上升,此时可以结束模型训练。⑤正则化方法。最小二乘法有很多限制和弊端,例如,多重共线性的问题由于需要计算矩阵的逆,所以训练出的模型参数往往会比较大(行列式接近0),这样模型会很不稳定。因此给最小二乘法加上惩罚,让系数小一些,从而使模型更稳定,泛化能力更好,于是有了正则化方法。在学习的时候,数据提供的特征中有的影响模型复杂度或者某个特征的数据异常较多,在训练时尽量减少这种特征的影响(甚至删除某个特征)。为解决回归过拟合问题,有时使用正则化方法。其他机器算法(如分类算法)也会出现同样的问题,除了一些算法本身的作用之外(决策树、神经网络),更多的是做特征选择,包括删除、合并一些特征。⑥数据清洗:纠正错误的标签或者删除错误的数据。⑦结合多种模型,如使用集成学习方法。

4.6 案　　例

【例 4.2】 利用 statsmodels 包，学习使用 add_constant()、OLS()等函数，实现一元线性回归方法。

```python
import pandas as pd
import statsmodels.api as sm
import matplotlib.pyplot as plt
datas = pd.read_excel(r'E:\zm1\program\numpyb\dataloanlinearregression.xlsx')
# 读取 Excel 数据，引号内是带路径的文件名
y = datas.iloc[:, 1]              # 因变量为第 2 列数据
x = datas.iloc[:, 2]              # 自变量为第 3 列数据
x = sm.add_constant(x)           # 为模型增加常数项，即回归线在 y 轴上的截距
model = sm.OLS(y, x).fit()       # 构建普通最小二乘(ordinary least squares)
                                 #   模型并拟合
print(model.summary())           # 将回归拟合的摘要、回归结果输出
# 以下两行代码表示在画图时添加中文
plt.rcParams['font.sans-serif'] = ['SimHei']
plt.rcParams['axes.unicode_minus'] = False
predicts = model.predict()       # 模型的预测值
x = datas.iloc[:, 2]             # 自变量为第 3 列数据
plt.scatter(x, y, label='实际值')  # 散点图
plt.plot(x, predicts, color='red', label='预测值')
plt.legend()                     # 显示图例，即每条线对应 label 中的内容
plt.show()                       # 显示图形
```

运行结果如图 4.3 所示。

```
                          OLS Regression Results
========================================================================
Dep. Variable:                 67.3   R-squared:                   0.456
Model:                          OLS   Adj. R-squared:              0.431
Method:               Least Squares   F-statistic:                 18.42
Date:              Tue, 25 May 2021   Prob (F-statistic):       0.000296
Time:                      12:57:57   Log-Likelihood:            -131.80
No. Observations:                24   AIC:                         267.6
Df Residuals:                    22   BIC:                         270.0
Df Model:                         1
Covariance Type:          nonrobust
========================================================================
               coef    std err        t      P>|t|    [0.025    0.975]
------------------------------------------------------------------------
const       38.7256     23.182    1.671      0.109    -9.351    86.802
6.8          8.5205      1.985    4.292      0.000     4.404    12.637
========================================================================
Omnibus:                     11.428   Durbin-Watson:              1.950
Prob(Omnibus):                0.003   Jarque-Bera (JB):          10.185
Skew:                         1.186   Prob(JB):                 0.00614
Kurtosis:                     5.135   Cond. No.                    21.7
========================================================================
```

(a)

Notes:
[1] Standard Errors assume that the covariance matrix of the errors is correctly specified.

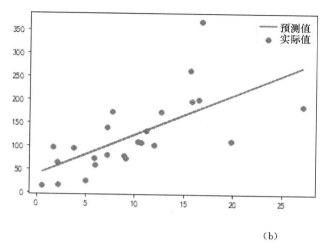

（b）

图 4.3 例 4.2 的运行结果

在多元回归中,只需把自变量改为多列数据即可,假设不良贷款为因变量,从第 3 列到第 5 列都是自变量,同样可以使用 statsmodels 包。

【例 4.3】 使用 statsmodels 包中线性回归的相关函数,实现多元回归。

```
import pandas as pd
import statsmodels.api as sm
import matplotlib.pyplot as plt
datas = pd.read_excel(r'E:\zm1\program\numpyb\dataloanlinearregression.xlsx')
# 读取 Excel 数据,引号内是 Excel 文件的位置
y = datas.iloc[:, 1]          # 因变量为第 2 列数据
x = datas.iloc[:, 2:5]        # 自变量为第 3 列到第 5 列数据
x = sm.add_constant(x)        # 若模型中有截距,则必须有这一步
model = sm.OLS(y, x).fit()    # 构建普通最小二乘模型并拟合
print(model.summary())        # 输出回归结果
```

运行结果如图 4.4 所示。

sklearn 包是机器学习中常用的包,可以用来做统计分析,但它并不能像 statsmodels 那样生成非常详细的统计分析结果。进行一元回归时,自变量与因变量都需要处理。

【例 4.4】 使用 sklearn 包中的相关函数,实现线性回归。

```
import pandas as pd
import matplotlib.pyplot as plt
import numpy as np
from sklearn.linear_model import LinearRegression
datas = pd.read_excel(r'E:\zm1\program\numpyb\dataloanlinearregression.xlsx')
y = datas.iloc[:, 1]          # 因变量为第 2 列数据
x = datas.iloc[:, 2]          # 自变量为第 3 列数据
```

97

```
                        OLS Regression Results
========================================================================
Dep. Variable:                   67.3    R-squared:              0.809
Model:                            OLS    Adj. R-squared:         0.780
Method:                 Least Squares    F-statistic:            28.24
Date:             Tue, 25 May 2021       Prob (F-statistic):   2.17e-07
Time:                        13:24:15    Log-Likelihood:       -119.23
No. Observations:                  24    AIC:                    246.5
Df Residuals:                      20    BIC:                    251.2
Df Model:                           3
Covariance Type:            nonrobust
========================================================================
                 coef    std err        t    P>|t|    [0.025    0.975]
------------------------------------------------------------------------
const        -14.7131     17.083   -0.861    0.399   -50.348    20.922
6.8            3.2898      1.520    2.165    0.043     0.119     6.460
5.0            4.4304      1.570    2.821    0.011     1.154     7.706
51.9           0.6103      0.299    2.039    0.055    -0.014     1.235
========================================================================
Omnibus:                        1.734    Durbin-Watson:          1.975
Prob(Omnibus):                  0.420    Jarque-Bera (JB):       1.021
Skew:                           0.505    Prob(JB):               0.600
Kurtosis:                       3.016    Cond. No.               163.
========================================================================
```

Notes:
[1] Standard Errors assume that the covariance matrix of the errors is correctly specified.

图 4.4　例 4.3 的运行结果

```python
# 将 x,y 分别增加一个轴,以满足 sklearn 中回归模型认可的数据
x = x[:, np.newaxis]
y = y[:, np.newaxis]
model = LinearRegression()              # 构建线性模型
model.fit(x, y)                         # 自变量在前,因变量在后
predicts = model.predict(x)             # 预测值
R2 = model.score(x, y)                  # 拟合程度 R2
print('R2 = %.2f' % R2)                 # 输出 R2
coef = model.coef_                      # 斜率
intercept = model.intercept_            # 截距
print(model.coef_, model.intercept_)    # 输出斜率和截距
# 画图
plt.rcParams['font.sans-serif'] = ['SimHei']
plt.rcParams['axes.unicode_minus'] = False
y = datas.iloc[:, 1]                    # 因变量为第 2 列数据
x = datas.iloc[:, 2]                    # 自变量为第 3 列数据
plt.scatter(x, y, label='实际值')        # 散点图
plt.plot(x, predicts, color='red', label='预测值')
plt.legend()                           # 显示图例,即每条线对应 label 中的内容
```

```
plt.show()                          # 显示图形
```
运行结果如图 4.5 所示。

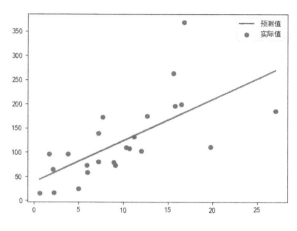

```
R2 = 0.46
[[8.52050325]] [38.72555343]
```

图 4.5 例 4.4 的运行结果

【例 4.5】 用 sklearn 做多元回归时,自变量不需要单独处理,全部代码如下。

```
import pandas as pd
import matplotlib.pyplot as plt
import numpy as np
from sklearn.linear_model import LinearRegression
datas = pd.read_excel(r'E:\zm1\program\numpyb\dataloanlinearregression.xlsx')
y = datas.iloc[:, 1]                      # 因变量为第 2 列数据
x = datas.iloc[:, 2:5]                    # 自变量为第 3 列到第 5 列数据
# 将 y 增加一个轴,以满足 sklearn 中回归模型的数据
y = y[:np.newaxis]# np.newaxis 的功能是插入新维度
model = LinearRegression()                # 构建线性模型
model.fit(x, y)                           # 自变量 x,因变量 y
predicts = model.predict(x)               # 预测值
R2 = model.score(x, y)                    # 拟合程度 R2
print('R2 = %.3f' % R2)
coef = model.coef_                        # 斜率
intercept = model.intercept_              # 截距
print(model.coef_, model.intercept_)      # 输出 W 和截距
```
运行结果如图 4.6 所示。

```
R2 = 0.809
[3.28982058 4.43039587 0.61030281] -14.713115800221757
```

图 4.6 例 4.5 的运行结果

【例 4.6】 利用 numpy 模块,根据给定的样本数据计算梯度,更新 w 和 b 两个参数,从而求出回归方程。

```python
# 计算 w 和 b 的梯度并进行更新
import numpy as np
def step_gradient(b_current,w_current,points,lr):
    b_gradient = 0
    w_gradient = 0
    N = float(len(points))
    for i in range(0,len(points)):
        x = points[i,0]
        y = points[i,1]
        b_gradient += (2/N) * ((w_current * x + b_current) - y)
        w_gradient += (2/N) * x * ((w_current * x + b_current) - y)
    new_b = b_current - (lr * b_gradient)
    new_w = w_current - (lr * w_gradient)
    return [new_b,new_w]


def gradient_descent_runner(points,start_b,start_w,lr,nu_iterations):
    b = start_b
    w = start_w
    for i in range(nu_iterations):
        b,w = step_gradient(b,w,np.array(points),lr)
    return [b,w]


def errorofline_given_points(b,w,points):
    totalError = 0
    for i in range(0,len(points)):
        x = points[i,0]
        y = points[i,1]
        totalError += (y - (w * x + b)) ** 2
    return totalError/float(len(points))
def main():
    points = np.genfromtxt("datalinegress.csv",delimiter = ",")
    lr = 0.0001
    initial_b = 0
    inital_w = 1
    n_iterations = 200000
    print("starting gradient descent at b = {0},w = {1},error = {2}".format
(initial_b,inital_w,errorofline_given_points(initial_b,inital_w,points)))
```

```
        print("running...")
        [b,w] = gradient_descent_runner(points,initial_b,inital_w,lr,n_iterations)
        print("after {0} iterations b = {1}, w = {2}, error = {3}".format(n_
iterations,b,w,errorofline_given_points(b,w,points)))


    if __name__ == '__main__':
        main()
```

运行结果如图4.7所示。

```
D:\Anaconda\pythonw.exe E:/zm1/program/numpyb/linear-regression.py
starting gradient descent at b=0,w=1,error=2452.5
running...
after 200000 iterations b=6.4771885699517044,w=5.002503204712008,error=0.24976236196326645

Process finished with exit code 0
```

图 4.7　例 4.6 的运行结果

【例 4.7】　根据糖尿病数据集中的数据求出线性回归方程,并画出线性回归方程。

```
import numpy as np
import matplotlib.pyplot as plt
from sklearn import datasets , linear_model
from sklearn.metrics import mean_squared_error , r2_score
from sklearn.model_selection import train_test_split
# 加载糖尿病数据集
diabetes = datasets.load_diabetes()
X = diabetes.data[:,np.newaxis ,2]
y = diabetes.target
X_train , X_test , y_train ,y_test = train_test_split(X,y,test_size = 0.2,
random_state = 42)
LR = linear_model.LinearRegression()
LR.fit(X_train,y_train)
print('intercept_: % .3f' % LR.intercept_)
print('coef_: % .3f' % LR.coef_)
# ((y_test - LR.predict(X_test)) ** 2).mean()
print('Mean squared error: % .3f' % mean_squared_error(y_test,LR.predict(X_test)))
# 1 - ((y_test - LR.predict(X_test)) ** 2).sum()/((y_test - y_test.mean()) ** 2).sum()
print('Variance score: % .3f' % r2_score(y_test,LR.predict(X_test)))
print('score: % .3f' % LR.score(X_test,y_test))
plt.scatter(X_test , y_test ,color ='green')
plt.plot(X_test ,LR.predict(X_test) ,color ='red',linewidth = 3)
```

```
plt.show()
```
运行结果如图 4.8 所示。

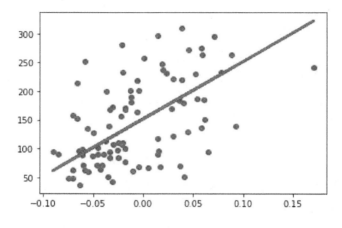

```
intercept_:152.003
coef_:998.578
Mean squared error: 4061.826
Variance score: 0.233
score: 0.233
```

图 4.8   例 4.7 的运行结果

第 5 章 逻辑回归

5.1 逻辑回归算法简介

求解一个回归或者分类问题时,首先建立代价函数,再通过优化方法迭代求解出最优的模型参数,然后检测该模型的好坏。逻辑(Logistic)回归虽然名字里有"回归",但实际上它是一种分类方法,主要用于二分类问题(即输出只有两种情况,分别代表两个类别)。在逻辑回归模型中,y 是因变量,其可以取值为 0 或 1,逻辑回归的输出属于每个类别的似然概率,似然概率最大的类别即是分类结果。以二分类为例,对于所给数据集,假设存在一条直线可以对数据完成线性可分,如图 5.1 所示。

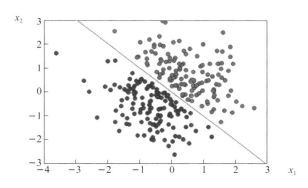

图 5.1　简单逻辑回归的二分类示例

线性回归方法是用来分析自变量和因变量之间的线性关系的,其形式如式 5.1 所示。

$$W = \begin{bmatrix} w^1 \\ w^2 \\ \vdots \\ w^N \end{bmatrix}, \quad X = \begin{bmatrix} x^1 \\ x^2 \\ \vdots \\ x^N \end{bmatrix}$$

$$\hat{y} = w^1 x^1 + w^2 x^2 + \cdots + w^N x^N + b = W^T X + b \tag{5.1}$$

其中,$\hat{y}$ 是要预测的因变量,X 是输入的自变量,W 和 b 则分别代表特征的权重和偏置项。线性回归算法对于那些输出变量范围为实数空间的问题较为适用。相对于线性回归算法,逻辑回归算法会更加适合分类问题。尽管逻辑回归从名字上听起来像是预测回归问题的方法,但实际是一种分类算法。

由于 $W^T X + b$ 的取值是连续值,因此该模型不能拟合离散变量。同时概率的取值是连续的,可以考虑拟合条件概率(如 $y_i = 1$ 和 $y_i = 0$ 的概率),$p(y_i = 1 | X_i)$,$p(y_i = 0 | X_i)$。由

于模型 $\boldsymbol{W}^{\mathrm{T}}\boldsymbol{X}+b$ 的取值范围是实数集,不符合概率取值为[0,1]的条件,因此考虑采用广义线性模型。理想的是单位阶跃函数,如式 5.2 所示,但是该阶跃函数不可微。

$$p(y_i=1|\boldsymbol{X}_i)=\begin{cases} 0, & z<0 \\ 0.5, & z=0, \quad z=\boldsymbol{W}^{\mathrm{T}}\boldsymbol{X}+b \\ 1, & z>0 \end{cases} \tag{5.2}$$

逻辑回归之所以比线性回归更加适合分类问题,是因为逻辑回归在线性回归的基础上,将输出值 $z=\boldsymbol{W}^{\mathrm{T}}\boldsymbol{X}+b$ 通过 Sigmoid 激活函数映射到[0,1]区间。Sigmoid 函数的数学形式如式 5.3 所示。

$$\sigma(z)=\frac{1}{1+\mathrm{e}^{-z}} \tag{5.3}$$

如图 5.2 所示,Sigmoid 函数将原本属于实数范围的输入 z 映射到[0,1]区间。并且对于 $y\in\{0,1\}$ 的二分类问题而言,也可理解为将任意的输入映射到了[0,1]区间。在线性回归中可以得到一个预测值 z,再将该值作为 Sigmoid 的输入值,完成了由实数区间的值转换到概率的过程,若概率值比阈值大则归为 1 类,比阈值小则归为 0 类,完成二分类任务。逻辑回归的条件概率分布 $p(y|\boldsymbol{X})$ 可以写为式 5.4 和式 5.5 所示的形式。

$$p(y=1|\boldsymbol{X})=\frac{1}{1+\mathrm{e}^{-(\boldsymbol{W}^{\mathrm{T}}\boldsymbol{X}+b)}}=p(\boldsymbol{X}) \tag{5.4}$$

$$p(y=0|\boldsymbol{X})=\frac{\mathrm{e}^{-(\boldsymbol{W}^{\mathrm{T}}\boldsymbol{X}+b)}}{1+\mathrm{e}^{-(\boldsymbol{W}^{\mathrm{T}}\boldsymbol{X}+b)}}=1-p(\boldsymbol{X}) \tag{5.5}$$

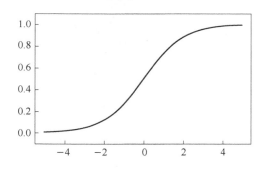

图 5.2　Sigmoid 函数曲线

为便于理解与记忆,将 $\boldsymbol{W}$ 写为 $\boldsymbol{W}=(w_1,w_2,\cdots,w_i,\cdots,w_N)^{\mathrm{T}}$,其中 w_i 代表的是第 i 项特征的权重,将 $\boldsymbol{W}$ 扩写为 $\boldsymbol{W}=(w_1,w_2,\cdots,w_i,\cdots,w_N,b)^{\mathrm{T}}$,样本 $\boldsymbol{X}_i$ 有 N 个特征 $x_i^1,x_i^2,\cdots,x_i^N$,x_i^j 表示第 i 个样本的第 j 项特征值,其中 j 在区间 $[1,N]$ 上取整数值,可以将 $\boldsymbol{X}_i$ 写成 $(x_i^1,x_i^2,\cdots,x_i^N,1)$。由此,条件概率分布可以写成式 5.6 和式 5.7 所示的形式。

$$p(y=1|\boldsymbol{X})=\frac{1}{1+\mathrm{e}^{-\boldsymbol{w}^{\mathrm{T}}\boldsymbol{x}}} \tag{5.6}$$

$$p(y=0|\boldsymbol{X})=\frac{\mathrm{e}^{-\boldsymbol{w}^{\mathrm{T}}\boldsymbol{x}}}{1+\mathrm{e}^{-\boldsymbol{w}^{\mathrm{T}}\boldsymbol{x}}} \tag{5.7}$$

对于二分类问题,满足 $p(y=1|\boldsymbol{X})+p(y=0|\boldsymbol{X})=1$,逻辑回归在判断样本 $\boldsymbol{X}_i$ 的类别时根据两个类别概率值的大小将样本 $\boldsymbol{X}_i$ 归为概率值较大的那一类。可以将条件概率分布总结为式 5.8 所示。

$$p(y_i \mid \boldsymbol{X}_i) = p(\boldsymbol{X}_i)^{y_i} \left[1 - p(\boldsymbol{X}_i)\right]^{1-y_i} \tag{5.8}$$

对于训练集 $T = \{(\boldsymbol{X}_1, y_1), (\boldsymbol{X}_2, y_2), \cdots, (\boldsymbol{X}_M, y_M)\}$，$M$ 表示有 M 个样本，其似然函数如式 5.9 所示。

$$L(\boldsymbol{W}) = \prod_{i=1}^{M} p(\boldsymbol{X}_i)^{y_i} \left[1 - p(\boldsymbol{X}_i)\right]^{1-y_i} \tag{5.9}$$

$$L(\boldsymbol{W}) = \prod_{i=1}^{M} \left(\frac{1}{1 + \mathrm{e}^{-\boldsymbol{w}^{\mathrm{T}}\boldsymbol{x}_i}}\right)^{y_i} \cdot \left(\frac{\mathrm{e}^{-\boldsymbol{w}^{\mathrm{T}}\boldsymbol{x}_i}}{1 + \mathrm{e}^{-\boldsymbol{w}^{\mathrm{T}}\boldsymbol{x}_i}}\right)^{1-y_i} \tag{5.10}$$

对式 5.9 等式两边同时取对数，得到式 5.11。

$$\begin{aligned}
\ln L(\boldsymbol{W}) &= \sum_{i=1}^{M} \left[y_i \ln p(\boldsymbol{X}_i) + (1-y_i)\ln(1-p(\boldsymbol{X}_i))\right] \\
&= \sum_{i=1}^{M} \left[y_i \ln \frac{p(\boldsymbol{X}_i)}{1-p(\boldsymbol{X}_i)} + \ln(1-p(\boldsymbol{X}_i))\right] \\
&= \sum_{i=1}^{M} \left[y_i \boldsymbol{W}^{\mathrm{T}}\boldsymbol{X}_i + \ln(1-p(\boldsymbol{X}_i))\right] \\
&= \sum_{i=1}^{M} \left[y_i \boldsymbol{W}^{\mathrm{T}}\boldsymbol{X}_i - \ln(1 + \mathrm{e}^{\boldsymbol{w}^{\mathrm{T}}\boldsymbol{x}_i})\right]
\end{aligned} \tag{5.11}$$

式 5.12 用于求极大对数似然函数，也就是求极小损失函数。逻辑回归的损失称为对数似然损失，也可以写成式 5.13 所示的形式。

$$\ln L(\boldsymbol{W}) = \sum_{i=1}^{M} \left[y_i \ln p(\boldsymbol{X}_i) + (1-y_i)\ln(1-p(\boldsymbol{X}_i))\right] \tag{5.12}$$

$$\mathrm{cost}(p(\boldsymbol{X}_i), y) = \begin{cases} -\ln p(\boldsymbol{X}_i), & y=1 \\ -\ln(1-p(\boldsymbol{X}_i)), & y=0 \end{cases} \tag{5.13}$$

在任何情况下都是损失函数越小越好，分情况讨论：当 $y=1$ 时，$p(\boldsymbol{X}_i)$ 值越大越好；当 $y=0$ 时，$p(\boldsymbol{X}_i)$ 值越小越好。

针对式 5.13 所示，有如下关系。$y=1$ 及 $y=0$ 时损失函数和 $p(\boldsymbol{X}_i)$ 的关系如图 5.3 所示。

当 $y_i=1$，$p(\boldsymbol{X}_i)=1$ 时：$-y_i \ln p(\boldsymbol{X}_i)=0$；$1-y_i=0$，$-(1-y_i)\ln(1-p(\boldsymbol{X}_i))=0$。

当 $y_i=1$，$p(\boldsymbol{X}_i)=0$ 时：$-y_i \ln p(\boldsymbol{X}_i)=\infty$；$1-y_i=0$，$-(1-y_i)\ln(1-p(\boldsymbol{X}_i))=0$。

当 $y_i=0$，$p(\boldsymbol{X}_i)=1$ 时：$-y_i \ln p(\boldsymbol{X}_i)=0$；$1-y_i=1$，$-(1-y_i)\ln(1-p(\boldsymbol{X}_i))=\infty$。

当 $y_i=0$，$p(\boldsymbol{X}_i)=0$ 时：$-y_i \ln p(\boldsymbol{X}_i)=0$；$1-y_i=1$，$-(1-y_i)\ln(1-p(\boldsymbol{X}_i))=0$。

1. 目标函数

应用极大似然估计法需要对 $\ln L(\boldsymbol{W})$ 求极大值，进而得到 $\boldsymbol{W}$ 的估计值。但在求解问题时通常习惯求代价函数的最小值，根据对数似然函数，将逻辑回归问题的代价函数写为式 5.14 所示的形式，且由于 M 为常数，因此进一步等价于最小化函数 $\frac{1}{M}J(\boldsymbol{W})$，如式 5.15 所示。

$$J(\boldsymbol{W}) = -\ln L(\boldsymbol{W}) = -\sum_{i=1}^{M} \left[y_i \ln p(\boldsymbol{X}_i) + (1-y_i)\ln(1-p(\boldsymbol{X}_i))\right] \tag{5.14}$$

$$J(\boldsymbol{W}) = -\frac{1}{M}\sum_{i=1}^{M} \left[y_i \boldsymbol{W}^{\mathrm{T}}\boldsymbol{X}_i - \ln(1 + \mathrm{e}^{\boldsymbol{w}^{\mathrm{T}}\boldsymbol{x}_i})\right] \tag{5.15}$$

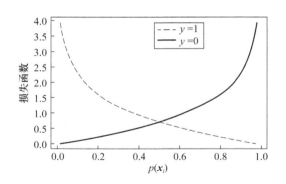

图 5.3　损失函数和 $p(\boldsymbol{X}_i)$ 的关系曲线

为了估计 $\boldsymbol{W}$ 的值,对 $\ln L(\boldsymbol{W})$ 进行极大化,也就是对 $J(\boldsymbol{W})$ 进行极小化,根据式 5.15,得到式 5.16 所示的目标函数。

$$\hat{w} = \underset{w}{\arg\min} J(\boldsymbol{W}) = \underset{w}{\arg\min} \left(-\frac{1}{M} \sum_{i=1}^{M} \left[y_i \boldsymbol{W}^{\mathrm{T}} \boldsymbol{X}_i - \ln(1 + e^{\boldsymbol{w}^{\mathrm{T}} \boldsymbol{x}_i}) \right] \right) \tag{5.16}$$

2. 更新过程

因为需要找到一个 $\hat{w}$ 使似然函数 $L(\boldsymbol{W})$ 极大化,也就是使 $J(\boldsymbol{W})$ 极小化,所以需要不断地迭代调整每项的值让 $J(\boldsymbol{W})$ 的值越来越小。为此,需对函数 $J(\boldsymbol{W})$ 求每项参数的偏导数,进而让每项参数按照梯度下降(gradient descent)方向进行调整,如式 5.17 所示。

$$\begin{aligned}
\frac{\partial J(\boldsymbol{W})}{\partial w_j} &= -\frac{1}{M} \sum_{i=1}^{M} \frac{\partial \left[y_i \boldsymbol{W}^{\mathrm{T}} \boldsymbol{X}_i - \ln(1 + e^{\boldsymbol{w}^{\mathrm{T}} \boldsymbol{x}_i}) \right]}{\partial w_j} \\
&= -\frac{1}{M} \sum_{i=1}^{M} \left[\frac{\partial y_i \boldsymbol{W}^{\mathrm{T}} \boldsymbol{X}_i}{\partial w_j} - \frac{\partial \ln(1 + e^{\boldsymbol{w}^{\mathrm{T}} \boldsymbol{x}_i})}{\partial w_j} \right] \\
&= -\frac{1}{M} \sum_{i=1}^{M} \left[y_i x_i^j - \frac{\partial \ln(1 + e^{\boldsymbol{w}^{\mathrm{T}} \boldsymbol{x}_i})}{\partial w_j} \right] \\
&= -\frac{1}{M} \sum_{i=1}^{M} \left[y_i x_i^j - \frac{1}{1 + e^{\boldsymbol{w}^{\mathrm{T}} \boldsymbol{x}_i}} \cdot \frac{\partial (1 + e^{\boldsymbol{w}^{\mathrm{T}} \boldsymbol{x}_i})}{\partial w_j} \right] \\
&= -\frac{1}{M} \sum_{i=1}^{M} \left[y_i x_i^j - \frac{1}{1 + e^{\boldsymbol{w}^{\mathrm{T}} \boldsymbol{x}_i}} \cdot e^{\boldsymbol{w}^{\mathrm{T}} \boldsymbol{x}_i} \cdot x_i^j \right] \\
&= \frac{1}{M} \sum_{i=1}^{M} \left[\left(\frac{1}{1 + e^{-\boldsymbol{w}^{\mathrm{T}} \boldsymbol{x}_i}} - y_i \right) x_i^j \right]
\end{aligned} \tag{5.17}$$

因此对每项参数而言,其更新方式如式 5.18 所示。

$$\hat{w}_j^{k+1} = \hat{w}_j^k - \alpha \frac{1}{M} \sum_{i=1}^{M} \left[\left(\frac{1}{1 + e^{-\boldsymbol{w}^{\mathrm{T}} \boldsymbol{x}_i}} - y_i \right) x_i^j \right] \tag{5.18}$$

其中,$\hat{w}_j^k$,$\hat{w}_j^{k+1}$ 分别代表参数 $\hat{w}_j$ 迭代到第 k,$k+1$ 次时的值,α 代表学习率(learning rate),由于 $\frac{1}{M}$ 是一个常数,因此也可以合并到 α 中。

按照梯度下降公式 5.17 进行更新的方法被称为批量梯度下降(batch gradient descent)。该方法需要计算所有样本的平均误差,在处理海量数据时会消耗非常多的时间,尤其是在 M 非常大的时候。此时也可以采用随机梯度下降(stochastic gradient descent)的方式进行更新,不同之处在于每次随机抽取一个样本来计算偏导数进行更新,如式 5.19所示。

$$\hat{w}_j^{k+1} = \hat{w}_j^k - \alpha \left[\left(\frac{1}{1+\mathrm{e}^{-\boldsymbol{w}^\mathrm{T} \boldsymbol{x}_i}} - y_i \right) x_i^j \right] \tag{5.19}$$

5.2　逻辑回归 API 的初步使用

逻辑回归常用的 API 是:sklearn. linear_model. LogisticRegression(penalty=$'$l2$'$, dual=False, tol=0. 0001, C=1. 0, fit_intercept=True, intercept_scaling=1, class_weight=None, random_state=None, solver=$'$liblinear$'$, max_iter=100, multi_class=$'$ovr$'$, verbose=0, warm_start=False, n_jobs=1)。

在 sklearn 中,与逻辑回归有关的主要是这 3 个类:LogisticRegression、LogisticRegressionCV 和 logistic_regression_path。而 LogisticRegression 和 LogisticRegressionCV 的主要区别如下。

LogisticRegressionCV 使用了交叉验证选择正则化系数 C。而 LogisticRegression 需要指定一个正则化系数。除了交叉验证及选择正则化系数 C 外,LogisticRegression 和 LogisticRegressionCV 的使用方法基本相同。而 logistic_regression_path 类在拟合数据后,不能直接做预测,只能为拟合数据选择适合逻辑回归的系数和正则化系数,主要用于模型选择。一般情况下,logistic_regression_path 类用得较少。

此外,sklearn 中有一个 RandomizedLogisticRegression 类,主要使用 L1 正则化的逻辑回归做特征选择,属于维度规约的算法类,不属于分类算法范畴。

1. 正则化选择参数:penalty(惩罚项,也叫正则项)

LogisticRegression 和 LogisticRegressionCV 默认自带正则化项。

penalty 取值 L1 / L2,默认值是 L2,一般使用 L2,但是如果仍是过拟合,则可使用 L1,若特征较多希望略去不重要的特征,也可使用 L1。

penalty 参数的选择会影响损失函数优化算法的选择,即 solver 参数的选择,如果是 L2正则化,则有 4 种可选的算法:newton-cg、lbfgs、liblinear、sag。如果是 L1 正则化,则只能选择 liblinear。这是因为 L1 正则化的损失函数不要求连续可导,而 newton-cg、lbfgs、sag 这 3种优化算法都需要损失函数的一阶或者二阶连续导数,liblinear 并没有这个要求。

2. 优化算法选择参数:solver

solver 参数决定了对逻辑回归目标函数的优化算法,有 4 种算法可以选择,分别如下所述。

- liblinear:使用开源的 liblinear 库实现,内部使用坐标轴下降法来迭代优化目标函数。
- lbfgs:是拟牛顿法的一种,利用目标函数二阶导数矩阵(即海森矩阵)来迭代优化目标函数。
- newton-cg:是牛顿法家族的一种,利用目标函数二阶导数矩阵(即海森矩阵)来迭代优化目标函数。
- sag:随机平均梯度下降,与梯度下降法的区别是每次迭代仅用一部分的样本来计算梯度,适用于样本数据多(如样本数量大于 10 万)的时候,当样本数据少的时候不选择此算法。sag 是一种线性收敛算法,其个速度远比 SGD 快。

在 sklearn 的官方文档中,solver 的使用说明如表 5.1 所示。

表 5.1   solver 的使用说明

case	solver
小数据集或 L1 惩罚	liblinear
多项损失或大数据集	lbfgs、sag 或 newton-cg
超大数据集	sag

对于多元逻辑回归常见的有 One-vs-Rest(OvR)和 Many-vs-Many(MvM)两种,MvM 一般比 OvR 相对准确一些,而 liblinear 只支持 OvR,不支持 MvM。如果需要相对精确的多元逻辑回归,则不能选择 liblinear,即如果需要相对精确的多元逻辑回归,则不能使用 L1 正则化。

multi_class 参数决定了分类方式的选择,有 OvR 和 multinomial 两个值可以选择,默认是 OvR。无论是一元还是多元逻辑回归,OvR 只做二分类逻辑回归。对于第 K 类的分类决策,把所有第 K 类的样本作为正例,把第 K 类样本以外的所有样本都作为负例,然后做二元逻辑回归,得到第 K 类的分类模型。其他类的分类模型以此类推。

而 MvM 则相对复杂,这里以 MvM 的特例 One-vs-One(OvO)为例。如果模型有 T 类,每次在所有的 T 类样本内选择两类样本,记为 T_1 类和 T_2 类,把所有为 T_1 和 T_2 的样本放在一起,T_1 作为正例,T_2 作为负例,进行二元逻辑回归,得到模型参数。共需要 $T(T-1)/2$ 次分类。

OvR 相对简单,通常分类效果相对较差;而 MvM 相对精确,但是分类速度相对较慢。

如果选择了 ovr,则损失函数的优化算法可选 liblinear、newton-cg、lbfgs 和 sag。如果选择了 multinomial,则只有 newton-cg、lbfgs 和 sag3 种优化算法可选。

3. 类型权重参数:class_weight

该参数用于标示分类模型中各种类型的权重。

4. 样本权重参数: sample_weight

如果样本不平衡,导致样本不是总体样本的无偏估计,则可能导致模型预测能力下降。遇到这种情况时,我们可以通过调节样本权重来尝试解决这个问题。调节样本权重的方法有两种:第一种是在 class_weight 中使用 balanced;第二种是在调用 fit 函数时,通过 sample_weight 来调节每个样本的权重。

5.3   案例及分类评估方法

【例 5.1】   使用鸢尾花数据集,实现逻辑回归二分类。

```python
from sklearn.model_selection import train_test_split
from sklearn.linear_model import LogisticRegression
from sklearn import datasets
# 导入数据
iris = datasets.load_iris()
```

```
♯获取数据的自变量和因变量
iris_X = iris.data
iris_Y = iris.target
♯将数据分成训练集和测试集,比例为 8:2
iris_train_X , iris_test_X, iris_train_Y ,iris_test_Y = train_test_split(
        iris_X, iris_Y, test_size = 0.2,random_state = 0)
♯训练逻辑回归模型
log_reg = LogisticRegression(max_iter = 3000) ♯max_iter = 3000 是迭代次数
log_reg.fit(iris_train_X, iris_train_Y)
♯预测
predict = log_reg.predict(iris_test_X)
accuracy = log_reg.score(iris_test_X,iris_test_Y)
print(accuracy)
```

运行结果如下:

0.966666666667

　　算法模型建立后需要进行评估,以判断模型的优劣。一般使用训练集(training set)来建立模型,使用测试集(test set)来评估模型。分类算法评估指标有分类准确率、召回率、虚警率和精确率等,而这些指标都是基于混淆矩阵(confusion matrix)进行计算的。

　　类不平衡问题:在商业银行信用风险检测中,如果通过建模得到的预测准确率是99%,在了解数据之前可能会觉得准确率很高。事实上,违约客户和正常客户的比例往往存在着严重的不平衡,违约客户占比非常小。假设违约客户占比为1%,此时若仍使用准确率这个指标,难免会出现问题。因为,对于信用风险违约检测案例而言,即便把全部样本都预测为"不违约",预测准确率仍然为99%。此时如果银行对客户发放贷款,而个别客户违约不还,则将给银行带来巨大的损失。此时,还需要引入精确率 precision、召回率 recall、$F1$ 指标来评估模型性能。精确率 precision 是分类结果为正样本的情况真实性程度,如式 5.20 所示。召回率 recall 是正样本被识别出的概率,如式 5.21 所示。

$$\text{precision} = \frac{\text{TP}}{\text{TP} + \text{FP}} \tag{5.20}$$

$$\text{recall} = \frac{\text{TP}}{\text{TP} + \text{FN}} \tag{5.21}$$

　　对于上述问题,如果对类 0(不违约)的 precision 和 recall 值会得出完全不同的结果。这正是对于类不平衡问题更需要这两个指标的原因。在类不平衡的数据集中,会涉及代价敏感性问题。代价敏感性(cost sensitive)是指在分类问题中,当把某一类 A 错误地分成了类 B,会造成巨大的损失。例如,在欺诈用户检测中,如果把欺诈用户错误地分成了优质客户,那么将导致欺诈用户不会受到惩罚而继续进行欺诈行为。

　　所以,遇到类不平衡问题时,需要考虑应关注哪一类的指标值。例如:对于商业银行信用风险检测,关注违约(类 1)的样本;在癌症患者预测中,把癌症患者预测成非癌症患者,而使癌症患者错过最佳治疗时间所带来的损失巨大,因此需关注患癌症(类 1)的样本。此时,计算的指标值是所关注的那一类样本,往往把关注的样本设定为类 1。

癌症检查数据样本有 10 000 个,其中 10 个数据样本是癌症患者,其他是非癌症患者。分类模型在非癌症数据中全都预测正确,在 10 个有癌症数据中预测正确了 1 个,此时真阳=1,真阴=9990,假阳=0,假阴=9。精确率的计算如式 5.22 所示。

$$\text{precision} = \frac{真阳}{真阳+假阳} = \frac{1}{1+0} = 100\% \tag{5.22}$$

精确率:预测结果为正例的样本中真实为正例的比例。例如,预测 10 个人为真,结果真实值为 8 个人为真,2 个人为假,那么精确率为 0.8。

召回率:真实为正例的样本中预测结果为正例的比例(查得全,表示对正样本的区分能力)。例如,真实值有 20 个,但是预测出真实值有 16 个,那么召回率为 0.8。

表 5.2 列出了几个字符的含义,precision(精确率)和 recall(召回率)能够通过 TP、TN、FP、FN 计算出来。

表 5.2　几个字符的含义

字符	含义
TP	预测是阳,结果确实是阳
TN	预测是阴,结果确实是阴
FP	预测是阳,结果是阴
FN	预测是阴,结果是阳
T / F	表明预测结果的真/假
P / N	表明实际是真(或阳)/假(或阴)

混淆矩阵:在分类任务下,预测结果(predicted condition)与真实结果(true condition)之间存在 4 种不同的组合,构成混淆矩阵,如表 5.3 所示。

表 5.3　混淆矩阵

		预测结果	
		正例	反例
真实结果	正例	真正例 TP	伪反例 FN
	反例	伪正例 FP	真反例 TN

如式 5.23 所示,当 $\beta=1$ 时,即为 F_1 分数;当 $\beta=0.5$ 时,即为 $F_{0.5}$ 分数(precision 的权重较高);当 $\beta=2$,即为 F_2 分数(recall 的权重较高)。

$$F_\beta = (1+\beta^2)\frac{\text{precision} \cdot \text{recall}}{\beta^2 \text{precision}+\text{recall}}, \quad \text{precision} = \frac{\text{TP}}{\text{TP}+\text{FP}} \tag{5.23}$$

准确率的公式如式 5.24 所示。

$$\text{accuracy} = \frac{\text{TP}+\text{TN}}{\text{TP}+\text{TN}+\text{FP}+\text{FN}} \tag{5.24}$$

【例 5.2】　对于将关注的类别设定为类 1 的分类问题,得到以下混淆矩阵。

根据表 5.4 所示的数据,计算准确率、精度、召回率。

$$\text{accuracy} = \frac{\text{TP}+\text{TN}}{\text{TP}+\text{FP}+\text{TN}+\text{FN}} = 81.48\%$$

$$\text{precision} = \frac{\text{TP}}{\text{TP}+\text{FP}} = 66.67\%$$

$$\text{recall} = \frac{\text{TP}}{\text{TP}+\text{FN}} = 75\%$$

表 5.4 混淆矩阵(一)

		预测结果	
		类 0	类 1
真实结果	类 0	TN=160	FP=30
	类 1	FN=20	TP=60

若要增大 recall,需要减少 FN,当全部预测为正例(类 1)时,如表 5.5 所示,计算得到 precision 为 29.63%,但 recall 为 100%,此时模型具有完美的召回率但精度却很差。若要增大 precision,需要减少 FP,当训练集中任何一个正例样本都预测为正例(类 1),而 FP 为 0 时,精度最高。

表 5.5 混淆矩阵(二)

		预测结果	
		类 0	类 1
真实结果	类 0	TN=0	FP=190
	类 1	FN=0	TP=80

如表 5.6 所示,recall 为 33.33%,但是此时 precision 为 100%,此时模型具有完美的精度,但是召回率却很差。

表 5.6 混淆矩阵(三)

		预测结果	
		类 0	类 1
真实结果	类 0	TN=0	FP=0
	类 1	FN=180	TP=90

由例 5.2 可以看出,precision 和 recall 的值是此消彼长的,因此 precision 和 recall 的权衡(trade off)显得尤为重要。可以通过牺牲 precision 来提高 recall,也可以通过牺牲 recall 来提升 precision。通过计算 precision 和 recall 可得到调和平均值,如式 5.23 所示。当 $\beta=1$ 时,即得到 F_1-score 指标,如式 5.25 所示。

$$F_1 = \frac{2 \cdot \text{precision} \cdot \text{recall}}{\text{precision}+\text{recall}} \tag{5.25}$$

5.4 ROC 曲线绘制

ROC 曲线(receiver operating characteristic curve),又称感受性曲线(sensitivity curve),还可称作"受试者工作特征曲线",ROC 曲线主要用于预测事件/诊断的准确率。在实际的数据集中经常会出现样本类不平衡问题,即正负样本比例差距较大,而且测试数据中的正负样本也可能随着时间变化而变化。ROC 曲线有一个很好的特性:当测试集中正负样本的分布变化时,ROC 曲线能够保持不变。ROC 曲线横轴 FPR 越大,预测正类中实际负类越多,纵轴 TPR 越大,预测正类中实际正类越多。理想情况是 TPR=1,FPR=0,即二维坐标系中的(0,1)点,故 ROC 曲线向(0,1)点靠拢。

sklearn.metrics 模块中有 roc_curve、auc 两个函数,ROC 曲线上的点主要就是通过这两个函数计算出来的。

```
fpr, tpr, thresholds = roc_curve(y_test, scores)
```

其中 y_test 为测试集的真实值,scores 为模型预测的测试集得分(注意:通过 decision_function(x_test)计算 scores 的值);fpr、tpr、thresholds 分别为假正率、真正率和阈值(不同阈值下的真正率和假正率)。

```
roc_auc = auc(fpr, tpr)
```

roc_auc 为计算得到的 AUC 的值。ROC 曲线是以假正率(FPR)和真正率(TPR)绘制的曲线,ROC 曲线下的面积称作 AUC 值。

【例 5.3】 利用经典的鸢尾花(iris)数据,画出 ROC 曲线。

```python
import numpy as np
import matplotlib.pyplot as plt
from itertools import cycle#用 cycle()循环迭代
from sklearn import svm, datasets
from sklearn.metrics import roc_curve, auc
from sklearn.model_selection import train_test_split
from sklearn.preprocessing import label_binarize
from sklearn.multiclass import OneVsRestClassifier
from scipy import interp#一维线性插值
from sklearn.metrics import roc_auc_score#返回曲线下面积

# 导入数据集
iris = datasets.load_iris()
X = iris.data
y = iris.target

y = label_binarize(y, classes=[0, 1, 2])
n_classes = y.shape[1]

# 增加噪声特征
random_state = np.random.RandomState(0)
n_samples, n_features = X.shape
print("oldx.shape",X.shape)
```

```
X = np.c_[X, random_state.randn(n_samples, 200 * n_features)]
print("newx.shap",X.shape)
# 洗牌及拆分训练和测试集
X_train, X_test, y_train, y_test = train_test_split(X, y, test_size = .5,
                                                    random_state = 0)


# 创建 OvR 分类器
classifier = OneVsRestClassifier(svm.SVC(kernel ='linear', probability = True,
                                 random_state = random_state))
y_score = classifier.fit(X_train, y_train).decision_function(X_test)
#y_score 为模型预测值,decision_function()的功能是计算样本点到分割超平面的
函数距离
fpr = dict()
tpr = dict()
roc_auc = dict()
for i in range(n_classes):
    fpr[i], tpr[i], _ = roc_curve(y_test[:, i], y_score[:, i])
    roc_auc[i] = auc(fpr[i], tpr[i])
# 计算微平均 ROC 曲线和 AUC
fpr["micro"], tpr["micro"], _ = roc_curve(y_test.ravel(), y_score.ravel())
roc_auc["micro"] = auc(fpr["micro"], tpr["micro"])
plt.figure()
lw = 2
print("roc_auc",roc_auc)
plt.plot(fpr[2], tpr[2], color ='darkorange',
         lw = lw, label ='ROC curve (area =  %0.2f)' % roc_auc[2])
plt.plot([0, 1], [0, 1], color ='navy', lw = lw, linestyle ='--')
plt.xlim([0.0, 1.0])
plt.ylim([0.0, 1.05])
plt.xlabel('False Positive Rate')
plt.ylabel('True Positive Rate')
plt.title('Receiver operating characteristic example')
plt.legend(loc = "lower right")
plt.show()
```

运行结果如以下代码和图 5.4 所示。

```
oldx.shape (150, 4)
newx.shape (150, 804)
roc_auc {0: 0.9126984126984127, 1: 0.6037037037037037, 2: 0.7867647058823529, 'micro': 0.7277333333333333}
```

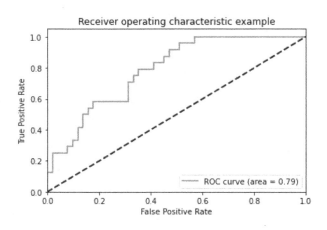

图 5.4 例 5.3 的运行结果

使用梯形法计算曲线下的面积。

在理想情况下,希望曲线到达左上角,即负类样例的错误率为 0,而正类样例的准确率为 100%,但由于各种原因,该情况很少发生,在两个分类器的 ROC 曲线交叉的情况下,c_1和 c_2 哪个分类器性能更好? 这只能基于实际应用中的特定需求来回答。根据图形可以得出结论:就正例而言,在负类错误率低的区域,c_1 表现优于 c_2,随着负类样例错误率的增加,c_2 在正类样例上的表现优于 c_1,如图 5.5 所示。另外,分类器表现的好坏取决于用户的标准。

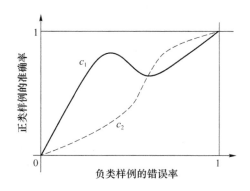

图 5.5 两个分类器的 ROC 曲线交叉的情况

AUC 是 ROC 曲线下的面积。在两个分类器的 ROC 曲线交叉的情况下,无法判断哪个分类器性能更好,此时可以分段计算 ROC 曲线下的面积(即 AUC 的值)作为性能度量,就每一段而言,其面积越大则性能越好。

【例 5.4】 使用 sklearn. metrics. auc(x,y)计算 AUC 的值。

```
import numpy as np
from sklearn import metrics
y = np.array([1, 1, 2, 2])
pred = np.array([0.1, 0.4, 0.35, 0.8])
fpr, tpr, thresholds = metrics.roc_curve(y, pred, pos_label = 2)
```

```
metrics.auc(fpr, tpr)
```
运行结果为：
```
0.75
```
【例5.5】 针对乳腺癌数据集，求样本为 0 的概率和样本为 1 的概率、精确率、召回率、F1 分值、AUC 值。

```
import warnings
warnings.filterwarnings('ignore')
import matplotlib.pyplot as plt

plt.rcParams['font.sans-serif'] = ['SimHei']   # 显示中文
plt.rcParams['axes.unicode_minus'] = False   # 画图中显示负号

from sklearn.linear_model import LogisticRegression
from sklearn import metrics
from sklearn.datasets import load_breast_cancer
from sklearn.model_selection import train_test_split

# 读取数据
breast_cancer = load_breast_cancer()
X = breast_cancer.data
y = breast_cancer.target

# 创建分类模型
model = LogisticRegression(C = 10, max_iter = 100)   # C是惩罚项系数,即λ的倒数

trainx, testx, trainy, testy = train_test_split(X, y, test_size = 0.4, random_state = 12345)
# 使用训练集数据进行模型训练,对测试集数据进行预测,打印混淆矩阵
model.fit(trainx, trainy)   # 对训练集进行训练
# 模型预测
pred = model.predict(testx)   # 预测的类标签——0 或者 1
preproba = model.predict_proba(testx)   # preproba 包含样本为 0 的概率和样本为 1 的概率
print("preproba = \n", preproba)
# 打印混淆矩阵
print(metrics.confusion_matrix(testy, pred))
# 打印精确率、召回率、F1 分值和 AUC 值
print('--------- 精确率 ---------------')
print(metrics.precision_score(testy, pred))
```

```
print('--------- 召回率 ---------------')
print(metrics.recall_score(testy, pred))
print('--------- F1 分值 -------------')
print(metrics.f1_score(testy, pred))
print('--------- AUC 值 -------------')
print(metrics.roc_auc_score(testy, preproba[:, 1]))# 提取 preproba 的第二列:
```

正样本的概率,roc_auc:ROC 曲线下的面积

```
# 画出 ROC 曲线
plt.subplot(121)
fpr, tpr, threshold = metrics.roc_curve(testy, preproba[:, 1])   # 同上,roc_
```

curve:ROC 曲线

```
plt.xlabel('FPR')
plt.ylabel('TPR')
plt.title('ROC')
plt.plot(fpr, tpr)


# 画出 PR 曲线
plt.subplot(122)
p, r, th = metrics.precision_recall_curve(testy, preproba[:, 1])
plt.xlabel('Recall')
plt.ylabel('Precision')
plt.title('PR')
plt.plot(r, p)
plt.show()
```

运行结果如以下代码和图 5.6 所示。

```
preproba =
  [[3.24065587e-02 9.67593441e-01]
   [5.02976248e-04 9.99497024e-01]
   ......
   [2.39313447e-02 9.76068655e-01]
   [4.80809620e-04 9.99519190e-01]]
[[ 67    7]
 [   5 149]]
--------- 精确率 -------------
0.9551282051282052
-------- - 召回率 -------------
0.9675324675324676
--------- F1 分值 --------------
0.9612903225806452
```

---------- AUC 值 ----------------

0.9887679887679888

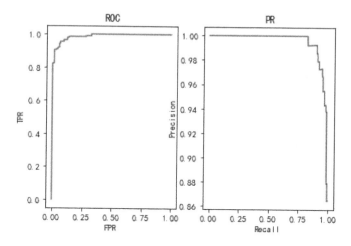

图 5.6　例 5.5 的运行结果

第6章　决　策　树

6.1　决策树算法简介

利用决策树(decision tree)进行预测的过程是从根节点开始,根据样本的特征属性选择不同的分支,直到到达叶子节点,得出预测结果,如图 6.1 所示的预测贷款用户是否具有偿还能力的决策树。

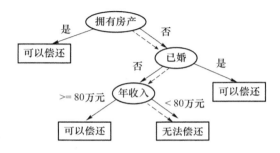

图 6.1　预测贷款用户是否具有偿还能力的决策树

决策树在机器学习中是一种比较常见的算法,属于监督学习中的一种,适用于处理离散型和连续型的数据。在此算法中学习到的函数被表示为一棵树。决策树可以使用不熟悉的数据集合,并从中提取一系列规则,机器学习算法最终将使用这些规则。

决策树:从根节点开始途经中间节点直到叶子节点的决策过程。所有的数据最终都会落到叶子节点上,决策树算法既可以用于分类问题,也可以用于回归问题。

根节点:即第一个选择点。

中间节点:非叶子节点和根节点的其他节点。

叶子节点:最终的决策结果。

决策树的训练与测试:训练阶段是由给定的训练集构造出一棵决策树,根据特征进行计算,找出一个最好的特征作为分支节点,以此类推。测试阶段是根据构造出来的决策树模型从上到下判断测试集中的实例应落在哪个叶子节点上。

决策树的优点:计算复杂度不高,输出结果易于理解,对中间值的缺失不敏感,可以处理不相关特征数据。其缺点:可能产生过拟合问题。

6.2　决策树分类原理

决策树生成算法通常分为:ID3 算法(依据信息增益);C4.5 算法(依据信息增益率);

CART 算法(依据基尼指数)。

1. ID3 算法

熵:表示随机变量不确定性的度量(即一个整体数据中内部元素的混乱程度,元素种类越多,混乱程度越高)。

定义:假设随机变量 X 的可能取值有 $x_1, x_2, \cdots, x_N$,表示有 N 种可能的取值,对于每一个可能的取值 x_i,其概率 $P(X = x_i) = p(x_i)$,$i = 1, 2, \cdots, N$。随机变量 X 的熵公式如式6.1所示。

$$H(X) = -\sum_{i=1}^{N} p(x_i) \log_2 p(x_i) \tag{6.1}$$

条件熵是为了解释信息增益而引入的概念,表示随机变量 X 在给定条件下,随机变量 Y 的条件概率熵的数学期望,在机器学习中为选定某个特征后的熵,或者说,在某个条件下,随机变量的不确定性。公式如式 6.2 所示。

$$H(Y \mid X) = \sum_x p(x) H(Y \mid X = x) \tag{6.2}$$

信息增益:在决策树算法中信息增益是用来选择特征的指标,信息增益越大,则这个特征的选择性越好。在概率中定义为:待分类的集合的熵和选定某个特征的条件熵之差(此处可以为经验熵或经验条件熵),即在某个条件下,信息不确定性减少的程度。公式如式 6.3 所示。

$$g(D, A) = H(D) - H(D \mid A) \tag{6.3}$$

信息增益的常用算法如下。

设有训练数据集 D,$|D|$ 为样本容量,即样本的个数(D 中元素个数)。设有 K 个类,即 K 个标签分类,$|C_k|$ 为属于第 k 类的样本集 C_k 的样本个数,$|C_k|$ 之和为 $|D|$,$k = 1, 2, \cdots, K$。根据特征 A 将 D 划分为 n 个子集 $D_1, D_2, \cdots, D_n$,即特征 A 有 n 组不同的值,$|D_i|$ 为子集 D_i(即特征 A 第 i 组值的)样本个数,$|D_i|$ 之和为 $|D|$,$i = 1, 2, \cdots, n$。记特征 A 的子集 D_i 中属于标签第 k 类的 C_k 的样本集合为 D_{ik},即子集 D_i 与标签第 k 类 C_k 的交集,$|D_{ik}|$ 为 D_{ik} 的样本个数,算法如下:

输入:D, A。

输出:信息增益 $g(D, A)$。

① D 的经验熵 $H(D)$ 如式 6.4 所示。

$$H(D) = -\sum_{k=1}^{K} \frac{|C_k|}{|D|} \log_2 \frac{|C_k|}{|D|} \tag{6.4}$$

此处的概率根据古典概率计算,由于训练数据集的样本个数为 $|D|$,某个标签分类的样本个数为 $|C_k|$,因此某个分类的概率(或称随机变量取某值的概率)为 $|C_k| / |D|$。

② 选定特征 A 的经验条件熵 $H(D|A)$,如式 6.5 所示。

$$H(D \mid A) = \sum_{i=1}^{n} \frac{|D_i|}{|D|} H(D_i) = -\sum_{i=1}^{n} \frac{|D_i|}{|D|} \sum_{k=1}^{K} \frac{|D_{ik}|}{|D_i|} \log_2 \frac{|D_{ik}|}{|D_i|} \tag{6.5}$$

此处的概率计算同上,由于 $|D_{ik}|$ 是选定的特征 A 在第 i 组值中属于第 k 个分类标签的样本个数,则 $|D_i| / |D|$ 是选定的特征 A 的第 i 组样本个数占总样本的概率。第二个求和式表示在选定特征 A 的各组类别下的条件概率的熵,即训练集为 D_i(在第二个求和式中的 D_i),交集 D_{ik} 可以理解为在 D_i 条件下标签为第 k 个分类的样本子集,即 k 为标签的某个分类,

表示训练集缩小为 D_i 的熵。

③ 信息增益如式 6.3 所示。

对于待划分的数据集 D,其 $H(D)$ 是一定的,但是每个选定条件的熵 $H(D|A)$ 是不同的,选定条件的熵 $H(D|A)$ 越小说明使用此特征划分得到的不确定性越小(也就是纯度越高),因此,信息增益 $H(D)-H(D|A)$ 越大,说明如果使用当前特征划分数据集 D,其纯度上升得越快。而在构建决策树时,希望能快速到达纯度更高的集合,即在构建决策树的过程中,希望集合向最快到达纯度更高的子集合方向发展,因此选择使得信息增益最大的特征来划分当前数据集 D 是可行的。

确定根节点:使用所有特征划分数据集 D,得到多个特征划分数据集 D 的信息增益,然后选择信息增益最大的特征作为当前的划分特征。

【例 6.1】 根据表 6.1 所示的数据集,计算信息增益。

表 6.1　数据集

ID	outlook	temperature	humidity	windy	play
1	晴	热	高	否	否
2	晴	热	高	是	否
3	阴	热	高	否	是
4	雨	温	高	否	是
5	雨	凉爽	中	否	是
6	雨	凉爽	中	是	否
7	阴	凉爽	中	是	是
8	晴	温	高	否	否
9	晴	凉爽	中	否	是
10	雨	温	中	否	是
11	晴	温	中	是	是
12	阴	温	高	是	是
13	阴	热	中	否	是
14	雨	温	高	是	否

在历史数据中标签分为两类($K=2$),即打球和不打球,其中 9 天打球,5 天不打球,此时的熵应为:

$$-\frac{9}{14}\log_2\frac{9}{14}-\frac{5}{14}\log_2\frac{5}{14}=0.94$$

对 4 个特征逐一进行分析。先从 outlook 特征开始分析,outlook 特征分 3 组($i=3$,晴、阴和雨),outlook＝晴有 5 天,其中 3 天不打球,2 天打球,熵值为: $-\frac{2}{5}\log_2\frac{2}{5}-\frac{3}{5}\log_2\frac{3}{5}=$ 0.971;outlook＝阴有 4 天,都在打球,熵值为 0;outlook＝雨时,熵值为 0.971。

根据数据统计,outlook 取值为晴、阴、雨的概率分别为 $\frac{5}{14}$、$\frac{4}{14}$、$\frac{5}{14}$。

条件熵值为 $\frac{5}{14}\times0.971+\frac{4}{14}\times0+\frac{5}{14}\times0.971=0.693$。

信息增益：系统的熵值从原始的 0.94 下降到 0.693，信息增益为 0.247。

用同样的方式计算其他特征的信息增益，选择信息增益最大的那个特征作为根节点。其他特征的信息增益如下：gain(temperature) = 0.029，gain(humidity) = 0.152，gain(windy) = 0.048。因此选择信息增益最大的 outlook 特征作为根节点。

这是 ID3 算法的一个案例，根节点的确定依据是信息增益算法。表 6.1 中有一个 ID（编号）特征，取值 1~14。在 ID 特征中每组值的样本个数都只有一个，条件熵为 0，信息增益很大，按照 ID3 算法应该以 ID 特征为根节点，但是以 ID 特征为根节点创建的决策树没有实际意义。

ID3 算法的特点：有些特征可能对分类任务没有太大作用，但是仍然可能会被选为最优特征。ID3 算法倾向于选择取值比较多的特征。例如：把"编号"作为一个特征，那么"编号"将被选为最优特征。ID3 算法不适用于连续变量，只能用于分类。

2．C4.5 算法

为了解决 ID3 算法所产生的问题，可采用依据信息增益率的 C4.5 算法。

C4.5 算法是在 ID3 算法上进行改进的一种算法，主要改进方法是采用信息增益率。因为 ID3 算法在计算的时候，倾向于选择取值多的特征，为了避免没有实际意义的取值多的特征作为根节点的情况发生，C4.5 算法采用信息增益率方式来选择特征。当特征有很多值的时候，相当于被划分成许多份，虽然信息增益变大了，但如果使用 C4.5 算法，惩罚参数会变小，所以整体的信息增益率并不大。

信息增益率＝惩罚参数×信息增益，如式 6.6 所示。

$$g_R(D,A) = \frac{g(D,A)}{H_A(D)} \tag{6.6}$$

其中 $H_A(D)$ 为经验熵，对于样本集合 D，将当前特征 A 作为随机变量，将特征 A 根据特征值的不同分为 n 组，求出特征 A 的各组特征值在总样本中出现的次数，进而求得经验熵，如式 6.7 所示。

$$H_A(D) = -\sum_{i=1}^{n} \frac{|D_i|}{|D|} \log_2 \frac{|D_i|}{|D|} \tag{6.7}$$

信息增益率的本质是在信息增益的基础之上乘以一个惩罚参数。特征值类别较多时，惩罚参数较小；特征值类别较少时，惩罚参数较大。惩罚参数是指数据集 D 以特征 A 作为随机变量的熵的倒数，如式 6.8 所示，其中 n 表示特征 A 有 n 种不同的特征值，D_i 表示特征 A 中第 i 组样本值的集合。此处只考虑特征 A 的特征值类别，而不考虑实例标签的类别。因此惩罚参数与信息熵及条件熵有所不同。

$$惩罚参数 = \frac{1}{H_A(D)} = \frac{1}{-\sum\limits_{i=1}^{n} \frac{|D_i|}{|D|} \log_2 \frac{|D_i|}{|D|}} \tag{6.8}$$

缺点：信息增益率偏向取值种类较少的特征。原因：当特征 A 取值种类较少时 $H_A(D)$ 的值较小，因此其倒数较大，导致信息增益率比较大，因而偏向取值种类较少的特征。

使用信息增益率时，基于 ID3 算法的缺点，并不是直接选择信息增益最大的特征，而是在候选特征中找出信息增益较大的特征，然后在这些特征中再选择信息增益率最大的特征。

C4.5 算法通过引入惩罚参数项来惩罚取值多样的特征。

3. CART 分类树算法

ID3 算法和 C4.5 算法的不足之处在于用较为复杂的熵来度量。使用相对复杂的多叉树，只能处理分类问题，不能处理回归问题等。但是，CART 算法做了很大的改进，CART 算法既可以用于回归，又可以用于分类。

ID3 算法和 C4.5 算法都是基于信息论的熵模型进行计算的，涉及大量的对数运算。而 CART 分类树算法使用基尼系数来代替信息增益和信息增益率，既可以简化模型，又不至于完全丢失熵模型的优点。

基尼系数(指数)用于描述一个系统的失序状态，即系统的混乱程度。基尼系数越大，系统混乱程度越高，基尼系数越小，数据集样本的纯度越高。在创建决策树时，应选基尼系数最小的特征作为决策树的根节点。建立决策树模型的目的是通过合适的分类来降低系统的混乱程度。基尼系数的计算如式 6.9 所示。

$$\text{gini}(T) = 1 - \sum p_i^2 \tag{6.9}$$

数据集 T 包含 N 个类的样本，类别 $i=1,2,\cdots,N$，式中 p_i 为类别 i 在样本 T 中出现的频率，即类别为 i 的样本个数占总样本个数的比率。

对于数据集 D，$|D|$ 表示数据集 D 的样本数，在特征 A 条件下的基尼系数计算公式如式 6.10 所示。将特征 A 的值划分为 $v=1,2,\cdots,V$ 个部分，每部分样本集为 D^v，$|D^v|$ 表示特征 A 条件下第 v 部分的样本个数。

$$\text{gini}_{\text{index}}(D,A) = \sum_{v=1}^{V} \frac{|D^v|}{|D|} \text{gini}(D^v) \tag{6.10}$$

对于连续值的特征，每两个值的中点作为可能的分割点，然后计算出最小的那个 $\text{gini}_{\text{split}}$ 作为分割标准。

如果一个划分将数据集 T 的特征 A 分成两个子集 S_1 和 S_2，则分割后 T 的基尼系数如式 6.11 所示。

$$\text{gini}_{\text{split}}(T) = \frac{|N_1|}{|N|} \text{gini}(S_1) + \frac{|N_2|}{|N|} \text{gini}(S_2) \tag{6.11}$$

其中，$|N_1|$ 表示集合 S_1 的样本个数，$|N_2|$ 表示集合 S_2 的样本个数，提供最小基尼系数($\text{gini}_{\text{split}}$)的数据就被选择作为特征 A 的分割标准。

【例 6.2】 如表 6.2 所示，首先对连续的特征 Age 进行排序，然后将每两个值的中点作为可能的分割点，计算出最小的那个 $\text{gini}_{\text{split}}$ 作为 Age 特征的分割点(分割标准)。

表 6.2 例 6.2 的数据

Age	Class	ID
17	High	1
20	High	5
23	High	0
32	Low	4
43	High	2
68	Low	3

17 和 20 的中点为 18.5,因此

$$S_1 : \text{gini}(S_1 < 18.5) = 1 - 1 = 0$$

$$S_2 : \text{gini}(S_2 > 18.5) = 1 - \left[\left(\frac{2}{5}\right)^2 + \left(\frac{3}{5}\right)^2\right] = 0.48$$

$$\text{gini}_{\text{split}}(18.5) = \frac{1}{6} \times 0 + \frac{5}{6} \times 0.48 = 0.4$$

20 和 23 的中点为 21.5,因此

$$S_1 : \text{gini}(S_1 < 21.5) = 1 - 1 = 0$$

$$S_2 : \text{gini}(S_2 > 21.5) = 1 - \left[\left(\frac{1}{2}\right)^2 + \left(\frac{1}{2}\right)^2\right] = 0.5$$

$$\text{gini}_{\text{split}}(21.5) = \frac{2}{6} \times 0 + \frac{4}{6} \times 0.5 = 0.667$$

23 和 32 的中点为 27.5,因此

$$S_1 : \text{gini}(S_1 < 27.5) = 1 - 1 = 0$$

$$S_2 : \text{gini}(S_2 > 27.5) = 1 - \left[\left(\frac{2}{3}\right)^2 + \left(\frac{1}{3}\right)^2\right] = 0.44$$

$$\text{gini}_{\text{split}}(27.5) = \frac{3}{6} \times 0 + \frac{3}{6} \times 0.44 = 0.22$$

32 和 43 的中点为 37.5,$\text{gini}_{\text{split}}(37.5) = 0.417$。

43 和 68 的中点为 55.5,$\text{gini}_{\text{split}}(55.5) = 0.267$。

因此以 27.5 提供的最小 $\text{gini}_{\text{split}}$ 作为 Age 特征的分割标准。

【例 6.3】　如表 6.3 所示,判断一位顾客是否购买证券,对各个特征求基尼系数,然后以基尼系数最小的特征作为根节点。

表 6.3　例 6.3 的数据集

顾客号	年龄	收入	性别	信用	是否购买 A 证券
1	青年	高	男	低	NO
2	青年	高	男	高	NO
3	中年	高	男	低	YES
4	老年	中	男	低	YES
5	老年	低	女	低	YES
6	老年	低	女	高	NO
7	中年	低	女	高	YES
8	青年	中	男	低	NO
9	青年	低	女	低	YES
10	老年	中	女	低	YES
11	青年	中	女	高	YES
12	中年	中	男	高	YES
13	中年	高	女	低	YES
14	老年	中	男	高	NO

用"年龄"划分得到 3 个子集 D_1, D_2, D_3，分别表示青年、中年、老年，它们的基尼值为：

$$\text{gini}(D_1) = 1 - \left[\left(\frac{2}{5} \right)^2 + \left(\frac{3}{5} \right)^2 \right] = 0.48$$

$$\text{gini}(D_2) = 1 - (1)^2 = 0$$

$$\text{gini}(D_3) = 1 - \left[\left(\frac{2}{5} \right)^2 + \left(\frac{3}{5} \right)^2 \right] = 0.48$$

年龄的基尼系数为：

$$\text{gini}(D, 年龄) = \frac{|N_1|}{|N|} \text{gini}(D_1) + \frac{|N_2|}{|N|} \text{gini}(D_2) + \frac{|N_3|}{|N|} \text{gini}(D_3)$$

$$= \frac{5}{14} \times 0.48 + \frac{4}{14} \times 0 + \frac{5}{14} \times 0.48 = 0.342\ 9$$

同理可以算出 $\text{gini}(D, 收入)$，$\text{gini}(D, 性别)$，$\text{gini}(D, 信用)$，得到基尼系数最小的特征，作为根节点。

6.3　CART 剪枝

最大的决策树能使训练集分类或者回归的准确率达到 100%，而最大的分类树结果会导致过拟合（对信号和噪声都适应），这样建立的树模型在验证集、测试集上的表现并不好。同样，太小的决策树仅含有很少的分支，会导致欠拟合。用训练集构造决策树时，能达到每个叶子都是纯的，最大的分类可以达到 100%，最大的回归树残差可以达到 0。即随着树的增长，在训练集上的精度是单调上升的，然而在独立的测试集上测试出的精度先上升后下降。出现这种情况的原因有：噪声和样本冲突，即存在错误的样本数据；特征维度过多；训练集和测试集特征分布不一致；数据量不够大等。一个好的树模型应该有较低的偏倚（适应信号）和较低的方差（不适应信号）。模型的复杂性往往在偏倚和方差之间做一个折中，因此要对树进行剪枝。剪枝策略主要包括预剪枝和后剪枝。

预剪枝（pre-pruning）：在构造决策树的同时进行剪枝。所有决策树的构建方法都是在无法进一步降低熵时才停止创建分支的过程。为了避免过拟合，可以设定一个阈值，当熵减小量小于某个阈值时，即便还可以继续降低熵，也停止继续创建分支。但该方法的实际效果并不好，因为在实际应用中，面对不同问题，很难有一个明确的阈值可以保证树模型足够好。而在 xgboost 和 lightGBM 中有一些参数，例如，min_child_weight 设置了分裂节点的权重值，xgboost 类已经把预防过拟合写进损失函数中，因此不需要剪枝的过程。其他的预剪枝方法有限制决策树的深度、限制叶子节点个数、限制叶子节点样本数、指定节点的最小熵值等。

后剪枝（post-pruning）：指决策树生成后进行的剪枝操作。后剪枝的剪枝过程是删除一些子树，然后用其叶子节点代替，这个叶子节点所标识的类别使用这棵子树中大多数训练样本所属的类别。

后剪枝的过程是对拥有相同父节点的一组节点进行检查，如果将其合并，判断熵的增量是否小于某一阈值。如果熵的增量小于某一阈值，则这一组节点可以合并为一个叶子节点，该叶子节点类别为大多数样本所属类别。后剪枝是目前剪枝技术中最普遍的做法。

剪枝是构造决策树时必不可少的步骤。如果没有剪枝,则会构造一个完全生长的决策树,极易出现过拟合现象。而去掉一些不必要的节点,可以使决策树模型具有更好的泛化能力。

两种剪枝策略对比:通常后剪枝决策树比预剪枝决策树保留了更多的分支;后剪枝决策树的欠拟合风险很小,泛化能力往往优于预剪枝决策树;后剪枝决策树的训练时间比未剪枝决策树及预剪枝决策树都要长。

6.4 特征工程及特征提取

1. 特征工程

对于机器学习问题,数据和特征往往决定了结果的上限,而模型、算法选择及优化则可逐步接近这个上限。大部分直接获取的数据特征不明显、没有经过处理,或者存在很多无用的数据,因此需要对原始数据进行一些特征处理,以满足训练数据的要求。

特征工程的本质是一项工程活动,目的是最大限度地从原始数据中提取特征以供算法和模型使用。特征工程是一个较大的领域,它通常包括特征构建、特征提取和特征选择这3个子模块。

① 特征构建:从原始数据中构建出特征,有时也称作特征预处理。特征预处理包括单个特征和多个特征。单个特征的处理包括归一化、标准化、缺失值的处理。多个特征的处理包括降维等,如 PCA 等降维方法。特征降维是将高维空间的特征通过删减或变换转为低维空间的特征,是指在某些限定条件下,降低随机变量(特征)个数,得到一组“不相关”变量的过程,其目的是降低时间/空间复杂度、降低提取特征开销、降噪、提升鲁棒性、增强可解释性、便于可视化。相关特征(correlated feature)是指一个特征对另一个(或一组)特征存在依赖关系。例如:相对湿度与降雨量之间具有相关性,可以说相对湿度和降雨量是相关特征;高血压与体重之间具有相关性,也可以说高血压和体重是相关特征。

② 特征选择:从特征集合中挑选一组最具统计意义的特征子集。

③ 特征提取:将原特征转换为一组具有明显物理意义或统计意义或核的新特征。

对数据进行特征工程操作是为了获得有代表性的特征,进而使用适当的模型得到更好的结果。

2. 特征选择

特征选择(子集筛选)方法主要分为以下3种。

① Filter(过滤式):主要研究特征本身特点、特征与特征及目标值之间的关联,按权重排序,排序规则一般有方差法、相关系数法、互信息法、卡方检验法、缺失值比例法(注意:受范围影响的方法需先进行归一化)。

a. 方差法:计算各个特征的方差,然后根据阈值,选择方差大于阈值的特征。可使用 sklearn. feature_selection 库的 VarianceThreshold 函数来实现。

b. 缺失值比例法:计算各个特征的缺失值比例,将缺失值比例较大的特征过滤掉。

c. 相关系数法:皮尔逊相关系数(API 函数导入:from scipy. stats import pearsonr。pearsonr 函数返回值越接近 $|1|$,相关性越强;越接近 0,相关性越弱)、斯皮尔曼相关系数(通过等级差进行计算,API 函数导入:from scipy. stats import spearmanr。spearmanr 函

数的返回值越接近|1|,相关性越强;越接近 0,相关性越弱)。

d. 互信息法:在概率论和信息论中,两个随机变量的互信息是变量间相互依赖性的量度。不同于相关系数,互信息并不局限于实值随机变量,它依赖于联合分布 $p(X,Y)$ 和分解的边缘分布的乘积 $p(X)p(Y)$ 的相似程度。互信息用于度量两个事件集合之间的相关性。离散随机变量 X,Y 的互信息如式 6.12 所示。

$$I(X;Y) = E[I(x_i;y_j)] = \sum_{x_i \in X} \sum_{y_j \in Y} p(x_i,y_j) \log \frac{p(x_i,y_j)}{p(x_i)p(y_j)} \tag{6.12}$$

e. 卡方检验法:对于每个特征与输出值,先假设其相互独立,再观察实际值与理论值的偏差来确定假设的正确性,即是否相关。

② Embedded(嵌入式):在确定模型的过程中自动完成重要特征挑选,如基于惩罚项的岭回归(使用 L2 正则)、LASSO(使用 L1 正则),决策树(使用信息熵和信息增益)等。

③ Wrapper(封装式):用学习器的性能评判不同特征子集的效果,特征子集生成方式包括完全搜索(前向和后向)、启发式搜索、随机搜索。

3. 特征提取

特征提取是指将任意数据格式(如文本、图像、音频等)转换为人工智能可以使用的数字特征。很多特征是非连续值,如文字、图像等,为了对非连续变量做特征表述,需要对这些特征做数字化处理。sklearn. feature_extraction 提供了特征提取的很多方法,提取后的数字化特征可以作为训练集和测试集来使用。

特征提取(投影或转换)主要有线性方法和非线性方法。

① 线性方法如下。

a. PCA(主成分分析):通过正交变换将原始的 n 维数据集变换到一个新的被称作主成分的数据集中,变换后的结果中第一个主成分具有最大的方差值。特点:属于无监督学习的降维方法,使用尽量少的维度保留尽量多的原始信息(均方误差最小),期望投影维度上的方差最大,不考虑类别,去相关性特征,零均值化,丧失可解释性。API 函数为 sklearn. decomposition. PCA(n_components=None),其中,n_components 为整数时表示降至几维,为小数时表示保留百分之几的信息。

b. ICA(独立成分分析):在信号处理中,ICA 是一种用于将多元信号分离为加性子分量的计算方法,通过假设子分量是非高斯信号,并且在统计上彼此独立来完成。ICA 是盲源分离的特例,一个常见的示例应用程序是在嘈杂的房间中聆听一个人的语音的"鸡尾酒会问题"。

c. LDA(线性判别分析):属于有监督学习,尽可能通过特征降维,使数据更容易被区分(高内聚、低耦合)。

② 非线性方法如下。

a. LLE(局部线性嵌入):关注于降维时保持样本局部的线性特征。由于 LLE 在降维时保持了样本的局部特征,因此它广泛地用于图像识别、高维数据可视化等领域。

b. LE(拉普拉斯特征映射):是一种保持数据局部特征的流形降维算法。其主要思想是在低维空间内尽可能保持数据局部样本点之间的结构不变。

c. t-SNE(t 分布随机近邻嵌入):将多维数据非线性地转换为低维数据。形式上和 PCA 很像,根本差异在于 PCA 主要用于数据处理,即 PCA 在实现数据降维的同时,也实现了噪声去除;而 t-SNE 主要用于数据展示,即将不能可视化的多维数据降维到低维(如二维),进行数据可视化展示。

d. AE(自动编码器)。

e. 聚类。

(1)字典特征提取

对字典数据进行特征值化。特征中存在类别信息时会做 One-Hot 编码处理(独热编码即 One-Hot 编码,又称一位有效编码,其方法是使用 N 位状态寄存器来对 N 个状态进行编码,每个状态都有独立的寄存器位,并且在任意时候,其中只有一位有效)。字典特征提取是对类别型数据进行转换。下面是一些与字典特征提取相关的主要 API 函数。

① sklearn. feature_extraction. DictVectorizer():字典向量化。

② DictVectorizer. fit_transform(X):根据实例化设置返回 sparse 矩阵或者 ndarray 类型,其中 X 为字典或者包含字典的迭代器。

③ DictVectorizer. inverse_transform(X):返回转换前的数据格式,其中 X 为数组或者 sparse 矩阵。

④ DictVectorizer. get_feature_names():返回类别名称。

【例 6.4】 字典特征提取(对于稀疏矩阵,采用 sparse 矩阵方式效率更高)。

```
from sklearn.feature_extraction import DictVectorizer
def dic_demo():
    """字典特征提取"""
    instances = [{'city':'北京','temperature':100}, {'city':'上海','temperature':60},
                 {'city':'深圳','temperature':30}]
    # 创建一个字典向量化的实例,默认 sparse = True,当 sparse = False 时返回
ndarray 类型
    onehot1 = DictVectorizer(sparse = False)
    X = onehot1.fit_transform(instances)
    print("onehot1 特征名字是:\n",onehot1.get_feature_names_out ())
    print("X :\n",X)
    onehot2 = DictVectorizer(sparse = True)
    Y = onehot2.fit_transform(instances)
    print("onehot2 特征名字是:\n", onehot2.get_feature_names_out ())
    print("Y :\n", Y)
if __name__ == '__main__':
    dic_demo()
```

运行结果如图 6.2 所示。

(2)英文文本特征提取

对文本进行特征值化的相关 API 函数主要如下。

① sklearn. feature_extraction. text. CountVectorizer():文本特征提取(单词计数)。

② CountVectorizer. fit_transform(X):返回 sparse 矩阵,其中 X 为文本或者包含文本字符串的可迭代对象。

③ CountVectorizer. inverse_transform(X):返回转换前的数据格式,其中 X 为数组或者 sparse 矩阵。

```
onehot1特征名字是：/n ['city=上海', 'city=北京', 'city=深圳', 'temperature']
X :
 [[  0.   1.   0. 100.]
  [  1.   0.   0.  60.]
  [  0.   0.   1.  30.]]
onehot2特征名字是：/n ['city=上海', 'city=北京', 'city=深圳', 'temperature']
Y :
   (0, 1)    1.0
   (0, 3)    100.0
   (1, 0)    1.0
   (1, 3)    60.0
   (2, 2)    1.0
   (2, 3)    30.0
```

图 6.2　例 6.4 的运行结果

④ CountVectorizer. get_feature_names_out()：返回单词列表名。

【例 6.5】　统计两个字符串的单词个数。

```
from sklearn.feature_extraction.text import CountVectorizer
def englishcount_text():
    content = ["Stray birds of summer come to my window to sing and flyaway.",
"There is no rehearsal in the life , once missing , it will be lost forever."]
    cv = CountVectorizer()            # 实例化
    data = cv.fit_transform(content)
    print(cv.get_feature_names_out())
    print(data)                       # sparse 矩阵
    print(data.toarray())             # 两个字符串,因此为两行
    cv.inverse_transform(data)


if __name__ == '__main__':
    englishcount_text()
```

运行结果如下：

```
['and', 'away', 'be', 'birds', 'come', 'fly', 'forever', 'in', 'is', 'it', 'life', 'lost', '
missing', 'my', 'no', 'of', 'once', 'rehearsal', 'sing', 'stray', 'summer', 'the', 'there',
'to', 'will', 'window']
    (0, 1)1
    (0, 5)1
    (0, 0)1
    (0, 18)1
    (0, 25)1
    (0, 13)1
    (0, 23)2
```

......
(1，21)1
(1，7)1
(1，17)1
(1，14)1
(1，8)1
(1，22)1
$$[[1\ 1\ 0\ 1\ 1\ 1\ 0\ 0\ 0\ 0\ 0\ 0\ 0\ 1\ 0\ 1\ 0\ 0\ 1\ 1\ 1\ 0\ 0\ 2\ 0\ 1]$$
$$[0\ 0\ 1\ 0\ 0\ 0\ 1\ 1\ 1\ 1\ 1\ 1\ 0\ 1\ 0\ 1\ 1\ 0\ 0\ 0\ 1\ 1\ 0\ 1\ 0]]$$

例 6.5 中使用 sklearn. feature_extraction. text 模块中的 CountVectorizer 函数。
英文文本特征提取中以空格和标点符号等作为分隔，但是不包括长度为 1 的单词。

（3）中文文本特征提取

如果需要对中文文本进行特征提取，可以调用 jieba 模块中的 cut()方法进行分割。

【例 6.6】 调用 jieba 模块，对中文文本进行特征提取。

```
from sklearn.feature_extraction.text import CountVectorizer
import jieba
def cut_word():
    word1 = list(jieba.cut('夏日使她血管里充满光,她温暖的心受午间洗沐。'))
    word2 = list(jieba.cut('离得越近,其实看见的越少。'))
    word3 = list(jieba.cut('柔和的态度对于一颗被轻蔑的心是很大的安慰。'))
    return " ".join(word1)," ".join(word2)," ".join(word3)
def chinese_count_text():
    vectorizer = CountVectorizer()
    X = vectorizer.fit_transform(cut_word()).toarray()
    Y = vectorizer.fit_transform(cut_word())
    Z = vectorizer.get_feature_names_out()
    print("X:",X)
    print("Y:",Y)
    print("Z:",Z)
if __name__ == '__main__':
    chinese_count_text()
```

运行结果如下：
X:[[0 1 0 1 1 0 0 0 1 0 0 1 0 0 1 0 0 0]
 [0 0 1 0 0 0 0 0 0 0 0 0 1 1 0 1 1 0]
 [1 0 0 0 0 1 1 1 0 1 1 0 0 0 0 0 0 1]]
Y: (0，4)   1
 (0，14)   1
 (0，1)   1
 (0，11)   1

```
(0,8)        1
(0,3)        1
(1,13)       1
(1,16)       1
(1,2)        1
(1,12)       1
(1,15)       1
(2,10)       1
(2,9)        1
(2,6)        1
(2,0)        1
(2,17)       1
(2,7)        1
(2,5)        1
```

z：['一颗', '充满', '其实', '午间', '夏日', '安慰', '对于', '很大', '心受', '态度', '柔和', '温暖', '看见', '离得', '血管', '越少', '越近', '轻蔑']

（4）文本分类中的特征提取（TF-IDF 方法）

TF-IDF（term frequency-inverse document frequency）是一种用于信息检索与数据挖掘的常用加权技术。TF 是词频（term frequency），即词或者短语出现的次数。IDF 是逆文本频率指数（inverse document frequency），计算方法：log（总文档数量/该词出现的文档数量）。

TF-IDF 的主要思想是如果某个词或者短语在一篇文章中出现的频率高，而在其他文章中很少出现，则认为此词或者短语具有很好的类别区分能力，适合用来分类。其作用是评估一个词对于一个文件集或者一个语料库中的一份文件的重要程度，在文本特征分析中大多用于文本分类。

在对文本进行分类的过程中，目的是将不同主旨的文章分开，如果单纯使用统计词语出现次数的方法，则"我们""因此"等日常用语的多次出现会影响分类效果，所以需要找到出现频率高且不是在所有文本中都经常出现的词语作为分类标准。常见文本分类的 API 函数如下。

① sklearn. feature_extraction. text. TfidfVectorizer()：TF-IDF，用于文本特征提取的类。

② TfidfVectorizer. fit_transform(X,y)：返回 sparse 矩阵，其中 X 为文本或者包含文本字符串的可迭代对象。

③ TfidfVectorizer. inverse_transform(X)：返回转换之前的数据格式，其中 X 为 array 数组或者 sparse 矩阵。

④ TfidfVectorizer. get_feature_names_out()：返回单词列表。

【例 6.7】 使用 TfidfVectorizer()函数，统计词语在语料库中的重要程度。

```
from sklearn. feature_extraction. text import CountVectorizer,TfidfVectorizer
import jieba
```

```
def tfidfvet():
    word1 = "时间抓起来说是金子,抓不住就是流水。"
    word2 = "志向和热爱是伟大行为的双翼。"
    word3 = "坚志者,功名之主也。不惰者,众善之师也"
    list_1 = list(jieba.cut(word1))
    list_2 = list(jieba.cut(word2))
    list_3 = list(jieba.cut(word3))
    jieba_1 = " ".join(list_1)
    jieba_2 = " ".join(list_2)
    jieba_3 = " ".join(list_3)
    cv = TfidfVectorizer()
    data = cv.fit_transform([jieba_1,jieba_2,jieba_3])
    testdata = cv.inverse_transform(data.toarray())
    print("testdata",testdata)
    print("cv.get_feature_names_out()",cv.get_feature_names_out())
    print("data.toarray()",data.toarray())


if __name__ == '__main__':
    tfidfvet()
```

运行结果如下:

testdata [array(['就是', '抓不住', '抓起', '时间', '来说', '流水', '金子'], dtype = '< U3'),
array(['伟大', '双翼', '志向', '热爱', '行为'], dtype = '< U3'), array(['之主', '之师', '众善', '功名', '坚志者', '惰者'], dtype = '< U3')]

cv.get_feature_names_out() ['之主' '之师' '众善' '伟大' '功名' '双翼' '坚志者' '就是' '志向'
'惰者' '抓不住' '抓起' '时间' '来说'
'流水' '热爱' '行为' '金子']

data.toarray() [[0.   0.   0.   0.   0.   0.
  0.   0.37796447 0.   0.   0.37796447 0.37796447
  0.37796447 0.37796447 0.37796447 0.   0.   0.37796447]
 [0.   0.   0.   0.4472136 0.   0.4472136
  0.   0.   0.4472136 0.   0.   0.
  0.   0.   0.   0.4472136 0.4472136 0.   ]
 [0.40824829 0.40824829 0.40824829 0.   0.40824829 0.
  0.40824829 0.   0.   0.40824829 0.   0.
  0.   0.   0.   0.   0.   0.   ]]

结论:数值越大,表示这个关键词越具有代表性。

6.5 决策树算法 API 的初步使用

sklearn 包内决策树算法的常用 API 函数：

sklearn. tree. DecisionTreeClassifier（criterion ='gini'，max _ depth = None，random_state = None）

参数说明如下。

criterion：特征选择标准，为"gini"或者"entropy"。默认为"gini"，其代表基尼系数（在 CART 算法中使用），"entropy"代表信息增益。

min_samples_split：决策树的中间节点再划分所需最小样本数。这个值限制了子树继续划分的条件，如果某节点的样本数少于 min_samples_split，则不会继续尝试选择最优特征来进行划分。默认值为 2。如果样本量数量级非常大，则推荐增大这个值。

min_samples_leaf：叶子节点最少样本数。这个值限制了叶子节点最少的样本数，如果某叶子节点的样本数小于该值，则会和兄弟节点一起被剪枝。默认值是 1，可以输入最少的叶子节点样本数，或者最少样本数占样本总数的百分比。如果样本量数量级非常大，则可将该参数值调大些。

max_depth：决策树最大深度。默认可以不输入该参数，表示决策树在建立子树的时候不会限制子树的深度。通常，数据较少或特征数较少时不设置该值。如果模型样本量多，特征数也多，建议设置该参数，具体取值取决于数据分布。常见的取值在 10～100 之间。

random_state：随机数种子。

6.6 案　　例

【例 6.8】 给定一个数据集，求叶子节点数、深度，并绘制决策树。

```
import numpy as np
from math import log
import matplotlib.pyplot as plt
from matplotlib.font_manager import FontProperties
import warnings
warnings.filterwarnings('ignore')
def calcShannonEnt(dataSet):
    numEntries = len(dataSet)
    print("样本总数:" + str(numEntries))
    labelCounts = {}   #字典,用于记录每一类标签的数量
    #特征向量 featVec
    for featVec in dataSet:
        currentLabel = featVec[-1]   #最后一列是类别标签
        if currentLabel not in labelCounts.keys():
            labelCounts[currentLabel] = 0;
```

```
            labelCounts[currentLabel] += 1    #标签 currentLabel 出现的次数
            print("当前 labelCounts 状态:" + str(labelCounts))
        shannonEnt = 0.0
        for key in labelCounts:
            prob = float(labelCounts[key]) / numEntries    #每一个类别标签出现的概率
            print(str(key) + "类别的概率:" + str(prob))
            print(prob * log(prob, 2) )
            shannonEnt -= prob * log(prob, 2)
            print("熵值:" + str(shannonEnt))
        return shannonEnt
    def createDataSet():
        dataSet = [[0, 0, 0, 0, 'no'],    #数据集
                   [0, 0, 0, 1, 'no'],
                   [0, 1, 0, 1, 'yes'],
                   [0, 1, 1, 0, 'yes'],
                   [0, 0, 0, 0, 'no'],
                   [1, 0, 0, 0, 'no'],
                   [1, 0, 0, 1, 'no'],
                   [1, 1, 1, 1, 'yes'],
                   [1, 0, 1, 2, 'yes'],
                   [1, 0, 1, 2, 'yes'],
                   [2, 0, 1, 2, 'yes'],
                   [2, 0, 1, 1, 'yes'],
                   [2, 1, 0, 1, 'yes'],
                   [2, 1, 0, 2, 'yes'],
                   [2, 0, 0, 0, 'no']]
        labels = ['年龄', '有工作', '有自己的房子', '信贷情况']    #特征名
        return dataSet, labels    #返回数据集和特征名


    # 去掉已经决策过的特征 axis
    def splitDataSet(dataSet, axis, value):
        retDataSet = []
        for featVec in dataSet:
            if featVec[axis] == value:
                reducedFeatVec = featVec[:axis]  #0~axis-1 列
                reducedFeatVec.extend(featVec[axis + 1:]) #从 axis+1 到最后一列
                retDataSet.append(reducedFeatVec)
        return retDataSet
```

```python
# 根据信息增益算法,选取最优特征
def chooseBestFeatureToSplit(dataSet):
    numFeatures = len(dataSet[0]) - 1   # 因为数据集的最后一项是标签
    baseEntropy = calcShannonEnt(dataSet)   # 计算熵
    bestInfoGain = 0.0
    bestFeature = -1
    for i in range(numFeatures):
        featList = [example[i] for example in dataSet]
        print(featList)
        uniqueVals = set(featList)
        newEntropy = 0.0
        for value in uniqueVals:
            subDataSet = splitDataSet(dataSet, i, value)
            prob = len(subDataSet) / float(len(dataSet))
            newEntropy += prob * calcShannonEnt(subDataSet)
        infoGain = baseEntropy - newEntropy
        if infoGain > bestInfoGain:
            bestInfoGain = infoGain
            bestFeature = i
    return bestFeature
# 因为递归构建决策树是根据特征的消耗进行计算的,可能会存在每个特征都处理完
成后,但是分类还没结束的情况
# 此时需采用多数表决的方式计算节点分类
def majorityCnt(classList):
    classCount = {}
    for vote in classList:
        if vote not in classCount.keys():
            classCount[vote] = 0
        classCount[vote] += 1
    return max(classCount)
def createTree(dataSet, labels):
    classList = [example[-1] for example in dataSet]
    if classList.count(classList[0]) == len(classList):   # 类别相同则停止划分
        return classList[0]
    if len(dataSet[0]) == 1:   # 所有特征已经用完
        return majorityCnt(classList)
    bestFeat = chooseBestFeatureToSplit(dataSet)
    bestFeatLabel = labels[bestFeat]
    myTree = {bestFeatLabel: {}}
```

```
        del (labels[bestFeat])
        featValues = [example[bestFeat] for example in dataSet]
        uniqueVals = set(featValues)
        for value in uniqueVals:
            subLabels = labels[:]    #为了不改变原始列表的内容复制了一下
            myTree[bestFeatLabel][value] = createTree(splitDataSet(dataSet,
bestFeat, value), subLabels)
        return myTree
    """
    函数说明:获取决策树叶子节点的数目
    Parameters:myTree - 决策树
    Returns:numLeafs - 决策树叶子节点的数目
    """

    def getNumLeafs(myTree):
        numLeafs = 0
        firstStr = next(iter(myTree))    #返回字典的键,而非字典的值
        secondDict = myTree[firstStr]    #获取下一组字典
        for key in secondDict.keys():
            if type(secondDict[key]).__name__ == 'dict':    #测试该节点是否为字
典,若非字典,则此节点为叶子节点
                numLeafs += getNumLeafs(secondDict[key])
            else:numLeafs += 1
        return numLeafs
    """
    函数说明:获取决策树的层数
    Returns:maxDepth - 决策树的层数
    """

    def getTreeDepth(myTree):
        maxDepth = 0    #初始化决策树层数
        firstStr = next(iter(myTree))    #myTree.keys()返回 dict_keys,非 list,用
list(myTree.keys())[0]
        secondDict = myTree[firstStr]    #获取下一组字典
        for key in secondDict.keys():
            if type(secondDict[key]).__name__ == 'dict':    #测试该节点是否为字
典,若非字典,则此节点为叶子节点
                thisDepth = 1 + getTreeDepth(secondDict[key])
            else:thisDepth = 1
            if thisDepth > maxDepth: maxDepth = thisDepth    #更新层数
        return maxDepth
```

```
    """
    函数说明:绘制节点
    Parameters:nodeTxt - 节点名;  centerPt - 文本位置;  parentPt - 标注的箭头
位置;  nodeType - 节结点格式
    """
    def plotNode(nodeTxt, centerPt, parentPt, nodeType):
        arrow_args = dict(arrowstyle = "<-")    #定义箭头格式
        font = FontProperties(fname = r"c:\windows\fonts\simsun.ttc", size = 14)
        #设置中文字体
        createPlot.ax1.annotate(nodeTxt, xy = parentPt, xycoords ='axes fraction',
xytext = centerPt, textcoords ='axes fraction', va = "center", ha = "center", bbox =
nodeType, arrowprops = arrow_args, FontProperties = font)
    """
    函数说明:标注有向边属性值
    Parameters:cntrPt,parentPt - 用于计算标注位置;  txtString - 标注的内容
    """
    def plotMidText(cntrPt, parentPt, txtString):
        xMid = (parentPt[0] - cntrPt[0])/2.0 + cntrPt[0]    #计算标注位置
        yMid = (parentPt[1] - cntrPt[1])/2.0 + cntrPt[1]
        createPlot.ax1.text(xMid, yMid, txtString, va = "center", ha = "center",
rotation = 30)
    """
    函数说明:绘制决策树
    Parameters:myTree - 决策树(字典);  parentPt - 标注的内容;  nodeTxt - 节点名
    """
    def plotTree(myTree, parentPt, nodeTxt):
        decisionNode = dict(boxstyle = "sawtooth", fc = "0.8")    #设置节点格式
        leafNode = dict(boxstyle = "round4", fc = "0.8")    #设置叶子节点格式
        numLeafs = getNumLeafs(myTree)    #获取决策树叶子节点数目,决定了树的宽度
        depth = getTreeDepth(myTree)    #获取决策树层数
        firstStr = next(iter(myTree))    #下一个字典
        cntrPt = (plotTree.xOff + (1.0 + float(numLeafs))/2.0/plotTree.totalW,
plotTree.yOff)    #中心位置
        plotMidText(cntrPt, parentPt, nodeTxt)    #标注有向边属性值
        plotNode(firstStr, cntrPt, parentPt, decisionNode)    #绘制节点
        secondDict = myTree[firstStr]    #下一个字典,也就是继续绘制子节点
        plotTree.yOff = plotTree.yOff - 1.0/plotTree.totalD    #y偏移
        for key in secondDict.keys():
            if type(secondDict[key]).__name__ =='dict':
```

```
            plotTree(secondDict[key],cntrPt,str(key))    # 如果不是叶子节点,
递归调用继续绘制
            else：  # 如果是叶子节点,绘制叶子节点,并标注有向边属性值
                plotTree.xOff = plotTree.xOff + 1.0/plotTree.totalW
                plotNode(secondDict[key], (plotTree.xOff, plotTree.yOff),
cntrPt, leafNode)
                plotMidText((plotTree.xOff, plotTree.yOff), cntrPt, str(key))
        plotTree.yOff = plotTree.yOff + 1.0/plotTree.totalD


    """
    函数说明:创建绘制面板
    Parameters:inTree - 决策树(字典)
    """
    def createPlot(inTree):
        fig = plt.figure(1, facecolor='white')   # 创建 fig
        fig.clf()   # 清空 fig
        axprops = dict(xticks=[], yticks=[])
        createPlot.ax1 = plt.subplot(111, frameon=False, ** axprops)   # 去掉 x,
y 轴

        plotTree.totalW = float(getNumLeafs(inTree))   # 获取决策树叶子节点数目
        plotTree.totalD = float(getTreeDepth(inTree))   # 获取决策树层数
        plotTree.xOff = - 0.5/plotTree.totalW; plotTree.yOff = 1.0;   # x 偏移
        plotTree(inTree, (0.5,1.0),")   # 绘制决策树
        plt.show()   # 显示绘制结果
    """
    函数说明:使用决策树分类
    Parameters:inputTree - 已经生成的决策树;   featLabels - 存储选择的最优特
征标签;
    testVec - 测试数据列表,顺序对应最优特征标签
    Returns:classLabel - 分类结果
    """
    def classify(inputTree, featLabels, testVec):
        firstStr = next(iter(inputTree))   # 获取决策树节点
        secondDict = inputTree[firstStr]   # 下一个字典
        featIndex = featLabels.index(firstStr)
        for key in secondDict.keys():
            if testVec[featIndex] == key:
                if type(secondDict[key]).__name__ == 'dict':
                    classLabel = classify(secondDict[key], featLabels, testVec)
```

```
            else:classLabel = secondDict[key]
    return classLabel


def main():
    data, label = createDataSet()
    #t1 = time.clock()
    myTree = createTree(data, label)
    #t2 = time.clock()
    print("getNumLeafs(myTree)",getNumLeafs(myTree))
    print("getTreeDepth(myTree)",getTreeDepth(myTree) + 1)
    print(myTree)
    createPlot(myTree)
if __name__ == '__main__':
    main()
```

运行结果如下：

[0, 0, 0, 0, 0, 1, 1, 1, 1, 1, 2, 2, 2, 2, 2]

[0, 0, 1, 1, 0, 0, 0, 1, 0, 0, 0, 0, 1, 1, 0]

[0, 0, 0, 1, 0, 0, 0, 1, 1, 1, 1, 1, 0, 0, 0]

[0, 1, 1, 0, 0, 0, 1, 1, 2, 2, 2, 1, 1, 2, 0]

[0, 0, 0, 0, 1, 1, 2, 2, 2]

[0, 0, 1, 0, 0, 0, 1, 1, 0]

[0, 1, 1, 0, 0, 1, 1, 2, 0]

getNumLeafs(myTree) 3

getTreeDepth(myTree) 3

{'有自己的房子':{0:{'有工作':{0:'no', 1:'yes'}}, 1:'yes'}}

绘制的决策树如图 6.3 所示。

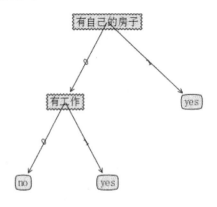

图 6.3　例 6.8 绘制出的决策树

【例 6.9】 使用库函数对鸢尾花数据集创建决策树,并绘制出创建好的决策树。

```python
# 先导入必要的 Python 库
import matplotlib.pyplot as plt
from sklearn.datasets import load_iris
from sklearn.tree import DecisionTreeClassifier
from sklearn.model_selection import train_test_split
import pandas as pd
import numpy as np
from sklearn import tree
# 载入 iris 数据集。sklearn 内置了 iris 数据集
import pandas as pd
from sklearn.datasets import load_iris
data = load_iris()
df = pd.DataFrame(data.data, columns = data.feature_names)
df['target'] = data.target
# 将 iris 数据集拆分为训练集和测试集
X_train, X_test, Y_train, Y_test = train_test_split(df[data.feature_names],
df['target'], random_state = 0)
# 采用 sklearn 经典的 4 步模式训练决策树模型
# 1:首先导入模型
# 2:创建模型的实例
clf = DecisionTreeClassifier(max_depth = 2, random_state = 0)
# 3:用训练集在模型上训练
clf.fit(X_train, Y_train)
# 4:预测测试集的标签
print(clf.predict(X_test))
# 可以使用 sklearn 的 tree.plot_tree 方法将决策树可视化
tree.plot_tree(clf);
# 使绘制出的决策树具有更好的可解读性,添加特征名和分类名称
fn = ['sepal length (cm)', 'sepal width (cm)', 'petal length (cm)', 'petal width (cm)']
cn = ['setosa', 'versicolor', 'virginica']
fig, axes = plt.subplots(nrows = 1, ncols = 1, figsize = (4,4), dpi = 300)
tree.plot_tree(clf,
                feature_names = fn,
                class_names = cn,
                filled = True);
fig.savefig('imagename.png') # 保存所绘图片
```

运行结果如以下代码和图 6.4 所示。

[2 1 0 2 0 2 0 1 1 1 2 1 1 1 1 0 1 1 0 0 1 1 0 0 1 0 0 1 1 0 2 1 0 1 2 1 0 2]

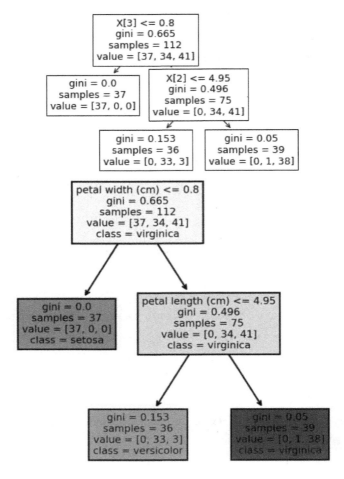

图 6.4　例 6.9 的运行结果

感兴趣的同学可以对乳腺癌数据进行训练,只需导入 from sklearn. datasets import load_breast_cancer 即可得到数据集。

实际上 DecisionTreeRegressor(决策树回归器)和 DecisionTreeClassifier(决策树分类器)的构造参数差别不大。DecisionTreeRegressor 使用决策树解决回归问题,而 DecisionTreeClassifier 使用决策树解决分类问题。对于决策树来说,回归和分类唯一的区别在于回归问题最终通过叶子节点(预测阶段,测试样本点所到达的决策树的叶子节点)得到的是一个有具体数值的回归结果(叶子节点上所有样本点输出值的平均值),而分类问题得到的是一个分类结果(叶子节点上所有类别中样本点最多的类别)。

第7章 支持向量机

7.1 SVM 算法简介及 SVM 算法 API 的初步使用

支持向量机（Support Vector Machine，SVM）是一类有监督学习（supervised learning）方式，是对数据进行二元分类的广义线性分类器（generalized linear classifier），其决策边界是对学习样本求解的最大边距超平面（maximum-margin hyperplane）。SVM 也可以应用于多元分类问题和回归问题。

支持向量简单来说是支持或者支撑平面上把两种类别划分开来的超平面的向量点。

7.1.1 基本概念

在分类问题中给定输入数据和学习目标：$X=\{X_1,\cdots,X_M\}$，$y=\{y_1,\cdots,y_M\}$，其中 M 表示样本数。输入数据的每个样本都包含多个特征，并由此构成特征空间（feature space），$X_i=[x_1,\cdots,x_N\in\chi]$，而学习目标为二元变量 $y\in\{-1,1\}$，当 $y=-1$ 时表示负类（negative class），$y=1$ 时表示正类（positive class）。线性可分意味着存在超平面，使训练集中数据点的正类和负类样本分别分布在超平面 $W^TX_i+b=0$ 的两侧。在二维空间中，如图 7.1 所示，两类数据点被一条直线完全分开，该直线为超平面，这种情况为线性可分。

如果能确定这样的参数对 (W,b)，就可以构造目标函数 $f(X)=\mathrm{sgn}(W^TX+b)$ 来识别新样本。

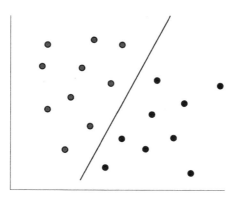

图 7.1 二维线性可分

怎样从训练样本中找到支持向量，构建出最好的分类超平面，所构建的超平面可以很好地将训练样本数据分成不同的类，是支持向量机的核心内容。如图 7.1 所示，从线性可分的样本数据中寻求最优分类超平面。支持向量机的研究内容是如何求解超平面问题。对于在二维空间中求坐标系中任意点 (x_i, y_i) 到直线 $Ax+By+C=0$ 的距离,可以由式 7.1 得出。

$$d = \frac{|Ax_i+By_i+C|}{\sqrt{A^2+B^2}} \tag{7.1}$$

应用在 N 维的空间,N 维空间中的超平面由方程 $\boldsymbol{W}^T\boldsymbol{X}_i+b=0$ 确定,其中,$\boldsymbol{W}$ 和 $\boldsymbol{X}_i$ 都是 N 维列向量,$\boldsymbol{X}_i$ 为超平面上的任意一点,表示为 $\boldsymbol{X}_i=[x_1,\cdots,x_N]^T$,$\boldsymbol{W}$ 为平面上的法向量,$\boldsymbol{W}=[w_1,\cdots,w_N]^T$,决定了超平面的方向,$b$ 是一个实数,代表超平面到原点的距离。设 N 维空间中的任意一点 $\boldsymbol{X}_i$ 到超平面的距离表示如式 7.2 所示。

$$d = \frac{|\boldsymbol{W}^T\boldsymbol{X}_i+b|}{\|\boldsymbol{W}\|} \tag{7.2}$$

其中:

$$\|\boldsymbol{W}\| = \sqrt{w_1^2+w_2^2+w_3^2+\cdots+w_N^2} \tag{7.3}$$

假设给定一个特征空间上的训练数据集 $T=\{(\boldsymbol{X}_1,y_1),(\boldsymbol{X}_2,y_2),\cdots,(\boldsymbol{X}_M,y_M)\}$,其中,$\boldsymbol{X}_i \in \mathbb{R}^n, y_i \in \{+1,-1\}, i=1,2,\cdots,M$。$\boldsymbol{X}_i$ 为第 i 个样本,y_i 为第 i 个样本的标签,当 y_i 为 $+1$ 时为正例,为 -1 时为负例,再假设训练数据集是线性可分的。SVM 学习的目标是寻求能够正确划分训练数据集的合适的超平面,对于线性可分的数据集,可以正确划分训练数据集的超平面有无穷多个(即感知机),但是离超平面最近的样本与哪个超平面距离最远,那么那个超平面就是 SVM 算法所要求解的超平面,即几何间隔最大的分离超平面是唯一的。

7.1.2 SVM 算法 API 的初步使用

SVM 算法中经常使用 sklearn 封装 SVM 模块,具体用法将会详细介绍。下面通过一个例子简单了解 SVM 模块中的相关函数。

【例 7.1】 使用 sklearn 封装的 SVM 模块中的 API 函数进行编程。

```
import numpy as np
import matplotlib.pyplot as plt
from sklearn import svm, datasets
iris = datasets.load_iris() # 鸢尾花数据
X = iris.data[:, :2] # 为便于绘图仅选择 0,1 特征
y = iris.target # 标签
# 测试样本 xlist1 是从第一个特征中在最小值和最大值之间均匀取 200 个点
xlist1 = np.linspace(X[:, 0].min(), X[:, 0].max(), 200)
xlist2 = np.linspace(X[:, 1].min(), X[:, 1].max(), 200) # 从第二个特征中构造
200 个点
# np.meshgrid 从坐标向量中返回坐标矩阵,生成网格点坐标矩阵
XGrid1, XGrid2 = np.meshgrid(xlist1, xlist2)
# 非线性 SVM:rbf 核,超参数为 0.5,正则化系数为 1
svc = svm.SVC(kernel = 'rbf', C = 1, gamma = 0.5, tol = 1e - 5, cache_size = 1000).
fit(X, y)
# 预测并绘制结果
Z = svc.predict(np.vstack([XGrid1.ravel(), XGrid2.ravel()]).T)
```

```
Z = Z.reshape(XGrid1.shape)
plt.contourf(XGrid1, XGrid2, Z, cmap = plt.cm.hsv)
plt.contour(XGrid1, XGrid2, Z, colors = ('k',))
plt.scatter(X[:, 0], X[:, 1], c = y, edgecolors = 'k', linewidth = 1.5, cmap =
plt.cm.hsv)
plt.show()
```

运行结果如图 7.2 所示。

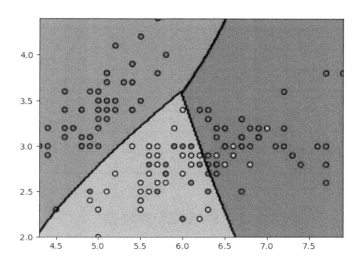

图 7.2 例 7.1 的运行结果

① np.vstack():按垂直方向(行顺序)堆叠数组,构成一个新的数组。堆叠的数组需要具有相同的维度。

② np.hstack():按水平方向(列顺序)堆叠数组,构成一个新的数组。

③ contour()和 contourf()都用于画三维等高线图,不同点在于 contour()是绘制轮廓线,contourf()会填充轮廓。

④ svm.SVC()的详细参数如下。

sklearn.svm.SVC(C = 1.0, kernel = 'rbf', degree = 3, gamma = 'auto', coef0 = 0.0, shrinking = True, probability = False, tol = 0.001, cache_size = 200, class_weight = None, verbose = False, max_iter = − 1, decision_function_shape = None, random_state = None)

• C:默认值是 1.0。C 值大,对误分类的惩罚增大,趋向于对训练集全分对的情况,这样对训练集进行测试时准确率很高,但泛化能力较弱。C 值小,即对误分类的惩罚减小,允许容错,将它们当成噪声点,泛化能力较强。

• kernel:核函数。默认为 rbf,可以是 linear、poly、rbf、sigmoid、precomputed。

• degree:多项式 poly 函数的维度。默认为 3,选择其他核函数时会被忽略。

• gamma:rbf、poly 和 sigmoid 的核函数参数。默认为 auto,则会选择 1/n_features。

• coef0:核函数的常数项。对于 poly 和 sigmoid 有用。

• probability:是否采用概率估计。默认为 False。

- tol：停止训练的误差值大小。默认为 0.001。
- cache_size：核函数 cache 缓存大小。默认为 200。
- class_weight：类别的权重。以字典形式传递。
- max_iter：最大迭代次数。−1 为无限制。
- decision_function_shape：ovo、ovr 或 None，默认为 None。
- random_state：数据洗牌时的种子值，int 值。

SVM 模块的常见函数如表 7.1 所示。

表 7.1　SVM 模块的常见函数

类	用途	关键参数
sklearn. svm. SVC	样例少时的二元或多元分类	C，kernel，degree，gamma
sklearn. svm. NuSVC	与 SVC 类似	nu，kernel，degree，gamma
sklearn. svm. LinearSVC	样例多时的二元或多元分类	penalty，loss，C
sklearn. svm. SVR	回归问题	C，kernel，degree，gamma，epsilon
sklearn. svm. NuSVR	与 SVR 类似	nu，C，kernel，degree，gamma
sklearn. svm. OneClassSVM	异常检测	nu，kernel，degree，gamma

7.2　SVM 算法原理

1. 最大间隔超平面

如果一个分类面能将训练样本没有错误地分开，并且两类训练样本中离分类面最近的样本（支持向量）与分类面的距离最大，则把这个分类面称作最优分类超平面（optimal separating hyperplane）。两类样本中离分类面最近的样本到分类面的距离称为分类间隔，最优分类超平面也可以称作最大间隔超平面。

根据支持向量的定义，在正确分类的情况下，$d_{\min} = \dfrac{y_{\min}(\boldsymbol{W}^{\mathrm{T}}\boldsymbol{X}_{\min}+b)}{\|\boldsymbol{W}\|}$ 表示支持向量到超平面的距离（或者用 d 表示），其他点到超平面的距离都大于或等于 d，如式 7.4 所示。

$$\begin{cases} \dfrac{\boldsymbol{W}^{\mathrm{T}}\boldsymbol{X}+b}{\|\boldsymbol{W}\|} \geqslant d, & y=1 \\[3mm] \dfrac{\boldsymbol{W}^{\mathrm{T}}\boldsymbol{X}+b}{\|\boldsymbol{W}\|} \leqslant -d, & y=-1 \end{cases} \tag{7.4}$$

可以转换为式 7.5 所示不等式。

$$\begin{cases} \dfrac{\boldsymbol{W}^{\mathrm{T}}\boldsymbol{X}+b}{\|\boldsymbol{W}\| d} \geqslant 1, & y=1 \\[3mm] \dfrac{\boldsymbol{W}^{\mathrm{T}}\boldsymbol{X}+b}{\|\boldsymbol{W}\| d} \leqslant -1, & y=-1 \end{cases} \tag{7.5}$$

又因为 $\|\boldsymbol{W}\| d$ 是正数，暂且令其为 1（为了方便推导和优化，对目标函数无影响），可得式 7.6 所示不等式。

$$\begin{cases} \boldsymbol{W}^{\mathrm{T}}\boldsymbol{X}+b \geqslant 1, & y=1 \\ \boldsymbol{W}^{\mathrm{T}}\boldsymbol{X}+b \leqslant -1, & y=-1 \end{cases} \tag{7.6}$$

对于那些正确分类的点,可以得到式 7.7。

$$y(\boldsymbol{W}^{\mathrm{T}}\boldsymbol{X}+b)\geqslant 1 \qquad (7.7)$$

N 维空间中的任意点到超平面的距离也可以写成式 7.8 所示形式。

$$d_i=\frac{y_i(\boldsymbol{W}^{\mathrm{T}}\boldsymbol{X}_i+b)}{\|\boldsymbol{W}\|}=\frac{\gamma_i}{\|\boldsymbol{W}\|} \qquad (7.8)$$

求训练集数据样本点中距离超平面最近的点,如式 7.9 所示。

$$\frac{\hat{\gamma}}{\|\boldsymbol{W}\|}=\min_i d_i \qquad (7.9)$$

使得距超平面最近的点离超平面最远,也就是最大化这个最小距离。即找到一个 $\boldsymbol{W}$,同时

找到一个 b,使得 $\dfrac{\hat{\gamma}}{\|\boldsymbol{W}\|}$ 取得最大值,表示为式 7.10(s. t. 代表约束条件)。

$$\max_{\boldsymbol{W},b}\frac{\hat{\gamma}}{\|\boldsymbol{W}\|} \qquad (7.10)$$

$$\text{s. t.} \quad y_i(\boldsymbol{W}^{\mathrm{T}}\boldsymbol{X}_i+b)\geqslant \hat{\gamma}$$

训练集数据样本点到超平面的距离都大于等于 d,则有式 7.11 所示公式。

$$\frac{y_i(\boldsymbol{W}^{\mathrm{T}}\boldsymbol{X}_i+b)}{\|\boldsymbol{W}\|}\geqslant d \qquad (7.11)$$

参数 $\boldsymbol{W},b$ 可以等比例地变化,而不会影响模型自身,因此可以通过缩放使 $\hat{\gamma}=1$,则有式 7.12。

$$y_i(\boldsymbol{W}^{\mathrm{T}}\boldsymbol{X}_i+b)\geqslant 1 \qquad (7.12)$$

因此求解 $\max\limits_{\boldsymbol{W},b}\dfrac{\hat{\gamma}}{\|\boldsymbol{W}\|}$ 的问题变成求解 $\max\limits_{\boldsymbol{W},b}\dfrac{1}{\|\boldsymbol{W}\|}$ 的问题,也就是求解式 7.13 的问题。

$$\min_{\boldsymbol{W},b}\frac{1}{2}\|\boldsymbol{W}\|^2 \qquad (7.13)$$

$$\text{s. t.} \quad y_i(\boldsymbol{W}^{\mathrm{T}}\boldsymbol{X}_i+b)\geqslant 1$$

2. 拉格朗日乘子法

因为目标函数带有一个约束条件,所以可以用拉格朗日乘子法求解。一般优化问题的拉格朗日乘子法为求函数的最小值:$f(\boldsymbol{x}),\boldsymbol{x}\in\mathbb{R}^n$,即原优化问题为 $\min\limits_{\boldsymbol{x}} f(\boldsymbol{x})$。

约束条件如式 7.14 所示。

$$\begin{cases} h_k(\boldsymbol{x})=0, & k=1,2,\cdots,p \\ g_j(\boldsymbol{x})\leqslant 0, & j=1,2,\cdots,m \end{cases} \qquad (7.14)$$

构造拉格朗日函数,如式 7.15 所示,其主要思想是将不等式约束条件转变为等式约束条件。

$$L(\boldsymbol{x},\lambda,\mu)=f(\boldsymbol{x})+\sum_{k=1}^{p}\lambda_k h_k(\boldsymbol{x})+\sum_{j=1}^{m}\mu_j g_j(\boldsymbol{x}) \qquad (7.15)$$

由此 SVM 的优化问题为:

$$\min_{\boldsymbol{W},b}\frac{1}{2}\|\boldsymbol{W}\|^2$$

$$\text{s. t.} \quad y_i(\boldsymbol{W}^{\mathrm{T}}\boldsymbol{X}_i+b)\geqslant 1, \quad i=1,2,\cdots,M$$

可将约束条件写为式 7.16 所示。

$$-y_i(\boldsymbol{W}^{\mathrm{T}}\boldsymbol{X}_i+b) \leqslant -1, \quad i=1,2,\cdots,M \Rightarrow g_i(\boldsymbol{W})=-y_i(\boldsymbol{W}^{\mathrm{T}}\boldsymbol{X}_i+b)+1 \leqslant 0, \quad i=1,2,\cdots,M \tag{7.16}$$

对于含有不等式约束的优化问题,需要满足 KKT(Karush-Kuhn-Tucker)条件(详细内容略)。将原优化问题及约束条件转换为无约束的拉格朗日表达式,如式 7.17 所示。

$$L(\boldsymbol{W},b,\boldsymbol{\alpha}) = \frac{1}{2}\|\boldsymbol{W}\|^2 - \sum_{i=1}^{M}\alpha_i[y_i(\boldsymbol{W}^{\mathrm{T}}\boldsymbol{X}_i+b)-1] \tag{7.17}$$

想构造对偶问题,先对 $\boldsymbol{W}$ 求偏导,使导数为 0,如式 7.18 所示。

$$\nabla_w L(\boldsymbol{W},b,\boldsymbol{\alpha}) = \boldsymbol{W} - \sum_{i=1}^{M}\alpha_i y_i \boldsymbol{X}_i = 0 \tag{7.18}$$

可得式 7.19。

$$\boldsymbol{W} = \sum_{i=1}^{M}\alpha_i y_i \boldsymbol{X}_i \tag{7.19}$$

对 b 求偏导,令其为 0,可得式 7.20。

$$\frac{\partial}{\partial b}L(\boldsymbol{W},b,\boldsymbol{\alpha}) = \sum_{i=1}^{M}\alpha_i y_i = 0 \tag{7.20}$$

将式 7.19 及式 7.20 代入拉格朗日化的原式(式 7.17)可得式 7.21。

$$\begin{aligned}
L(\boldsymbol{W},b,\boldsymbol{\alpha}) &= \frac{1}{2}\|\boldsymbol{W}\|^2 - \sum_{i=1}^{M}\alpha_i[y_i(\boldsymbol{W}^{\mathrm{T}}\boldsymbol{X}_i+b)-1] \\
&= \frac{1}{2}\boldsymbol{W}^{\mathrm{T}}\boldsymbol{W} - \boldsymbol{W}^{\mathrm{T}}\sum_{i=1}^{M}\alpha_i y_i \boldsymbol{X}_i - b\sum_{i=1}^{M}\alpha_i y_i + \sum_{i=1}^{M}\alpha_i \\
&= \frac{1}{2}\boldsymbol{W}^{\mathrm{T}}\sum_{i=1}^{M}\alpha_i y_i \boldsymbol{X}_i - \boldsymbol{W}^{\mathrm{T}}\sum_{i=1}^{M}\alpha_i y_i \boldsymbol{X}_i - b\cdot 0 + \sum_{i=1}^{M}\alpha_i \\
&= \sum_{i=1}^{M}\alpha_i - \frac{1}{2}\boldsymbol{W}^{\mathrm{T}}\sum_{i=1}^{M}\alpha_i y_i \boldsymbol{X}_i \\
&= \sum_{i=1}^{M}\alpha_i - \frac{1}{2}\sum_{i=1}^{M}\alpha_i y_i \boldsymbol{X}_i^{\mathrm{T}}\sum_{j=1}^{M}\alpha_j y_j \boldsymbol{X}_j
\end{aligned}$$

$$L(\boldsymbol{W},b,\boldsymbol{\alpha}) = \sum_{i=1}^{M}\alpha_i - \frac{1}{2}\sum_{i=1}^{M}\sum_{j=1}^{M}y_i y_j \alpha_i \alpha_j (\boldsymbol{X}_i)^{\mathrm{T}}\boldsymbol{X}_j \tag{7.21}$$

对目标函数求 $\max\limits_{\alpha}\min\limits_{\boldsymbol{W},b} L(\boldsymbol{W},b,\boldsymbol{\alpha})$ 中的 $\min L(\boldsymbol{W},b)$ 部分(因为对 $\boldsymbol{W},b$ 求导了),$W(\boldsymbol{\alpha})=\sum\limits_{i=1}^{M}\alpha_i - \frac{1}{2}\sum\limits_{i=1}^{M}\sum\limits_{j=1}^{M}y_i y_j \alpha_i \alpha_j (\boldsymbol{X}_i)^{\mathrm{T}}\boldsymbol{X}_j$,再求 $W(\boldsymbol{\alpha})$ 的极大值。利用对偶问题,在对式 7.21 求最大值时,可以得出 $\boldsymbol{\alpha}$ 的值。得出 $\boldsymbol{\alpha}$ 值后,可以得出 $\boldsymbol{W}$,从而又可以得出 b 的值。最后构造出确定 $\boldsymbol{W},b$ 的最优超平面 $\boldsymbol{W}^{\mathrm{T}}\boldsymbol{X}+b=0$,如式 7.22 所示。

$$\max_{\alpha} W(\boldsymbol{\alpha}) = \sum_{i=1}^{M}\alpha_i - \frac{1}{2}\sum_{i=1}^{M}\sum_{j=1}^{M}y_i y_j \alpha_i \alpha_j <\boldsymbol{X}_i,\boldsymbol{X}_j> \tag{7.22}$$

$$\mathrm{s.\,t.} \quad \alpha_i \geqslant 0, \quad i=1,2,\cdots,M$$

$$\sum_{i=1}^{M}\alpha_i y_i = 0 \tag{7.23}$$

然后求出 b 值,得到最优超平面,如式 7.24 所示。

$$\boldsymbol{W}^{\mathrm{T}}\boldsymbol{X}+b=\Big(\sum_{i=1}^{M}\alpha_i y_i \boldsymbol{X}_i\Big)^{\mathrm{T}}\boldsymbol{X}+b=\sum_{i=1}^{M}\alpha_i y_i <\boldsymbol{X}_i,\boldsymbol{X}>+b \tag{7.24}$$

3. 对偶问题

一般优化问题的拉格朗日乘子法为求函数的最小值:$f(\boldsymbol{x})$,$\boldsymbol{x}\in\mathbb{R}^n$,即原优化问题为 $\min\limits_{x} f(\boldsymbol{x})$。

将不等式约束条件转变为等式约束条件,如式 7.25 所示。

$$\mathrm{s.t.}\quad h_k(\boldsymbol{x})=0,\quad k=1,2,\cdots,p$$
$$g_j(\boldsymbol{x})\leqslant 0,\quad j=1,2,\cdots,m$$
$$L(\boldsymbol{x},\lambda,\mu)=f(\boldsymbol{x})+\sum_{k=1}^{p}\lambda_k h_k(\boldsymbol{x})+\sum_{j=1}^{m}\mu_j g_j(\boldsymbol{x}) \tag{7.25}$$

对式 7.25 先求最大值再求最小值,在满足 KKT 条件的情况下,式 7.26 和原优化问题等价。

$$\min_{x}\big[\max_{\lambda,\mu:\mu_j\geqslant 0} L(\boldsymbol{x},\lambda,\mu)\big]=\min_{x}\Big\{f(\boldsymbol{x})+\max_{\lambda,\mu:\mu_j\geqslant 0}\big[\sum_{k=1}^{p}\lambda_k h_k(\boldsymbol{x})+\sum_{j=1}^{m}\mu_j g_j(\boldsymbol{x})\big]\Big\} \tag{7.26}$$

证明:将式 7.26 分为以下两部分。

在可行解区域内,原优化问题的约束条件都得到满足。因为 $h_k(\boldsymbol{x})=0$,所以不管 λ 如何变化,必然有 $\lambda_k h_k(\boldsymbol{x})=0$。$g_j(\boldsymbol{x})\leqslant 0$,且限定了 $\mu_j>0$,则 $\mu_j g_j(\boldsymbol{x})$ 的最大值是 0。因此在可行解区域内式 7.27 成立。

$$\max_{\lambda,\mu:\mu_j\geqslant 0} L(\boldsymbol{x},\lambda,\mu)=f(\boldsymbol{x})+\max_{\lambda,\mu:\mu_j\geqslant 0}\big[\sum_{k=1}^{p}\lambda_k h_k(\boldsymbol{x})+\sum_{j=1}^{m}\mu_j g_j(\boldsymbol{x})\big]=f(\boldsymbol{x}) \tag{7.27}$$

在可行解区域外,此时原优化问题的约束条件未得到满足。若 $h_k(\boldsymbol{x})\neq 0$,则最大化后为 ∞。若 $g_j(\boldsymbol{x})>0$,则最大化后也为 ∞。$\max\limits_{\lambda,\mu:\mu_j\geqslant 0} L(\boldsymbol{x},\lambda,\mu)=\infty$。

综合上面两个论域的分析,在可行解区域内最小化,等于 $\max\limits_{\lambda,\mu:\mu_j\geqslant 0} L(\boldsymbol{x},\lambda,\mu)$ 的最小值,而在可行解区域外,$\max\limits_{\lambda,\mu:\mu_j\geqslant 0} L(\boldsymbol{x},\lambda,\mu)=\infty$,无极值。因此当对其最小化时,相当于对原问题最小化。

原问题:最小化 $f(\boldsymbol{w})$,限制条件如下。

$$h_k(\boldsymbol{w})=0,\quad k=1,2,\cdots,p$$
$$g_j(\boldsymbol{w})\leqslant 0,\quad j=1,2,\cdots,m$$

根据拉格朗日乘子法求函数的最小值及限制条件可得式 7.28。

$$L(\boldsymbol{w},\boldsymbol{\lambda},\boldsymbol{\mu})=f(\boldsymbol{w})+\sum_{k=1}^{p}\lambda_k h_k(\boldsymbol{w})+\sum_{j=1}^{m}\mu_j g_j(\boldsymbol{w}) \tag{7.28}$$

对偶问题的定义如式 7.29 所示。

$$\theta_{\text{所有的}\lambda,\mu}(\boldsymbol{\lambda},\boldsymbol{\mu})=\inf_{\text{所有的}w}\big[L(\boldsymbol{w},\boldsymbol{\lambda},\boldsymbol{\mu})\big] \tag{7.29}$$

其中,inf 是在限定的 $\boldsymbol{\lambda}$,$\boldsymbol{\mu}$ 条件下,遍历所有的 $\boldsymbol{w}$,所得到的 $L(\boldsymbol{w},\boldsymbol{\lambda},\boldsymbol{\mu})$ 最小值;θ 是针对所有的 $\boldsymbol{\lambda}$,$\boldsymbol{\mu}$,再求 $\theta(\boldsymbol{\lambda},\boldsymbol{\mu})$ 的最大值。限制条件是所有的 $\mu_j\geqslant 0$。

如果 w^* 是原问题的解,$\boldsymbol{\lambda}^*$,$\boldsymbol{\mu}^*$ 是对偶问题的解,则有 $f(w^*)\geqslant\theta(\boldsymbol{\lambda}^*,\boldsymbol{\mu}^*)$,证明如下。

因为对于特定的 $\boldsymbol{\lambda}^*$,$\boldsymbol{\mu}^*$,根据式 7.29,可以得到 $\theta(\boldsymbol{\lambda}^*,\boldsymbol{\mu}^*)=\inf\limits_{\text{所有的}w}\big[L(w,\boldsymbol{\lambda}^*,\boldsymbol{\mu}^*)\big]$,

$\inf\limits_{\text{所有的}w}[L(w,\boldsymbol{\lambda}^*,\boldsymbol{\mu}^*)]$ 是对于特定的 $\boldsymbol{\lambda}^*,\boldsymbol{\mu}^*$,遍历所有的 w 所得到的最小值,所以对于任意一个 w 值,$\inf\limits_{\text{所有的}w}[L(w,\boldsymbol{\lambda}^*,\boldsymbol{\mu}^*)]\leqslant L(w,\boldsymbol{\lambda}^*,\boldsymbol{\mu}^*)$ 成立,因此对于特定的 w^*,式 7.30 成立。

$$\inf\limits_{\text{所有的}w}[L(w,\boldsymbol{\lambda}^*,\boldsymbol{\mu}^*)]\leqslant L(w^*,\boldsymbol{\lambda}^*,\boldsymbol{\mu}^*) \tag{7.30}$$

又根据式 7.28,可以推出式 7.31 成立。

$$\theta(\boldsymbol{\lambda}^*,\boldsymbol{\mu}^*)=\inf\limits_{\text{所有的}w}[L(w,\boldsymbol{\lambda}^*,\boldsymbol{\mu}^*)]\leqslant L(w^*,\boldsymbol{\lambda}^*,\boldsymbol{\mu}^*)$$

$$=f(w^*)+\sum_{k=1}^{p}\lambda_k^* h_k(w^*)+\sum_{j=1}^{m}\mu_j^* g_j(w^*) \tag{7.31}$$

又因为,$\boldsymbol{\lambda}^*,\boldsymbol{\mu}^*$ 是对偶问题的解,满足约束条件 $\mu_j\geqslant 0$,w^* 是原问题的解,满足约束条件 $g_j(w^*)\leqslant 0$,$h_k(w^*)=0$,可推出 $\sum\limits_{j=1}^{m}\mu_j^* g_j(w^*)\leqslant 0$ 和 $\sum\limits_{k=1}^{p}\lambda_k^* h_k(w^*)=0$ 成立。

由此可推出式 7.32 成立。

$$f(w^*)+\sum_{k=1}^{p}\lambda_k^* h_k(w^*)+\sum_{j=1}^{m}\mu_j^* g_j(w^*)\leqslant f(w^*) \tag{7.32}$$

所以可以得到式 7.33 所示的结论。

$$f(w^*)\geqslant\theta(\boldsymbol{\lambda}^*,\boldsymbol{\mu}^*) \tag{7.33}$$

由式 7.33 可得式 7.34。

$$G=f(w^*)-\theta(\boldsymbol{\lambda}^*,\boldsymbol{\mu}^*)\geqslant 0 \tag{7.34}$$

G 叫作原问题与对偶问题的间距。

强对偶定理:若 $f(w)$ 是凸函数,且 $g(w)=\boldsymbol{A}w+b$,$h(w)=\boldsymbol{C}w+d$,则此优化问题的原问题与对偶问题的间距为零,即 $f(w^*)=\theta(\boldsymbol{\lambda}^*,\boldsymbol{\mu}^*)$,所以对于任意一个 $j=1,2,\cdots,m$,存在 $g_j(w^*)=0$ 或者 $\mu_j^*=0$。

4. 软间隔

支持向量机的目的在于求得最优的超平面,即几何间隔最大的超平面,在样本数据线性可分时,这样的间隔最大化称作硬间隔最大化。如果训练数据近似可分,则称作软间隔。

前面所有的结论是基于训练集的数据线性可分的假设,但是在实际情况下,样本集内总是存在一些噪声点或者离群点,如果强制要求所有的样本点都满足硬间隔,即满足完全线性可分,可能会导致出现过拟合现象。几乎不存在完全线性可分的数据,为了解决这个问题,引入了"软间隔"的概念,即允许某些点不满足约束条件:$y_i(\boldsymbol{W}^T\boldsymbol{X}_i+b)\geqslant 1$。为了避免过拟合的发生,在训练模型过程中,允许部分样本(离群点或者噪声点)不必满足该约束。在最大化间隔的同时,不满足约束的样本应尽可能少。

如图 7.3 所示,"正类""负类"样本并没有被 $\boldsymbol{W}^T\boldsymbol{X}_i+b\geqslant 1$ 和 $\boldsymbol{W}^T\boldsymbol{X}_i+b\leqslant -1$ 这两条直线完全隔开,一些样本进入了两条直线的中间区域。为允许少数样本不满足约束条件,引入了松弛变量 $\xi_i\geqslant 0$。

软间隔是处理线性不可分问题、减少噪点影响时引入的方法,其通过牺牲某些点必须正确划分的限制,以换取更大的分割间隔,其特点是在分类时为了整体效果允许存在错误点。原函数是求 $\min\limits_{\boldsymbol{W},b}\dfrac{1}{2}\|\boldsymbol{W}\|^2$,转变为求式 7.35。

$$\min\limits_{\boldsymbol{W},b}\dfrac{1}{2}\|\boldsymbol{W}\|^2+\text{loss} \tag{7.35}$$

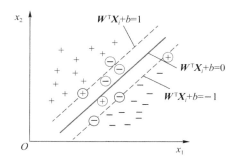

图 7.3 少数样本不满足 $y_i(\boldsymbol{W}^{\mathrm{T}}\boldsymbol{X}_i+b)\geqslant 1$ 约束条件

当损失为 $0-1$ 损失时, $\text{loss}=\sum_{i=1}^{M}I\{y_i(\boldsymbol{W}^{\mathrm{T}}\boldsymbol{X}_i+b)<1\}$,令 $z=y_i(\boldsymbol{W}^{\mathrm{T}}\boldsymbol{X}_i+b)$,

$$\text{loss}_{0/1}=\begin{cases}1,&z<1\\0,&\text{其他}\end{cases}$$

由于 $\text{loss}_{0/1}$ 不连续,因此一般使用 Hinge 损失。

如果 $z=y_i(\boldsymbol{W}^{\mathrm{T}}\boldsymbol{X}_i+b)\geqslant 1$,则 $\text{loss}=0$,如果 $z=y_i(\boldsymbol{W}^{\mathrm{T}}\boldsymbol{X}_i+b)<1$,则 $\text{loss}=1-y_i(\boldsymbol{W}^{\mathrm{T}}\boldsymbol{X}_i+b)$,因此 $\text{loss}=\max(0,1-y_i(\boldsymbol{W}^{\mathrm{T}}\boldsymbol{X}_i+b))$ 。

引入 $\xi_i=1-y_i(\boldsymbol{W}^{\mathrm{T}}\boldsymbol{X}_i+b)$, $\xi_i\geqslant 0$,采用 Hinge 损失,将原优化问题改写为式 7.36,约束条件如式 7.37 和式 7.38。

$$\min_{\boldsymbol{W},b,\boldsymbol{\xi}}\frac{1}{2}\parallel\boldsymbol{W}\parallel^2+C\sum_{i=1}^{M}\xi_i \tag{7.36}$$

$$\text{s. t. } y_i(\boldsymbol{W}^{\mathrm{T}}\boldsymbol{X}_i+b)\geqslant 1-\xi_i \tag{7.37}$$

$$\xi_i\geqslant 0,\quad i=1,2,\cdots,M \tag{7.38}$$

即可以写成式 7.39。

$$1-\xi_i-y_i(\boldsymbol{W}^{\mathrm{T}}\boldsymbol{X}_i+b)\leqslant 0 \quad \text{且} \quad -\xi_i\leqslant 0 \tag{7.39}$$

其中, ξ_i 为松弛变量, $\xi_i=\max(0,1-y_i(\boldsymbol{W}^{\mathrm{T}}\boldsymbol{X}_i+b))$,即 Hinge 损失函数。每一个样本都有一个对应的松弛变量,表征该样本不满足约束的程度。 $C(C>0)$ 称为惩罚参数, C 值越大,对分类的惩罚越大。当 C 很大的时候,为了使目标函数最小化,只能让 ξ_i 接近于 0,这样就变成了"硬间隔"SVM 的问题。与线性可分求解的思路一致,这里同样采用拉格朗日乘子法得到拉格朗日函数,再求其对偶问题。

构造拉格朗日函数:

$$L(\boldsymbol{W},b,\boldsymbol{\xi},\boldsymbol{\alpha},\boldsymbol{\mu})=\frac{1}{2}\parallel\boldsymbol{W}\parallel^2+C\sum_{i=1}^{M}\xi_i-\sum_{i=1}^{M}\alpha_i(y_i(\boldsymbol{W}^{\mathrm{T}}\boldsymbol{X}_i+b)-1+\xi_i)-\sum_{i=1}^{M}\mu_i\xi_i$$

$$\tag{7.40}$$

其对应的 KKT 条件如式 7.41 所示。

$$\begin{cases}1-\xi_i-y_i(\boldsymbol{W}^{\mathrm{T}}\boldsymbol{X}_i+b)\leqslant 0\\-\xi_i\leqslant 0\\\alpha_i[1-\xi_i-y_i(\boldsymbol{W}^{\mathrm{T}}\boldsymbol{X}_i+b)]=0\\\alpha_i\geqslant 0\\\mu_i\geqslant 0\end{cases} \tag{7.41}$$

分别对 $\boldsymbol{W}, b, \boldsymbol{\xi}$ 求偏导，得出式 7.42、式 7.43、式 7.44 所示的结论。

$$\nabla_W L(\boldsymbol{W}, b, \boldsymbol{\alpha}) = \boldsymbol{W} - \sum_{i=1}^{M} \alpha_i y_i \boldsymbol{X}_i = 0 \Rightarrow \boldsymbol{W} = \sum_{i=1}^{M} \alpha_i y_i \boldsymbol{X}_i \tag{7.42}$$

$$\nabla_b L(\boldsymbol{W}, b, \boldsymbol{\alpha}) = 0 \Rightarrow \sum_{i=1}^{M} \alpha_i y_i = 0 \tag{7.43}$$

$$\nabla_\xi L(\boldsymbol{W}, b, \boldsymbol{\alpha}) = 0 \Rightarrow C - \alpha_i - \mu_i = 0 \tag{7.44}$$

可以得到式 7.45（如式 7.40 所示，以 $\boldsymbol{W}$ 为变量，求表达式的最小值，根据对偶原理，是以 $\boldsymbol{\alpha}$ 为变量求式 7.45 的最大值）。

$$\max_{\boldsymbol{\alpha}} \left(\sum_{i=1}^{M} \alpha_i - \frac{1}{2} \sum_{i=1}^{M} \sum_{j=1}^{M} y_i y_j \alpha_i \alpha_j (\boldsymbol{X}_i)^\mathrm{T} \boldsymbol{X}_j \right) \tag{7.45}$$

就是求式 7.46。

$$\min_{\boldsymbol{\alpha}} \left(\frac{1}{2} \sum_{i=1}^{M} \sum_{j=1}^{M} y_i y_j \alpha_i \alpha_j (\boldsymbol{X}_i)^\mathrm{T} \boldsymbol{X}_j - \sum_{i=1}^{M} \alpha_i \right) \tag{7.46}$$

$$\text{s. t.} \quad \sum_{i=1}^{M} \alpha_i y_i = 0$$

$$C = \alpha_i + \mu_i, \text{且} \ \alpha_i, \mu_i \geqslant 0 \Rightarrow 0 \leqslant \alpha_i \leqslant C$$

对于这样一个二次规划问题，使用一个减少计算开销的算法：SMO(Sequential Minimal Optimization，序列最小优化)，详细内容请查阅 SMO 相关资料。

通过求 $\min_{\boldsymbol{\alpha}} \left(\frac{1}{2} \sum_{i=1}^{M} \sum_{j=1}^{M} y_i y_j \alpha_i \alpha_j (\boldsymbol{X}_i)^\mathrm{T} \boldsymbol{X}_j - \sum_{i=1}^{M} \alpha_i \right)$ 可以得出式 7.47，然后可得式 7.48 和式 7.49。

$$\boldsymbol{\alpha}^* = (\alpha_1^*, \alpha_2^*, \cdots, \alpha_M^*)^\mathrm{T} \tag{7.47}$$

$$\boldsymbol{W}^* = \sum_{i=1}^{M} \alpha_i^* y_i \boldsymbol{X}_i \tag{7.48}$$

$$b^* = y_j - \sum_{i=0}^{M} y_i \alpha_i^* < \boldsymbol{X}_i \cdot \boldsymbol{X}_j > \tag{7.49}$$

可得超平面模型如式 7.50 所示。

$$y_i = \boldsymbol{W}^{*\mathrm{T}} \boldsymbol{X}_i + b^* \tag{7.50}$$

变量数与样本数相同，每个变量 α_i 对应样本 $(\boldsymbol{X}_i, y_i)$，而序列最小优化算法是求解 SVM 对偶问题的一种方法，思路是：每次只选择两个变量进行优化，而将其他变量看作常量，如选择 α_1 和 α_2 进行优化，而将 $\alpha_i (i=3,4,\cdots,M)$ 看作常量，且问题中有一个约束 $\sum_{i=1}^{M} \alpha_i y_i = 0$。将其他参数都看作固定值，包括先固定的 $\alpha_3, \cdots, \alpha_M$，先求 α_1, α_2 的值，求出 α_1, α_2 的值之后，再求 α_3, α_4，而 $\alpha_5, \cdots, \alpha_M$ 固定，依次类推，求出所有的 α_i 值，$i=1,2,\cdots,M$。

由原问题的求最小值转换成求式 7.51 的最大值。

$$\max_{\boldsymbol{\alpha}} \left(\sum_{i=1}^{M} \alpha_i - \frac{1}{2} \sum_{i=1}^{M} \sum_{j=1}^{M} y_i y_j \alpha_i \alpha_j (\boldsymbol{X}_i)^\mathrm{T} \boldsymbol{X}_j \right) \Rightarrow \max_{\alpha_1, \alpha_2} \left(\sum_{i=1}^{M} \alpha_i - \frac{1}{2} \sum_{i=1}^{M} \sum_{j=1}^{M} y_i y_j \alpha_i \alpha_j (\boldsymbol{X}_i)^\mathrm{T} \boldsymbol{X}_j \right) \tag{7.51}$$

令 $L(\boldsymbol{\alpha}) = \sum_{i=1}^{M} \alpha_i - \frac{1}{2} \sum_{i=1}^{M} \sum_{j=1}^{M} y_i y_j \alpha_i \alpha_j (\boldsymbol{X}_i)^\mathrm{T} \boldsymbol{X}_j$，则式 7.51 转换为式 7.52。

$$L(\alpha_1,\alpha_2) = \alpha_1 + \alpha_2 + \sum_{i=3}^{M}\alpha_i - \frac{1}{2}[\alpha_1 y_1 \alpha_1 y_1 \boldsymbol{X}_1^{\mathrm{T}}\boldsymbol{X}_1 + 2\alpha_1 y_1 \alpha_2 y_2 \boldsymbol{X}_1^{\mathrm{T}}\boldsymbol{X}_2 + 2\sum_{j=3}^{M}\alpha_1 y_1 \alpha_j y_j \boldsymbol{X}_1^{\mathrm{T}}\boldsymbol{X}_j +$$

$$2\sum_{j=3}^{M}\alpha_2 y_2 \alpha_j y_j \boldsymbol{X}_2^{\mathrm{T}}\boldsymbol{X}_j + \alpha_2 y_2 \alpha_2 y_2 \boldsymbol{X}_2^{\mathrm{T}}\boldsymbol{X}_2 + \sum_{i=3}^{M}\sum_{j=3}^{M}y_i y_j \alpha_i \alpha_j (\boldsymbol{X}_i)^{\mathrm{T}}\boldsymbol{X}_j] \tag{7.52}$$

将 $\sum_{i=1}^{M}\alpha_i$ 展开为如下情况：

$$i=1: \quad \alpha_1$$
$$i=2: \quad \alpha_2$$
$$i\geqslant 3: \quad \sum_{i=3}^{N}\alpha_i$$

将 $\sum_{i=1}^{M}\sum_{j=1}^{M}y_i y_j \alpha_i \alpha_j (\boldsymbol{X}_i)^{\mathrm{T}}\boldsymbol{X}_j$ 展开为如下情况：

$$i=1,j=1: \quad \alpha_1 y_1 \alpha_1 y_1 \boldsymbol{X}_1^{\mathrm{T}}\boldsymbol{X}_1$$
$$i=1,j=2 \text{ 及 } i=2,j=1: \quad 2\alpha_1 y_1 \alpha_2 y_2 \boldsymbol{X}_1^{\mathrm{T}}\boldsymbol{X}_2$$
$$i=1,j\geqslant 3 \text{ 及 } i\geqslant 3,j=1: \quad 2\sum_{j=3}^{M}\alpha_1 y_1 \alpha_j y_j \boldsymbol{X}_1^{\mathrm{T}}\boldsymbol{X}_j$$
$$i=2,j\geqslant 3 \text{ 及 } i\geqslant 3,j=2: \quad 2\sum_{j=3}^{M}\alpha_2 y_2 \alpha_j y_j \boldsymbol{X}_2^{\mathrm{T}}\boldsymbol{X}_j$$
$$i=2,j=2: \quad \alpha_2 y_2 \alpha_2 y_2 \boldsymbol{X}_2^{\mathrm{T}}\boldsymbol{X}_2$$
$$i\geqslant 3,j\geqslant 3: \quad \sum_{i=3}^{M}\sum_{j=3}^{M}y_i y_j \alpha_i \alpha_j (\boldsymbol{X}_i)^{\mathrm{T}}\boldsymbol{X}_j$$

因为这些参数都已经固定，所以式 7.52 的最后一项为常量。

又因为 $\sum_{i=1}^{M}\alpha_i y_i = 0$ ，可以将该式写成 $\alpha_1 y_1 + \alpha_2 y_2 + \sum_{i=3}^{M}\alpha_i y_i = 0$，只有 α_1 和 α_2 作为变量，其他参数作为常量。假设 $\alpha_1 y_1 + \alpha_2 y_2 = \eta$ ，将等式两侧同时乘以 y_1 ，则 $\alpha_1 = y_1(\eta - \alpha_2 y_2)$。

令 $\boldsymbol{X}_i^{\mathrm{T}}\boldsymbol{X}_j = K_{ij}$，并去除常数项（$\sum_{i=3}^{M}\sum_{j=3}^{M}y_i y_j \alpha_i \alpha_j (\boldsymbol{X}_i)^{\mathrm{T}}\boldsymbol{X}_j$），可将式 7.52 写成式 7.53（因为无论 $y_1 = 1$ 或者 $y_1 = -1$，都有 $y_1^2 = 1$ 成立）。

$$L'(\alpha_1,\alpha_2) = \alpha_1 + \alpha_2 - \frac{1}{2}[\alpha_1^2 K_{11} + 2\alpha_1 y_1 \alpha_2 y_2 K_{12} + 2\sum_{j=3}^{M}\alpha_1 y_1 \alpha_j y_j K_{1j} + 2\sum_{j=3}^{M}\alpha_2 y_2 \alpha_j y_j K_{2j} + \alpha_2^2 K_{22}]$$
$$\tag{7.53}$$

将 $\alpha_1 = y_1(\eta - \alpha_2 y_2)$ 代入式 7.53，则得到式 7.54，再对 α_2 求偏导数，如式 7.55 所示，并令其为 0，式 7.56 所示。

$$L'(\alpha_2) = y_1(\eta - \alpha_2 y_2) + \alpha_2 - \frac{1}{2}[(\eta - \alpha_2 y_2)^2 K_{11} + 2(\eta - \alpha_2 y_2)\alpha_2 y_2 K_{12} +$$

$$2\sum_{j=3}^{M}(\eta - \alpha_2 y_2)\alpha_j y_j K_{1j} + 2\sum_{j=3}^{M}\alpha_2 y_2 \alpha_j y_j K_{2j} + \alpha_2^2 K_{22}] \tag{7.54}$$

$$\frac{\partial L'}{\partial \alpha_2} = -y_1 y_2 + 1 - \frac{1}{2}[2(\eta - \alpha_2 y_2)(-y_2)K_{11} + 2\eta y_2 K_{12} - 4\alpha_2 K_{12} + 2\alpha_2 K_{22} -$$

$$2\sum_{j=3}^{M}y_2 \alpha_j y_j K_{1j} + 2\sum_{j=3}^{M}y_2 \alpha_j y_j K_{2j}] \tag{7.55}$$

$$\frac{\partial L'}{\partial \alpha_2} = 1 - y_1 y_2 + \eta y_2 K_{11} - \alpha_2 K_{11} - \eta y_2 K_{12} + 2\alpha_2 K_{12} - \alpha_2 K_{22} +$$

$$\sum_{j=3}^{M} y_2 \alpha_j y_j K_{1j} - \sum_{j=3}^{M} y_2 \alpha_j y_j K_{2j} = 0 \tag{7.56}$$

通过移项及合并同类项,得式 7.57。

$$\alpha_2^{\text{new}}(K_{11} + K_{22} - 2K_{12}) = 1 - y_1 y_2 + \eta y_2 K_{11} - \eta y_2 K_{12} + \sum_{j=3}^{M} y_2 \alpha_j y_j K_{1j} - \sum_{j=3}^{M} y_2 \alpha_j y_j K_{2j}$$

$$= y_2 \left(y_2 - y_1 + \eta K_{11} - \eta K_{12} + \sum_{j=3}^{M} \alpha_j y_j K_{1j} - \sum_{j=3}^{M} \alpha_j y_j K_{2j} \right) \tag{7.57}$$

因为:$\alpha_1 y_1 + \alpha_2 y_2 + \sum_{i=3}^{M} \alpha_i y_i = 0$; $\alpha_1^{\text{old}} y_1 + \alpha_2^{\text{old}} y_2 = \eta$;$\boldsymbol{W} = \sum_{i=1}^{M} \alpha_i y_i \boldsymbol{X}_i$,可得式 7.58 ~ 式 7.60。

$$\alpha_2^{\text{new}}(K_{11} + K_{22} - 2K_{12}) = y_2 [y_2 - y_1 + (\alpha_1^{\text{old}} y_1 + \alpha_2^{\text{old}} y_2) K_{11} -$$
$$(\alpha_1^{\text{old}} y_1 + \alpha_2^{\text{old}} y_2) K_{12} + \sum_{j=3}^{M} \alpha_j y_j K_{1j} - \sum_{j=3}^{M} \alpha_j y_j K_{2j}] \tag{7.58}$$

$$f(\boldsymbol{X}_1) = \boldsymbol{W}^{\text{T}} \boldsymbol{X}_1 + b = \sum_{i=1}^{M} \alpha_i y_i \boldsymbol{X}_i^{\text{T}} \boldsymbol{X}_1 + b = \alpha_1 y_1 K_{11} + \alpha_2 y_2 K_{12} + \sum_{i=3}^{M} \alpha_i y_i K_{1i} + b \tag{7.59}$$

$$f(\boldsymbol{X}_2) = \boldsymbol{W}^{\text{T}} \boldsymbol{X}_2 + b = \sum_{i=1}^{M} \alpha_i y_i \boldsymbol{X}_i^{\text{T}} \boldsymbol{X}_2 + b = \alpha_1 y_1 K_{12} + \alpha_2 y_2 K_{22} + \sum_{i=3}^{M} \alpha_i y_i K_{2i} + b \tag{7.60}$$

即得到:

$$f(\boldsymbol{X}_1) - \alpha_1 y_1 K_{11} - \alpha_2 y_2 K_{12} - b = \sum_{i=3}^{M} \alpha_i y_i K_{1i} \tag{7.61}$$

$$f(\boldsymbol{X}_2) - \alpha_1 y_1 K_{12} - \alpha_2 y_2 K_{22} - b = \sum_{i=3}^{M} \alpha_i y_i K_{2i} \tag{7.62}$$

把式 7.61 和式 7.62 代入式 7.58,则得到式 7.64。

$$\alpha_2^{\text{new}}(K_{11} + K_{22} - 2K_{12}) = y_2 [y_2 - y_1 + (\alpha_1^{\text{old}} y_1 + \alpha_2^{\text{old}} y_2) K_{11} -$$
$$(\alpha_1^{\text{old}} y_1 + \alpha_2^{\text{old}} y_2) K_{12} + \sum_{j=3}^{N} \alpha_j y_j K_{1j} - \sum_{j=3}^{M} \alpha_j y_j K_{2j}]$$
$$= y_2 [y_2 - y_1 + \alpha_1^{\text{old}} y_1 K_{11} + \alpha_2^{\text{old}} y_2 K_{11} - \alpha_1^{\text{old}} y_1 K_{12} - \alpha_2^{\text{old}} y_2 K_{12} +$$
$$f(\boldsymbol{X}_1) - \alpha_1^{\text{old}} y_1 K_{11} - \alpha_2^{\text{old}} y_2 K_{12} - b - f(\boldsymbol{X}_2) +$$
$$\alpha_1^{\text{old}} y_1 K_{12} + \alpha_2^{\text{old}} y_2 K_{22} + b] \tag{7.63}$$

$$\alpha_2^{\text{new}}(K_{11} + K_{22} - 2K_{12}) = y_2 [y_2 - y_1 + \alpha_2^{\text{old}} y_2 K_{11} - 2\alpha_2^{\text{old}} y_2 K_{12} + f(\boldsymbol{X}_1) - f(\boldsymbol{X}_2) + \alpha_2^{\text{old}} y_2 K_{22}]$$
$$= y_2 \{f(\boldsymbol{X}_1) - y_1 - [f(\boldsymbol{X}_2) - y_2] + \alpha_2^{\text{old}} y_2 (K_{11} + K_{22} - 2K_{12})\} \tag{7.64}$$

又令 $f(\boldsymbol{X}_1) - y_1 = E_1$;$f(\boldsymbol{X}_2) - y_2 = E_2$;$K_{11} + K_{22} - 2K_{12} = \gamma$,若 $\gamma \leqslant 0$ 则退出本次优化,若 $\gamma > 0$ 则得到式 7.65。

$$\alpha_2^{\text{new}} = \alpha_2^{\text{old}} + \frac{y_2 (E_1 - E_2)}{\gamma} \tag{7.65}$$

α_2 的取值范围应该是除在 0 到 C 之间(如式 7.46 的约束条件)的限定外,还有 $\alpha_1 y_1 + \alpha_2 y_2 = \eta$ 的限定(式 7.53 的假设条件)。

求出 α_2^{new} 后，根据 $\alpha_1 = y_1(\eta - \alpha_2 y_2)$，可以求出 α_1^{new}；依照此种算法可以推出 α_3^{new}，α_4^{new}，$\cdots$，α_M^{new}。解出 α_1 和 α_2 后，$\alpha_i (i=3,4,\cdots,M)$ 为未知的，再先固定 $i=5,6,\cdots,M$，用同样的方法解出 α_3 和 α_4，直到解出所有的 α。

又因为 $\boldsymbol{W} = \sum_{i=1}^{M} \alpha_i y_i \boldsymbol{X}_i$，所以可以求得 $\boldsymbol{W}$。

而对 b 的更新同样借助于 α_1，α_2 的更新，更新以后，倾向于 $\alpha_1^{new}>0$，$\alpha_2^{new}>0$，互补松弛条件，即对于 $\alpha_i>0$ 的情况，必然要 $1-y_i(\boldsymbol{W}^T \boldsymbol{X}_i + b)=0$ 成立，即 $\boldsymbol{W}^T \boldsymbol{X}_i + b = y_i$，所以对 $(\boldsymbol{X}_1, y_1)$，$(\boldsymbol{X}_2, y_2)$ 有式 7.66 和式 7.67 成立。

$$\boldsymbol{W}^{new^T} \boldsymbol{X}_1 + b = y_1 \tag{7.66}$$

$$\boldsymbol{W}^{new^T} \boldsymbol{X}_2 + b = y_2 \tag{7.67}$$

对式 7.66 和式 7.67 可以分别计算出 $b_1^{new} = y_1 - \boldsymbol{W}^{new^T} \boldsymbol{X}_1$，$b_2^{new} = y_2 - \boldsymbol{W}^{new^T} \boldsymbol{X}_2$，可以取两者的均值对 b 进行更新：$b^{new} = \dfrac{b_1^{new} + b_2^{new}}{2}$。

然后，对 E_1，E_2 进行更新，如式 7.68 和式 7.69 所示。

$$E_1^{new} = \boldsymbol{W}^{new^T} \boldsymbol{X}_1 + b^{new} - y_1 \tag{7.68}$$

$$E_2^{new} = \boldsymbol{W}^{new^T} \boldsymbol{X}_2 + b^{new} - y_2 \tag{7.69}$$

接下来是如何选择 α 对的问题。在 SMO 算法中，为了让迭代次数少、收敛速度快，选取的两个 α 应有尽可能大的"差异"。在算法的实现中用预测的误差值来表征一个 α 的效果，那么两个 α 尽可能不同，反映在算法上是它们所对应的预测误差值之差的绝对值最大。

采用启发式选择，分为两步：第一步是如何选择 α_1，第二步是在选定 α_1 时，如何选择一个不错的 α_2。

α_1 的选择：选择 α_1 时，选择一个不满足 KKT 条件的点 $(\boldsymbol{X}_i, y_i)$，即不满足式 7.70 所示的两种情况之一的点。

$$\begin{cases} \alpha_i = 0 \Leftrightarrow y_i(\boldsymbol{W}^T \boldsymbol{X}_i + b) \geqslant 1 \\ \alpha_i > 0 \Leftrightarrow y_i(\boldsymbol{W}^T \boldsymbol{X}_i + b) = 1 \end{cases} \tag{7.70}$$

α_2 的选择：对 α_2 的选择倾向于选择使其变化尽可能大的点，由前面的更新公式可知，也就是使得 $|E_1^{old} - E_2^{old}|$ 最大的点，所以选择两个点 $(\boldsymbol{X}_1, y_1)$，$(\boldsymbol{X}_2, y_2)$ 时会更倾向于选择异类点。

7.3 SVM 算法的损失函数

Hinge 损失函数：当一个正例的样本点落在超平面上方且与超平面的距离为 1，那么 $1-\xi=1$，$\xi=0$，即误差为 0。当它落在超平面上方且与超平面的距离为 0.5，则 $1-\xi=0.5$，$\xi=0.5$，即误差为 0.5。当它落在超平面中的时候，距离为 0，则 $1-\xi=0$，$\xi=1$，即误差为 1。

0/1 损失：当样本被正确分类时，损失为 0；当样本被错误分类时，损失为 1。当正例的样本点落在被超平面分隔的正类区，说明分类正确，无论距离超平面多远或者多近，误差都是 0。当正例的样本点落在被超平面分隔的负类区，说明分类错误，无论距离多远或者多近，误差都为 1。

Logistic 损失函数（也称 log 对数损失函数）如下。

逻辑回归的公式为 $h_{\boldsymbol{\theta}}(x) = \dfrac{1}{1+e^{-\boldsymbol{\theta}^T x}}$　若 $z = \boldsymbol{\theta}^T x$，则 z 相当于预测值。对二分类问题

的损失函数为

$$-y\log h_{\boldsymbol{\theta}}(\boldsymbol{x})-(1-y)\log(1-h_{\boldsymbol{\theta}}(\boldsymbol{x}))=-y\log\frac{1}{1+\mathrm{e}^{-\boldsymbol{\theta}^{\mathrm{T}}x}}-(1-y)\log\left(1-\frac{1}{1+\mathrm{e}^{-\boldsymbol{\theta}^{\mathrm{T}}x}}\right)$$

当 $y_i=1$ 时损失函数的公式为 $\log(1+\mathrm{e}^{-z_i})$，而预测值 $z_i=0$ 时，损失为 $\log_2 2$，即损失为 1，即损失函数过 $(0,1)$ 点，对应图 7.4 中的虚线。

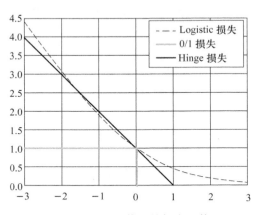

图 7.4　SVM 算法的损失函数

7.4　SVM 算法的核函数

对于输入空间中的非线性分类问题，可以通过非线性变换将它转化为某个维度特征空间中的线性分类问题，在高维特征空间中学习线性支持向量机。由于在线性支持向量机学习的对偶问题中，目标函数和分类决策函数都只涉及实例和实例之间的内积，所以在处理非线性分类问题时不需要显式地指定非线性变换，而是用核函数替换式中的内积。核函数表示通过一个非线性转换后两个实例间的内积。具体地，$K(\boldsymbol{X},\boldsymbol{Z})$ 是一个函数，意味着存在一个从输入空间到某特征空间的映射 $\varphi(\boldsymbol{X})$，对任意输入空间中的 $\boldsymbol{X},\boldsymbol{Z}$，有 $K(\boldsymbol{X},\boldsymbol{Z})=\varphi(\boldsymbol{X})\cdot\varphi(\boldsymbol{Z})$ 成立。在线性支持向量机学习的对偶问题中，用核函数 $K(\boldsymbol{X},\boldsymbol{Z})$ 替代内积，求解得到的就是非线性支持向量机，如式 7.71 所示。常见的核函数如表 7.2 所示。

$$f(\boldsymbol{X})=\mathrm{sign}\Big(\sum_{i=1}^{N}\alpha_i^* y_i K(\boldsymbol{X},\boldsymbol{X}_i)+b^*\Big) \tag{7.71}$$

表 7.2　常见的核函数

核函数类别	表达式	参数
线性核	$K(\boldsymbol{X}_i,\boldsymbol{X}_j)=\boldsymbol{X}_i^{\mathrm{T}}\boldsymbol{X}_j$	
多项式核	$K(\boldsymbol{X}_i,\boldsymbol{X}_j)=(\boldsymbol{X}_i^{\mathrm{T}}\boldsymbol{X}_j)^d$	$d\geqslant 1$ 为多项式的次数
高斯核	$K(\boldsymbol{X}_i,\boldsymbol{X}_j)=\exp\left(-\dfrac{\|\boldsymbol{X}_i-\boldsymbol{X}_j\|^2}{2\sigma^2}\right)$	$\sigma>0$ 为高斯核的带宽
拉普拉斯核	$K(\boldsymbol{X}_i,\boldsymbol{X}_j)=\exp\left(-\dfrac{\|\boldsymbol{X}_i-\boldsymbol{X}_j\|}{\sigma}\right)$	$\sigma>0$
Sigmoid 核	$K(\boldsymbol{X}_i,\boldsymbol{X}_j)=\tanh(\beta\boldsymbol{X}_i^{\mathrm{T}}\boldsymbol{X}_j+\theta)$	$\tanh$ 为双曲正切函数，$\beta>0,\theta<0$

7.5 SVM 回归

回归问题的本质是找到一条直线或者曲线,使其最大限度地拟合数据点。根据不同回归算法的拟合含义不同。SVM 算法定义拟合的方式:在间隔区域内,尽量多地包含样本点。

在 SVM 回归中,尽可能地拟合更多的数据实例到街道(间隔)内,同时限制间隔侵犯(margin violation,也就是指远离间隔的实例)。间隔的宽度由超参数 ε 控制。图 7.5 展示了两个线性 SVM 回归模型在一些随机线性数据上训练之后的结果,其中一个有较大的间隔(ε=1.5),另一个的间隔较小(ε=0.5)。

变量 ε 决定了街道的宽度,是拟合曲线和支持向量的距离。在 SVM 回归的实现原理中,定义的损失函数是:$|y_i-\boldsymbol{W}^{\mathrm{T}}\Phi(\boldsymbol{X}_i)-b|\leqslant\varepsilon$,则损失为 0,数据点落在了街道内;$|y_i-\boldsymbol{W}^{\mathrm{T}}\Phi(\boldsymbol{X}_i)-b|>\varepsilon$,则损失函数值为 $|y_i-\boldsymbol{W}^{\mathrm{T}}\Phi(\boldsymbol{X}_i)-b|-\varepsilon$。

SVM 回归支持松弛变量,其原理和 SVM 分类有些相似,区别是 SVM 分类的符合松弛变量的点是在街道的里面,而 SVM 回归中松弛变量对应的点是在街道的外面,通过指定松弛变量来增强泛化能力。

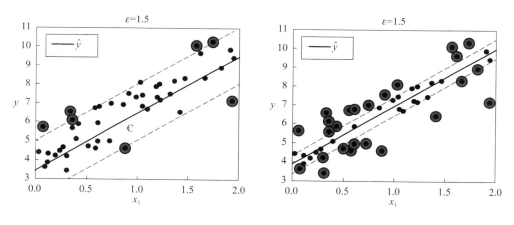

图 7.5 两个线性 SVM 回归模型

7.6 案 例

【例 7.2】 了解 sklearn 中 SVM 的 4 个核函数的使用。

LinearSVC:主要用于线性可分的情形。参数少,速度快。

RBF:主要用于线性不可分的情形。参数多,分类结果非常依赖于参数。

polynomial:多项式函数,degree 表示多项式的程度,支持非线性分类。

Sigmoid:在生物学中常见的 S 型函数,也称为 S 型生长曲线。

```
from sklearn import svm
import numpy as np
import matplotlib.pyplot as plt
```

```python
# 设置子图数量
fig, axes = plt.subplots(nrows = 2, ncols = 2, figsize = (7,7))
ax0, ax1, ax2, ax3 = axes.flatten() # numpy.ndarray.flatten 返回一个一维数组
# 准备训练样本
x = [[1,8],[3,20],[1,15],[3,35],[5,35],[4,40],[7,80],[6,49]]
y = [1,1, -1, -1,1, -1, -1,1]
# 设置子图的标题
titles = ['LinearSVC (linear kernel)',
        'SVC with polynomial (degree 3) kernel',
        'SVC with RBF kernel',    # 是默认的
        'SVC with Sigmoid kernel']
# 随机生成测试集数据
rdm_arr = np.random.randint(1, 15, size = (15,2))


def drawPoint(ax,clf,tn):
    # 绘制样本点
    for i in x:
        ax.set_title(titles[tn])
        res = clf.predict(np.array(i).reshape(1, -1))
        if res > 0:
            ax.scatter(i[0],i[1],c = 'r',marker = '*')
        else:
            ax.scatter(i[0],i[1],c = 'g',marker = '*')
    # 绘制实验点
    for i in rdm_arr:
        res = clf.predict(np.array(i).reshape(1, -1))
        if res > 0:
            ax.scatter(i[0],i[1],c = 'r',marker = '.')
        else:
            ax.scatter(i[0],i[1],c = 'g',marker = '.')


if __name__ == "__main__":
    # 选择核函数
    for n in range(0,4):
        if n == 0:
            clf = svm.SVC(kernel = 'linear').fit(x, y)
            drawPoint(ax0,clf,0)
        elif n == 1:
```

```
    clf = svm.SVC(kernel ='poly', degree = 3).fit(x, y)
    drawPoint(ax1,clf,1)
  elif n == 2：
    clf = svm.SVC(kernel ='rbf').fit(x, y)
    drawPoint(ax2,clf,2)
  else ：
    clf = svm.SVC(kernel ='sigmoid').fit(x, y)
    drawPoint(ax3,clf,3)
  plt.show()
```

运行结果如图 7.6 所示。

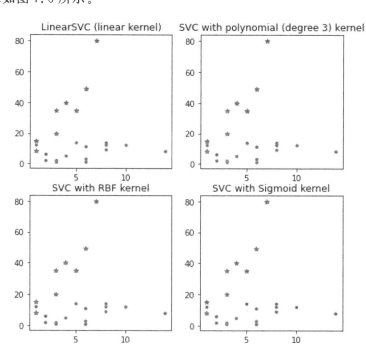

图 7.6　例 7.2 的运行结果

【例 7.3】　画出超平面及与超平面平行且经过支持向量的两条线。

```
import numpy as np
import pylab as pl    ♯绘图功能
from sklearn import svm
np.random.seed(0) ♯使每次运行程序生成的随机样本点不变
♯生成训练实例并保证是线性可分的
♯ np._r 表示将两个矩阵按列连接
♯ random.randn(a,b)为 a 行 b 列的矩阵,且随机数服从标准正态分布
♯ array(20,2) － [3,3]相当于每一行的两个数都减去 3
X = np.r_[np.random.randn(20, 2) － [3,3], np.random.randn(20, 2) + [3,3]]
print("X",X)   ♯X 为 40 行 2 列的数组
```

```
#两个类别,每类有 20 个点,Y 为 40 行 1 列的列向量
Y = [0] * 20 + [1] * 20
print("Y",Y)
#建立 SVM 模型
clf = svm.SVC(kernel ='linear')
clf.fit(X, Y)   #训练模型
#获得划分超平面,划分超平面原方程:w0x0 + w1x1 + b = 0
#将其转化为点斜式方程,并把 x0 看作 x,x1 看作 y,b 看作 w2
#点斜式:y = -(w0/w1)x - (w2/w1)
w = clf.coef_[0]   # w 是一个二维数据,coef 是 w = [w0,w1]
a = -w[0] / w[1]   #斜率
xx = np.linspace(-5, 5)   #产生一系列从 -5 到 5 的数据
# .intercept[0]获得 bias,即 b 的值,b / w[1] 是截距
yy = a * xx - (clf.intercept_[0]) / w[1]   #代入 x 的值,获得直线方程
#画出和划分超平面平行且经过支持向量的两条线(斜率相同,截距不同)
b = clf.support_vectors_[0]   #取出第一个支持向量点
yy_down = a * xx + (b[1] - a * b[0])
b = clf.support_vectors_[-1]   #取出最后一个支持向量点
yy_up = a * xx + (b[1] - a * b[0])
#查看相关的参数值
print("w: ", w)
print("a: ", a)
print("support_vectors_: ", clf.support_vectors_)
print("clf.coef_: ", clf.coef_)
#在 sklearn 中,coef_ 保存了线性模型中划分超平面的参数向量。形式为(n_
classes, n_features)
#若 n_classes > 1,则为多分类问题,(1,n_features)为二分类问题
#绘制划分超平面、边际平面和样本点
pl.plot(xx, yy, 'k-')
pl.plot(xx, yy_down, 'k--')
pl.plot(xx, yy_up, 'k--')
#画散点图
pl.scatter(clf.support_vectors_[:, 0], clf.support_vectors_[:, 1], s = 80,
facecolors ='none')
pl.scatter(X[:, 0], X[:, 1], c = Y, cmap = pl.cm.Paired)
pl.axis('tight')
pl.show()
```

绘制的图形如图 7.7 所示。

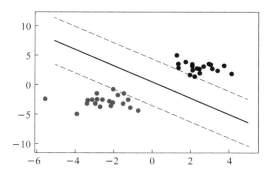

图 7.7　例 7.3 的运行结果

SVM 的优、缺点如下。

优点：

① 有严格的数学理论支持，可解释性强，不依靠统计方法，从而简化了通常的分类和回归问题。

② 能找出对任务至关重要的关键样本（即支持向量）。

③ 采用核技巧，可以处理非线性分类/回归任务。

④ 最终决策函数只由少数的支持向量确定，计算的复杂性取决于支持向量的数目，而不是样本空间的维度。

⑤ 在高维空间中非常高效。

⑥ 即使在数据维度比样本数量大的情况下仍然有效，在某种意义上避免了"维数灾难"。

缺点：

① 训练时间长，当采用序列最小优化算法时，由于每次都需要挑选一对参数，因此时间复杂度为 $O(M^2)$，其中 M 为训练样本的数量。

② 当采用核技巧时，如果需要存储核矩阵，则空间复杂度为 $O(M^2)$。

③ 模型预测时，预测时间与支持向量的个数呈正比。当支持向量的数量较多时，预测计算复杂度较高。

④ 支持向量机目前只适合小批量样本的任务，无法适应百万甚至上亿样本的任务。

⑤ 对于核函数的高维映射解释力不强。

⑥ 对缺失数据敏感。

⑦ 如果特征数量比样本数量多很多，在选择核函数时要避免过拟合。

第8章　朴素贝叶斯分类器

8.1　朴素贝叶斯算法简介

英国数学家托马斯·贝叶斯首先提出贝叶斯原理,主要解决条件概率推理问题。下面以一个例子阐述其工作原理。

已知袋子内有 N 个球,不是黑球就是白球,其中 M 个是黑球,那么把手伸进去摸一个球,可知摸出黑球的概率是多少。这种情况(了解事情的全貌再做判断)被称为正向概率问题。

贝叶斯解决了"逆向概率"问题,即事先不知道袋子里面黑球和白球的比例,而是通过摸出来的球的颜色来判断袋子里面黑球和白球的比例。

贝叶斯原理建立在主观判断的基础上,在不了解所有客观事实的情况下,可以先估计一个值,然后根据实际结果不断进行修正。

8.2　概　率　知　识

先验概率:通过经验判断事件发生的概率。

后验概率:发生结果之后,推测原因的概率。

条件概率:事件 A 在另外一个事件 B 已经发生的条件下发生的概率,表示为 $P(A|B)$。

对于一组输入数据,输出有多种可能性,需要计算每一种输出的可能性,以可能性最大的那个输出作为该输入对应的输出。运用贝叶斯原理,可以对此做出较好的判断和解释。

A 和 B 是两个事件,A 发生的概率记作 $P(A)$,B 发生的概率记作 $P(B)$,A 和 B 同时发生的概率为 $P(AB)$。

在 B 发生的条件下,A 发生的条件概率为 $P(A|B)$,公式如式 8.1 所示。

$$P(A|B) = \frac{P(AB)}{P(B)} \tag{8.1}$$

同理,在 A 发生的条件下,B 发生的条件概率为 $P(B|A)$,如式 8.2 所示。可以推出式 8.3。

$$P(B|A) = \frac{P(AB)}{P(A)} \tag{8.2}$$

$$P(AB) = P(A)P(B|A) \tag{8.3}$$

将式 8.3 代入式 8.1 得到贝叶斯公式,如式 8.4 所示。

$$P(A|B) = \frac{P(AB)}{P(B)} = \frac{P(B|A)P(A)}{P(B)} \tag{8.4}$$

另一种贝叶斯公式写法更便于理解,如式 8.5 所示。

$$P(类别 \mid 特征) = \frac{P(特征 \mid 类别) P(类别)}{P(特征)} \tag{8.5}$$

以表 8.1 所示的数据为例,这些是根据之前的经验所获得的数据,然后给出一组新的数据:身高"高"、体重"中"、鞋码"中",判断此人的性别。

表 8.1　获得的经验数据

编号	身高(A)	体重(D)	鞋码(G)	性别(C)
1	高(A_1)	重(D_1)	大(G_1)	男(C_1)
2	高(A_1)	重(D_1)	大(G_1)	男(C_1)
3	中(A_2)	中(D_2)	大(G_1)	男(C_1)
4	中(A_2)	中(D_2)	中(G_2)	男(C_1)
5	矮(A_3)	轻(D_3)	小(G_3)	女(C_2)
6	矮(A_3)	轻(D_3)	小(G_3)	女(C_2)
7	矮(A_3)	中(D_2)	中(G_2)	女(C_2)
8	中(A_2)	中(D_2)	中(G_2)	女(C_2)

如果想求特征值为 A_1、D_2、G_2 的情况下 C_j 的概率,用条件概率表示为 $P(A_1 D_2 G_2 \mid C_j)$。根据贝叶斯公式,可以得出式 8.6。

$$P(C_j \mid A_1 D_2 G_2) = \frac{P(A_1 D_2 G_2 \mid C_j) P(C_j)}{P(A_1 D_2 G_2)} \tag{8.6}$$

因为有两个类别,需求得 $P(C_1 \mid A_1 D_2 G_2)$ 和 $P(C_2 \mid A_1 D_2 G_2)$,然后比较哪个类别的可能性(概率)大,其结果就归属于哪一类。

该问题等价于求 $P(A_1 D_2 G_2 \mid C_j) P(C_j)$ 的最大值。假定各属性之间是相互独立的,则式 8.7 成立。

$$P(A_1 D_2 G_2 \mid C_j) = P(A_1 \mid C_j) P(D_2 \mid C_j) P(G_2 \mid C_j) \tag{8.7}$$

由表 8.1 可得到以下各条件概率:

$$P(A_1 \mid C_1) = \frac{1}{2}, \quad P(D_2 \mid C_1) = \frac{1}{2}, \quad P(G_2 \mid C_1) = \frac{1}{4}$$

$$P(A_1 \mid C_2) = 0, \quad P(D_2 \mid C_2) = \frac{1}{2}, \quad P(G_2 \mid C_2) = \frac{1}{2}$$

$$P(A_1 D_2 G_2 \mid C_1) = \frac{1}{16}, \quad P(A_1 D_2 G_2 \mid C_2) = 0$$

$P(A_1 D_2 G_2 \mid C_1) P(C_1) > P(A_1 D_2 G_2 \mid C_2) P(C_2)$,即特征值为 A_1、D_2、G_2 的样本归类为男性。

8.3　拉普拉斯估计法

在进行贝叶斯算法应用时,由于数据量较大且较为复杂,经常会遇到概率为 0 的情况。

对于未出现的特征采用拉普拉斯平滑,以避免未出现的特征的概率为 0 而导致整个条件概率都为 0 的情况出现。

假定训练数据集 D 很大,可以对每种情况的计数加上 λ,估计概率的变化可以忽略不计,又可方便地避免概率值为0的情况发生。这种概率估计方法称为拉普拉斯校准或者拉普拉斯估计法。对每一列属性的不重复数据项的计数加上 λ,并且在分母上也加 λ,这样可以有效地避免概率为0的情况发生。

当输入数据中某个特征出现了在训练集中没有出现的值,此时的条件概率 $P(x^j|c_i)=0$。然而不管其他特征值在 c_i 类中出现的次数是多少,这个数据点都不可能属于 c_i 类。为了避免这种情况的发生,需要让概率值"平滑"一些,即便这个值很小也不能让它为0。由此用到式8.8所示的拉普拉斯平滑来估计后验概率。

$$P_\lambda(x|c_i)=\frac{|D_{c_i,x}|+\lambda}{|D_{c_i}|+\lambda} \tag{8.8}$$

【例8.1】 表8.2所示是训练样本,对于给定样本 $x=\{1,1,0\}$,请问它是否为鸟?

表 8.2 训练样本

会飞否	会走否	会跑否	是鸟否
1	1	1	是
1	0	0	是
0	1	1	是
0	1	0	否
1	0	1	否

首先估计先验概率 $P(c_i)$,有

$$P(是鸟=是)=\frac{3}{5}$$

$$P(是鸟=否)=\frac{2}{5}$$

然后为每个属性计算条件概率 $P(x^j|c_i)$:

$$P(会飞=1|是鸟=是)=\frac{2}{3}$$

$$P(会走=1|是鸟=是)=\frac{2}{3}$$

$$P(会跑=0|是鸟=是)=\frac{1}{3}$$

$$P(会飞=1|是鸟=否)=\frac{1}{2}$$

$$P(会走=1|是鸟=否)=\frac{1}{2}$$

$$P(会跑=0|是鸟=否)=\frac{1}{2}$$

于是有

$P(是鸟=是)\times P(会飞=1|是鸟=是)\times P(会走=1|是鸟=是)\times P(会跑=0|是鸟=是)=0.09$

$P(是鸟=否)\times P(会飞=1|是鸟=否)\times P(会走=1|是鸟=否)\times P(会跑=0|是鸟=否)=0.05$

由于 0.09＞0.05,因此朴素贝叶斯分类将其判定为"是鸟"。

平滑处理:上面的计算过程存在一个弊端,如果某个特征值在训练集中没有与某个类同时出现过,则连乘时计算出的概率值为零。为了更好地理解平滑处理,把表8.2稍微修改一下,如表8.3所示。

表 8.3　修改后的训练样本

会飞否	会走否	会跑否	是鸟否
1	1	1	是
1	0	0	是
0	1	1	是
0	0	0	否
1	0	1	否

对第 4 组数据做了一点改变,此时 $P(会走=1|是鸟=否)=0$,因此,无论该样本的其他特征是什么,“不是鸟”的概率都为零,分类结果都将为“是鸟=是”,这显然不合理。

为了避免上述弊端的出现,在计算概率值时要进行平滑处理,如果 $\lambda=1$,常用“拉普拉斯修正”,如式 8.9 和式 8.10 所示。

$$\hat{P}(c_i) = \frac{|D_{c_i}| + 1}{|D| + N} \tag{8.9}$$

$$\hat{P}(x^j|c_i) = \frac{|D_{c_i,x^j}| + 1}{|D_{c_i}| + N_i} \tag{8.10}$$

根据拉普拉斯估计法,样本$=\{1,1,0\}$不是鸟的概率不再为 0。其中,N 表示训练集 D 中可能出现的类别数,N_i 表示第 i 个特征可能的取值数,与式 8.8 稍有不同。拉普拉斯修正避免了因训练集样本不充分而导致的概率值为零的问题。

半朴素贝叶斯分类:朴素贝叶斯分类中采用了“属性条件独立性假设”,但在现实生活中,各属性(特征)之间相互独立的假设往往很难成立。所以,半朴素贝叶斯分类的基本思想适当考虑部分属性间的依赖关系。

“独依赖估计”是半朴素贝叶斯分类中常用的一种策略。所谓的“独依赖”就是假设每个属性在类别之外最多依赖于其他属性中的一个属性,如式 8.11 所示。

$$P(c|x) \propto P(c) \prod_{i=1}^{d} P(x^i|c, \mathrm{pa}_i) \tag{8.11}$$

其中,pa_i 是属性 x^i 所依赖的属性,称为 x^i 的父属性,d 是属性的个数。

一般有 3 种方法可以确定属性间的关系,分别是:SPODE、TAN、AODE。这里简单介绍 TAN 方法,另外两种方法可以参考周志华《机器学习》的第 155 页。

TAN 方法中最重要的一个判断标准是两个属性间的条件互信息如式 8.12 所示,条件互信息刻画了属性 x^i 和 x^j 在已知类别下的相关性。所求得的是相关性大的属性。在运用 Python 进行概率计算时,如果数据量过大,可能会造成某项概率过小,可以通过取对数进行相应的计算。依据为:如果 $x_1 > x_2$,则 $\ln(x_1) > \ln(x_2)$。

$$I(x^i, x^j|y) = \sum_{x^i, x^j, c \in y} P(x^i, x^j|c) \log \frac{P(x^i, x^j|c)}{P(x^i|c)P(x^j|c)} \tag{8.12}$$

8.4 案　　例

sklearn 中有以下 3 种朴素贝叶斯模型。

高斯模型(Gaussian):适用于特征属于连续型变量的情况,假设特征遵循正态分布,可用于连续型变量的分类问题。

多项式模型(Multinomial):该模型常用于文本分类,单词作为特征,值是单词的出现频数。

伯努利模型(Bernoulli):每个特征的取值是布尔型的,即 true 和 false,或者 1 和 0。在文本分类中,1 是指一个特征出现在一个文档中,0 是指一个特征没有出现在一个文档中。主要用于情感分析。

【例 8.2】 根据已知的数据和标签(广告邮件或正常邮件),请通过一个邮件标题判断该邮件是广告邮件还是正常邮件。

```python
# - * - coding：utf - 8 - * -
from numpy import *
from functools import reduce
adClass = 1
def loadDataSet():
    """加载数据集及其对应的分类"""
    wordsList = [['周六', '公司', '一起', '聚餐', '时间'],
                 ['优惠', '返利', '打折', '优惠', '金融', '理财'],
                 ['喜欢', '机器学习', '一起', '研究', '欢迎', '贝叶斯', '算法', '公式'],
                 ['公司', '发票', '税点', '优惠', '增值税', '打折'],
                 ['北京', '今天', '雾霾', '不宜', '外出', '时间', '在家', '讨论', '学习'],
                 ['招聘', '兼职', '日薪', '保险', '返利']]
    #1 表示是垃圾邮件,0 表示不是垃圾邮件
    classVec = [0, 1, 0, 1, 0, 1]
    return wordsList, classVec
# Python 中的 & 和 | 是位运算符,and 和 or 是逻辑运算符,当 and 的运算结果为 true
时返回的并不是 true,而是运算结果最后一位变量的值
# 当 and 的运算结果是 false 时,返回的是第一个 false 的变量的值
# 当 a or b 为 true 时,返回的是第一个 true 的变量的值
# a & b：a 和 b 为两个 set,返回结果取 a 和 b 的交集。a|b：a 和 b 为两个 set,返回结
果为两个集合的不重复并集
def doc2VecList(docList):
    # 对两个集合进行并集操作,返回一个不重复的并集
    # reduce() 函数对 docList 中的元素重复执行 lambda 函数
    a = list(reduce(lambda x, y：set(x) | set(y), docList))
    return a
```

```
def words2Vec(vecList, inputWords):
    # 把单词转化为词向量,转化成一维数组
    resultVec = [0] * len(vecList)
    for word in inputWords:
        if word in vecList: # 如果 word 出现在词向量列表中,则执行下面的语句
            resultVec[vecList.index(word)] += 1 # 在单词出现的位置上的计
数加 1
        else:
            print('没有发现此单词')
    return array(resultVec)
def trainNB(trainMatrix, trainClass):
    """计算每个词对于类别上的概率"""
    numTrainClass = len(trainClass)# 类别行数
    numWords = len(trainMatrix[0])# 列数
    # 全部都初始化为 1,防止出现概率为 0 的情况,即利用拉普拉斯估计法
    p0Num = ones(numWords)
    p1Num = ones(numWords)
    # 相应的单词初始化为
    # 分子、分母同时加上某个数
    p0Words = 1.0
    p1Words = 1.0
    # 统计每个分类的词的总数
    # p1Num 对单词矩阵中为 1 类的行进行词频统计
    # p0Num 对单词矩阵中为 0 类的行进行词频统计
    for i in range(numTrainClass):
        if trainClass[i] == 1:
            # 数组在对应的位置上相加
            p1Num += trainMatrix[i]
            p1Words += sum(trainMatrix[i]) #统计单词矩阵中 1 类的行的单词总数
        else:
            p0Num += trainMatrix[i]
            p0Words += sum(trainMatrix[i])
    # 计算每种类型中每个单词出现的概率
    # 朴素贝叶斯分类中,y = x 是单调递增函数,y = ln(x)也是单调递增的
    # 如果 x1 > x2,那么 ln(x1)> ln(x2)
    # 在计算过程中,由于概率的值较小,因此取对数进行比较(根据对数的特性)
    p0Vec = log(p0Num / p0Words)
    p1Vec = log(p1Num / p1Words)
    # 计算类 1 出现的概率(为 1 类的行数除以总行数),类 0 出现的概率可通过 1 -
```

pClass1 得到

```
        pClass1 = sum(trainClass) / float(numTrainClass)
        return p0Vec, p1Vec, pClass1
    def classifyNB(testVec, p0Vec, p1Vec, pClass1):
        # 朴素贝叶斯分类，max(p0, p1)作为推断的分类
        # 因概率值太小，所以采用对数进行计算
        # 获得 p(X1|Yj) * p(X2|Yj) * ... * p(Xn|Yj) * p(Yj)，pClass1 即为 p(Yj)
        # 贝叶斯分类主要是通过比较概率，p1 不是真正意义上的概率，另外 ln(ab) = lna + lnb
        # testVec 为数组向量，p1Vec 为类 1 的概率，矩阵相乘
        p1 = sum(testVec * p1Vec) + log(pClass1)
        p0 = sum(testVec * p0Vec) + log(1 - pClass1)
        # 比较 p1 和 p0 的相对大小
        if p0 > p1:
            return 0
        return 1
    def printClass(words, testClass):
        if testClass == adClass:
            print(words, '推测为：广告邮件')
        else:
            print(words, '推测为：正常邮件')
    def tNB():
        docList, classVec = loadDataSet()    # 从训练数据集中提取出属性矩阵和分
类数据
        allWordsVec = doc2VecList(docList)   #doc2VecList 生成的单词向量为不重复的
        print("allWordsVec, ",allWordsVec )
        # 构建单词向量矩阵
        # 计算 docList 数据集中每一行每个单词出现的次数，其中返回的 trainMat 是
一个数组的列表
        print("lambda x：words2Vec(allWordsVec, x), docList",lambda x：words2Vec
(allWordsVec, x), docList)
        trainMat = list(map(lambda x：words2Vec(allWordsVec, x), docList))
        # 训练计算每个词在分类上的概率，p0V：每个单词在类 0 中出现的概率，p1V：每
个单词在类 1 中出现的概率
        # 其中概率是以对数进行计算，pClass1 为类别中是 1 的概率
        print("trainMat",trainMat)
        p0V, p1V, pClass1 = trainNB(trainMat, classVec)
        testWords = ['公司', '聚餐', '讨论', '贝叶斯']    # 测试集，类型为列表
        # 转换成单词向量，对于 32 个单词构成的数组，如果此单词在数组中，数组的项
值置 1
```

```
        testVec = words2Vec(allWordsVec, testWords)
```
　　# 通过将单词向量 testVec 代入,根据贝叶斯公式,比较各个类别的后验概率,判断当前数据的分类情况
```
        testClass = classifyNB(testVec, p0V, p1V, pClass1)
        print("testClass ",testClass )
```
　　# 打印测试结果
```
        printClass(testWords, testClass)
        testWords = ['公司', '保险', '金融']
```
　　# 转换成单词向量,对于 32 个单词构成的数组,如果此单词在数组中,数组的项值置 1
```
        testVec = words2Vec(allWordsVec, testWords)
```
　　# 通过将单词向量 testVec 代入,根据贝叶斯公式,比较各个类别的后验概率,判断当前数据的分类情况
```
        testClass = classifyNB(testVec, p0V, p1V, pClass1)
```
　　# 打印测试结果
```
        printClass(testWords, testClass)


    if __name__ == '__main__':
        tNB()
```
其中:map、reduce 的用法如下。

关于 reduce:
```
from functools import reduce
def fun1(x,y):
    return x * y
list1 = [1,2,3,4,5]
list2 = reduce(fun1,list1)
print(list2)   #120
from functools import reduce
```
关于 map:
```
def fun1(x):
    return x ** 2
list1 = [1,2,3,4,5]
list2 = map(fun1,list1)
print(list2)    #< map object at 0x00000265CF8258B0 >
print(list(list2))   #[1, 4, 9, 16, 25],需要再用一次 list 才能得到可用的结果
```
关于 zip:Python 3 返回的是 zip 对象,和 map 一样,需要再加一层 list 进行展示。zip 函数用于将可迭代的对象作为参数,将对象中对应的元素打包成一个个元组,然后返回由这些元组组成的对象。
```
list1 = [1,2,3]
list2 = [4,5,6]
```

```
list3 = list(zip(list1,list2))    ＃zip 运行结果再使用一次 list
print(list3)    ＃[(1, 4), (2, 5), (3, 6)]
```

运行结果如下：

allWordsVec，['发票', '雾霾', '在家', '学习', '不宜', '兼职', '打折', '优惠', '北京', '周六', '机器学习', '喜欢', '贝叶斯', '算法', '研究', '今天', '公司', '返利', '一起', '增值税', '公式', '招聘', '聚餐', '时间', '理财', '欢迎', '税点', '日薪', '保险', '金融', '讨论', '外出']

lambda x：words2Vec(allWordsVec, x)，docList < function tNB.< locals >.< lambda > at 0x0000021A9E99F4C0 > [['周六', '公司', '一起', '聚餐', '时间'], ['优惠', '返利', '打折', '优惠', '金融', '理财'], ['喜欢', '机器学习', '一起', '研究', '欢迎', '贝叶斯', '算法', '公式'], ['公司', '发票', '税点', '优惠', '增值税', '打折'], ['北京', '今天', '雾霾', '不宜', '外出', '时间', '在家', '讨论', '学习'], ['招聘', '兼职', '日薪', '保险', '返利']]

```
trainMat [array([0, 0, 0, 0, 0, 0, 0, 0, 0, 1, 0, 0, 0, 0, 0, 0, 1, 0, 1, 0, 0, 0,
       1, 1, 0, 0, 0, 0, 0, 0, 0, 0]), array([0, 0, 0, 0, 0, 0, 1, 2, 0, 0, 0, 0, 0, 0,
0, 0, 0, 0, 1, 0, 0, 0, 0,
       0, 0, 1, 0, 0, 0, 0, 1, 0, 0]), array([0, 0, 0, 0, 0, 0, 0, 0, 0, 0, 1, 1, 1,
1, 1, 0, 0, 0, 1, 0, 1, 0,
       0, 0, 1, 0, 0, 0, 0, 0, 0, 0]), array([1, 0, 0, 0, 0, 0, 1, 1, 0, 0, 0, 0, 0,
0, 0, 0, 1, 0, 0, 1, 0, 0,
       0, 0, 0, 1, 0, 0, 0, 0, 0, 0]), array([0, 1, 1, 1, 1, 0, 0, 0, 1, 0, 0, 0, 0,
0, 0, 1, 0, 0, 0, 0, 0, 0,
       0, 1, 0, 0, 0, 0, 0, 1, 1]), array([0, 0, 0, 0, 0, 1, 0, 0, 0, 0, 0, 0, 0,
0, 0, 0, 0, 1, 0, 0, 0, 1,
       0, 0, 0, 0, 0, 1, 1, 0, 0, 0])]
```

testClass 0

['公司', '聚餐', '讨论', '贝叶斯'] 推测为：正常邮件

['公司', '保险', '金融'] 推测为：广告邮件

【例 8.3】 自定义高斯分布概率密度函数，用朴素贝叶斯方法训练鸢尾花训练集，判断给定的鸢尾花特征值所属类别。

```
import numpy as np
import pandas as pd
import matplotlib.pyplot as plt
from sklearn.datasets import load_iris
from sklearn.model_selection import train_test_split
import math
def create_data():＃创建数据集
    iris = load_iris()
    df = pd.DataFrame(iris.data, columns = iris.feature_names)
    df['label'] = iris.target ＃把标签存到 df 中
    df.columns = ['sepal length', 'sepal width', 'petal length', 'petal width',
```

'label']
```
        data = np.array(df.iloc[:100, :]) #取鸢尾花的 0~99 行数据
        return data[:,:-1], data[:,-1] #数据和标签的分离
    create_data()
    X, y = create_data()
    X_train, X_test, y_train, y_test = train_test_split(X, y, test_size = 0.2)
    class NaiveBayes:
        def __init__(self):
            self.model = None


        # 数学期望
        @staticmethod
        def mean(X):
            return sum(X) / float(len(X))


        # 标准差(方差)
        def stdev(self, X):
            avg = self.mean(X)
            return math.sqrt(sum([pow(x - avg, 2) for x in X]) / float(len(X)))


        # 高斯分布概率密度函数
        def gaussian_probability(self, x, mean, stdev):
            exponent = math.exp( - (math.pow(x - mean,2)/(2 * math.pow(stdev,2))))
            return (1 / (math.sqrt(2 * math.pi) * stdev)) * exponent


        # 处理 X_train
        def summarize(self, train_data):
            summaries = [(self.mean(i), self.stdev(i)) for i in zip( * train_data)]
            #zip( * ):纵向打包,保证解压后的参数长度一致
            return summaries


        # 分类别求出数学期望和标准差
        def fit(self, X, y):
            labels = list(set(y))
            data = {label:[] for label in labels}
            for f, label in zip(X, y):   #zip():纵向打包,多个参数压缩到一起,该函
数返回一个以元组为元素的列表
```

```
                data[label].append(f)
            self.model = {label: self.summarize(value) for label, value in data.
items()}   # 求出每个类对应的数学期望和标准差
            return 'gaussianNB train done! '


        # 计算概率
        def calculate_probabilities(self, input_data):
            # summaries:{0.0: [(5.0, 0.37),(3.42, 0.40)], 1.0: [(5.8, 0.449),
(2.7, 0.27)]}
            # input_data:[1.1, 2.2]
            probabilities = {}
            for label, value in self.model.items():
                probabilities[label] = 1
                for i in range(len(value)):
                    mean, stdev = value[i]
                    probabilities[label] *= self.gaussian_probability(input_
data[i], mean, stdev)
            return probabilities


        # 类别
        def predict(self, X_test):
            label = sorted(self.calculate_probabilities(X_test).items(), key =
lambda x: x[-1])[-1][0]
            return label


        def score(self, X_test, y_test):
            right = 0
            for X, y in zip(X_test, y_test):
                label = self.predict(X)
                if label == y:
                    right += 1

            return right / float(len(X_test))

    model = NaiveBayes()
    model.fit(X_train, y_train)
    print(model.predict([4.4,  3.2,  1.3,  0.2]))
    model.score(X_test, y_test)
```

【例 8.4】 利用 sklearn. naive_bayes 中的 GaussianNB 函数对鸢尾花进行分类

```
import numpy as np
import pandas as pd
import matplotlib.pyplot as plt
% matplotlib inline
from sklearn.datasets import load_iris
from sklearn.model_selection import train_test_split
def create_data():
    iris = load_iris()
    df = pd.DataFrame(iris.data, columns = iris.feature_names)
    df['label'] = iris.target
    df.columns = ['sepal length', 'sepal width', 'petal length', 'petal width',
'label']
    data = np.array(df.iloc[:100, :])
    return data[:, : -1], data[:, -1]
create_data()
X, y = create_data()
X_train, X_test, y_train, y_test = train_test_split(X, y, test_size = 0.2)
from sklearn.naive_bayes import GaussianNB
clf = GaussianNB()
clf.fit(X_train, y_train)
# var_smoothing 表示所有特征的最大方差部分,添加到方差中用于提高计算稳定性,
priors 表示类别的先验概率
GaussianNB(priors = None, var_smoothing = 1e - 09)
print(clf.score(X_test, y_test))
clf.predict([[4.4,  3.2,  1.3,  0.2]])
y_predict = clf.predict(X_test)
from sklearn.metrics import classification_report
# 输出更加详细的其他评价分类性能的指标
print(classification_report(clf.predict(X_test), y_test))
```

运行结果如图 8.1 所示。

```
1.0
             precision   recall  f1-score   support

        0.0       1.00     1.00      1.00         6
        1.0       1.00     1.00      1.00        14

   accuracy                          1.00        20
  macro avg       1.00     1.00      1.00        20
weighted avg       1.00     1.00      1.00        20
```

图 8.1　例 8.4 的运行结果

maro avg 的中文名称为宏平均,其计算方式为每个类型的 P、R 的算术平均,weighted avg 的计算方式与 micro avg 很相似,只不过 weighted avg 是将每一个类别的样本数量在所有类别的样本总数中的占比作为权重。micro avg 的中文名称为微平均,是对数据集中的每一个示例不分类别地进行统计,建立全局混淆矩阵,然后计算相应的指标。在微平均评估指标中,样本数多的类别主导着样本数少的类别。公式如式 8.13~式 8.15 所示。support 表示出现某类样本的个数。

$$P_{\text{micro}} = \frac{\overline{\text{TP}}}{\overline{\text{TP}} + \overline{\text{FP}}} = \frac{\sum_{i=1}^{M} \text{TP}_i}{\sum_{i=1}^{M} \text{TP}_i + \sum_{i=1}^{M} \text{FP}_i} \tag{8.13}$$

$$R_{\text{micro}} = \frac{\overline{\text{TP}}}{\overline{\text{TP}} + \overline{\text{FN}}} = \frac{\sum_{i=1}^{M} \text{TP}_i}{\sum_{i=1}^{M} \text{TP}_i + \sum_{i=1}^{M} \text{FN}_i} \tag{8.14}$$

$$F_{\text{micro}} = \frac{2 \cdot P_{\text{micro}} \cdot R_{\text{micro}}}{P_{\text{micro}} + R_{\text{micro}}} \tag{8.15}$$

【例 8.5】 现有 1 000 个水果的特征数据,如表 8.4 所示。给出一些特征,判断对应的水果类别。

表 8.4　1 000 个水果的特征数据

类别	较长	不长	甜	不甜	黄色	非黄色	总数
香蕉	400	100	350	150	450	50	500
橘子	0	300	150	150	300	0	300
其他	100	100	150	50	50	150	200
总数	500	500	650	350	800	200	1 000

F:水果,L:长度,S:甜度,C:颜色。根据朴素贝叶斯分类器公式,判断水果类别。

根据样本数据,计算概率:

$$P(香蕉) = \frac{500}{1\,000} = 0.5; P(橘子) = \frac{300}{1\,000} = 0.3; P(其他) = \frac{200}{1\,000} = 0.2$$

$$P(较长|香蕉) = \frac{400}{500} = 0.8; P(甜|香蕉) = \frac{350}{500} = 0.7; P(黄色|香蕉) = \frac{450}{500} = 0.9$$

$$P(较长|橘子) = \frac{0}{300} = 0; P(甜|橘子) = \frac{150}{300} = 0.5; P(黄色|橘子) = \frac{300}{300} = 1$$

$$P(较长|其他) = \frac{100}{200} = 0.5; P(甜|其他) = \frac{150}{200} = 0.75; P(黄色|其他) = \frac{50}{200} = 0.25$$

设有 N 个特征,分别为 $F_1, F_2, \cdots, F_N$,有 m 个分类,分别为 $C_1, C_2, \cdots, C_m$。朴素贝叶斯分类器是计算出概率最大的那个类别,即计算出式中的最大值(C 取值 $C_1, C_2, \cdots, C_m$):

$$P(C|F_1, F_2, \cdots, F_N) = P(F_1, F_2, \cdots, F_N|C) P(C) / P(F_1, F_2, \cdots, F_N)$$

由于分母对所有类别都是相同的,可以只计算分子的值 $P(F_1, F_2, \cdots, F_N|C) P(C)$。

假设所有特征相互独立,则朴素贝叶斯可以写成:

$$P(F_1, F_2, \cdots, F_N | C) P(C) / P(F_1, F_2, \cdots, F_N) =$$
$$P(F_1 | C) P(F_2 | C) \cdots P(F_N | C) P(C) / [P(F_1) P(F_2) \cdots P(F_N)]$$

等式右边的每一项都可以从数据中得出,因此可以计算出对应的概率和条件概率。
可写成如下公式:

$$P(F | L, S, C) = P(L, S, C | F) P(F) / P(L, S, C)$$

只需求如下等式的最大值:

$$P(L | F) P(S | F) P(C | F) P(F)$$

代码如下:

```python
import random
import operator
datasets = {
    'banana':{'long':400,'not_long':100,'sweet':350,'not_sweet':150,'yellow':450,'not_yellow':50},
    'orange':{'long':0,'not_long':300,'sweet':150,'not_sweet':150,'yellow':300,'not_yellow':0},
    'other_fruit':{'long':100,'not_long':100,'sweet':150,'not_sweet':50,'yellow':50,'not_yellow':150}
    }
def count_total(data:dict):    # 冒号":"用来限制 data 的传入类型
    # return ({'banala': 500, 'orange': 300, 'other_fruit':200},1000)
    count = dict()
    total = 0
    for fruit in data:
        count[fruit] = data[fruit]['sweet'] + data[fruit]['not_sweet']
        total += count[fruit]
    return count, total


def cal_base_rates(data:dict):
    # 计算 P(香蕉),P(橘子),P(其他)
    categroies,total = count_total(data)
    cal_base_rates = dict()
    for label in categroies:
        priori_prob = categroies[label]/total
        cal_base_rates[label] = priori_prob
    return cal_base_rates


def likelihold_prod(data:dict):
    # P(long|banana), P(not_long|orange),..., P(sweet|orange) ,P(yellow|other_fruit)...
```

```
        count, _ = count_total(data)
        likelihold = dict()
        for fruit in data:
            attr_prob = {}
            for attr in data[fruit]:
                attr_prob[attr] = data[fruit][attr]/count[fruit]
                likelihold[fruit] = attr_prob
        return likelihold


class naive_bayes_classifier:
    def __init__(self, data = datasets):
        self._data = data
        self._labels = [key for key in self._data.keys()]
        self._priori_prob = cal_base_rates(self._data)
        self._likelihold_prob = likelihold_prod(self._data)

    def get_label(self, length, sweetness, color):
        self._attrs = [length, sweetness, color]
        res = dict()
        # 计算 P(较长 | 香蕉),P(甜 | 香蕉),P(黄色 | 香蕉),P(香蕉)……
        for label in self._labels:
            prob = self._priori_prob[label]
            for attr in self._attrs:
                prob *= self._likelihold_prob[label][attr]
            res[label] = prob
        return res


def random_attr(pair):
    return pair[random.randint(0,1)] # random.randint(0,1)随机产生 0 或 1


def gen_attrs():
    # 生成测试数据集
    sets = [('long','not_long'),('sweet','not_sweet'),('yellow','not_yellow')]
    test_datasets = []
    for _ in range(20):
        test_datasets.append(list(map(random_attr,sets)))
    return test_datasets


def main():
```

```
test_datasets = gen_attrs()
classfier = naive_bayes_classifier()
for data in test_datasets:
    print('特征值: ', end = '\t')
    print(data)
    print('预测结果: ',end = '\t')
    res = classfier.get_label( * data)
    print(res)
    print(sorted(res.items(),key = operator.itemgetter(1),reverse =
True)[0][0])


if __name__ == "__main__":
    main()
```

运行结果如下:

特征值:　　['long','sweet','yellow']

预测结果:　　{'banala': 0.252,'orange': 0.0,'other_fruit': 0.018750000000000003}

banala

特征值:　　['not_long','sweet','yellow']

预测结果:　　{'banala': 0.063,'orange': 0.15,'other_fruit': 0.018750000000000003}

orange

特征值:　　['not_long','not_sweet','yellow']

预测结果:{'banala': 0.027,'orange': 0.15,'other_fruit': 0.00625}

orange

特征值:　　['not_long','not_sweet','not_yellow']

预测结果:　　{'banala': 0.003,'orange': 0.0,'other_fruit': 0.018750000000000003}

other_fruit

特征值:　　['long','not_sweet','not_yellow']

预测结果:　　{'banala': 0.012,'orange': 0.0,'other_fruit': 0.018750000000000003}

other_fruit

特征值:　　['not_long','sweet','not_yellow']

预测结果:　　{'banala': 0.006999999999999999,'orange': 0.0,'other_fruit': 0.05625000000000001}

other_fruit

特征值:　　['not_long','not_sweet','not_yellow']

预测结果:　　{'banala': 0.003,'orange': 0.0,'other_fruit': 0.018750000000000003}

other_fruit

特征值:　　['long','not_sweet','not_yellow']

预测结果:　　{'banala': 0.012,'orange': 0.0,'other_fruit': 0.018750000000000003}

other_fruit

特征值： ['long','not_sweet','yellow']

预测结果： {'banala': 0.108,'orange': 0.0,'other_fruit': 0.00625}

banala

特征值： ['not_long','sweet','not_yellow']

预测结果： {'banala': 0.006999999999999999,'orange': 0.0,'other_fruit': 0.05625000000000001}

other_fruit

特征值： ['not_long','sweet','yellow']

预测结果： {'banala': 0.063,'orange': 0.15,'other_fruit': 0.018750000000000003}

orange

特征值： ['long','sweet','not_yellow']

预测结果： {'banala': 0.027999999999999997,'orange': 0.0,'other_fruit': 0.05625000000000001}

other_fruit

特征值： ['not_long','sweet','not_yellow']

预测结果： {'banala': 0.006999999999999999,'orange': 0.0,'other_fruit': 0.05625000000000001}

other_fruit

特征值： ['long','not_sweet','yellow']

预测结果： {'banala': 0.108,'orange': 0.0,'other_fruit': 0.00625}

banala

特征值： ['not_long','sweet','yellow']

预测结果： {'banala': 0.063,'orange': 0.15,'other_fruit': 0.018750000000000003}

orange

特征值： ['not_long','sweet','not_yellow']

预测结果： {'banala': 0.006999999999999999,'orange': 0.0,'other_fruit': 0.05625000000000001}

other_fruit

特征值： ['not_long','sweet','not_yellow']

预测结果： {'banala': 0.006999999999999999,'orange': 0.0,'other_fruit': 0.05625000000000001}

other_fruit

特征值： ['not_long','not_sweet','yellow']

预测结果： {'banala': 0.027,'orange': 0.15,'other_fruit': 0.00625}

orange

特征值： ['not_long','sweet','yellow']

预测结果： {'banala': 0.063,'orange': 0.15,'other_fruit': 0.018750000000000003}

orange

特征值： ['not_long','sweet','not_yellow']

预测结果: {'banala': 0.006999999999999999, 'orange': 0.0, 'other_fruit': 0.05625000000000001}

other_fruit

朴素贝叶斯算法的优、缺点如下。

优点:

① 朴素贝叶斯模型发源于古典数学理论,有稳定的分类效率。

② 对小规模的数据表现很好,能处理多分类任务,适合增量式训练。

③ 对缺失数据不太敏感,算法较简单,常用于文本分类。

缺点:

① 理论上,朴素贝叶斯模型与其他分类方法相比具有最小的误差率。但是实际上并非总是如此,这是因为朴素贝叶斯模型在给定输出类别的情况下,假设属性之间相互独立,这个假设在实际应用中往往是不成立的。在属性比较多或者属性之间相关性较大时,分类效果不好,而在属性相关性较小时,朴素贝叶斯性能较好。

② 需要知道先验概率,且先验概率很多时候取决于假设,假设的模型可以有很多种,因此在某些时候会由于假设的先验模型的原因导致预测效果不佳。

③ 由于通过先验和数据来决定后验的概率,进而决定分类,因此分类决策存在一定的错误率。

④ 对输入数据的表达形式很敏感。

第 9 章 集 成 学 习

集成学习是将若干个学习器(分类器和回归器)组合之后产生一个新的学习器的模型。构建多个弱学习器后,将其组合为一个性能明显提升的强学习器,相较于弱学习器而言,能够进一步提升结果的准确率。严格来说,集成学习是多种学习器结合的方法。弱分类器指分类准确率只稍微好于随机猜测的分类器。

集成算法的优点在于保证弱分类器的多样性,而且集成不稳定的算法可得到比较明显的性能提升。集成算法可根据个体学习器生成方式进行分类:

① 不存在强依赖,可同时生成的并行方法:如袋装(Bagging,又称自助聚集或自举汇聚法)和随机森林(Random Forest)。

② 个体学习器有强依赖,必须串行生成序列方法:如提升方法(Boosting:AdaBoost、GDBT、XGBoost)。

集成学习的主要目的包括:

① 解决欠拟合问题,如使用多个弱学习器组合变为强学习器的 Boosting 方法逐步增强学习方法。

② 解决过拟合问题,如使用互相遏制变壮的 Bagging 采样集成学习方法。

9.1 不存在强依赖,可同时生成的并行方法

自助法:即从样本自身中再生成很多可用的、同等规模的新样本,即分类或者回归不借助于其他样本数据产生。自助法的具体含义如下。

如果有 N 个样本,希望得到 m 个训练集,每个训练集有 N 个样本用来训练。那么:首先,在 N 个样本里随机抽出一个样本 X_1,然后记下来,放回去,再抽出一个样本 X_2……这样有放回地抽取 N 次,即完成一遍有放回地抽取 N 个新样本,这 N 个新样本中可能存在被抽到的相同样本。重复 m 遍有放回地抽取 N 个新样本,就得到 m 次的抽取的 N 个样本。这实际上是一个有放回地随机抽样问题,每一个样本在每一次抽取时被抽中的概率相等。该方法在样本数较少时也很适用。

如果样本数很小,通常希望留出一部分用作验证集,如传统的训练集-验证集分割方法,这样训练集会变得更小,偏差会更大,结果常常不理想。而自助法不会降低训练样本的规模,又能留出验证集(因为训练集有重复的,但是这种重复又是随机的),因此有一定的优势。

自助法能预留多少样本来验证?可以计算:每抽取一次,任何一个样本没被抽中的概率为 $1-\dfrac{1}{N}$,有放回地抽取 N 个样本,所以样本没被抽取的概率为 $\left(1-\dfrac{1}{N}\right)^{N}$。从统计意义上

说,这意味着大概有 $\left(1-\dfrac{1}{N}\right)^N$ 比例的样本作为验证集。当 $N\to\infty$ 时,该值约为 $\dfrac{1}{e}$ (近似为 36.8%)。以这些样本为验证集的方式叫作包外估计(out of bag estimate)。

1. Bagging

Bagging 的名称来源于 bootstrap aggregating(自举汇聚法),意思是自助抽样集成,这种方法用来解决模型的过拟合问题。Bootstrap 方法的中文名称是"自助采样法",这是一种有放回的采样方法。自助抽样集成方法将原训练集分成 m 个新的训练集,然后在每个新训练集上构建一个独立模型,最后预测时将这 m 个模型的结果进行整合,得到最终结果。整合方式是:分类问题采用少数服从多数(majority voting)的整合方式;回归问题采用均值整合方式。当学习算法不稳定时,如训练集有微小变化会导致分类器的分类结果有较大改变时,可采用 Bagging 集成方法,以改善模型的性能。

在多数情况下,Bagging 方法提供了一种非常简单的方式对单一模型进行改进,而无须修改背后的算法。其算法过程如下:

① 数据集中有 S 个样本,从中有放回地选取 N 个样本($N\leqslant S$)作为训练集;

② 生成一个模型 C;

③ 重复以上步骤 m 次,得到 m 个模型 $C_1,C_2,\cdots,C_m$;

④ 对于分类问题,最终以投票决定,采用少数服从多数原则;

⑤ 对于回归问题,采用取平均值的方法,所有模型同等重要。

【例 9.1】 实现基分类器是 KNN 算法的 Bagging 算法。

```
from sklearn.ensemble import BaggingClassifier
from sklearn.neighbors import KNeighborsClassifier
from sklearn.metrics import accuracy_score
from sklearn import datasets,model_selection

def load_data():  # 加载数据
    iris = datasets.load_iris()  # sklearn 自带的 iris 数据集
    X = iris.data
    y = iris.target
    return model _ selection. train _ test _ split (X, y, test _ size =
0.25,random_state = 0,stratify = y)
```

\# stratify:表示是否按照样本比例(不同类别的比例)来划分数据集,例如,原始数据集中类 A:类 B = 75%:25%,那么划分的测试集和训练集中类 A:类 B 都为 75%:25%。可用于样本类别差异很大的情况,一般使用方式为:stratify=y,即用数据集的标签 y 来进行划分。random_state:为随机数种子,主要是为了复现结果而设置的。

```
bagging = BaggingClassifier(KNeighborsClassifier(),max _ samples = 0.1,max_
features = 0.5,random_state = 1)

X_train,X_test,y_train,y_test = load_data()
bagging.fit(X_train,y_train)
```

```
y_pre = bagging.predict(X_test)
print(accuracy_score(y_test,y_pre))
```
运行结果：

0.9473684210526315

BaggingClassifier 中的参数详解如下。

- BaggingClassifier：训练模型的选择，默认为决策树。
- n_estimators：要融合的训练模型数量，默认为10。
- max_samples：从数据集中抽取用于模型训练的样本数，int 表示抽取样本的数量，float 表示抽取样本的比例。
- max_features：用于模型训练的特征数，int 代表抽取特征的数量，float 代表抽取特征的比例。
- bootstrap：决定样本子集的抽样方式是有放回还是无放回，True 表示有放回抽样。
- random_state：如果为整数，则它指定了随机数生成器的种子；如果为实例，则它指定了随机数生成器；如果为 None，则使用默认的随机数生成器。

Bagging 算法的优点：通过减少方差来提高预测结果的准确性。缺点：失去了模型的简单性。

2. Random Forest

在机器学习中，随机森林是一个包含多个决策树的学习器，将它们合并在一起以获得更准确和更稳定的预测。随机森林的一大优势在于它既可用于分类问题，也可用于回归问题，这两类问题构成了当前大多数机器学习系统所需要解决的问题。对于分类问题的输出由多个决策树输出的众数决定，对于回归问题的输出则由多个决策树输出的均值决定。Leo Breiman 和 Adele Cutler 推出随机森林算法，而"Random Forests"是商标。这个术语是由1995 年贝尔实验室的 Tin Kam Ho 提出的随机决策森林（random decision forests）而来的。该方法则是 Breiman 的"bootstrap aggregating"和 Ho 的"random subspace method"相结合，以建造决策树的集合。相关概念如下。

① 分裂：在决策树的训练过程中，需要一次次地将训练数据集分裂成子数据集，这个过程称为分裂。

② 待选特征：在决策树的构建过程中，需要按照一定的次序从全部的特征中选取特征。待选特征是在本步骤之前还没被选中的特征集合。例如，全部的特征是 A,B,C,D,E，第一步，待选特征是 A,B,C,D,E，经过第一步选择 C 以后，第二步，待选特征为 A,B,D,E。

③ 分裂特征：延续待选特征的定义，每一次选取的特征即为分裂特征。例如，在②待选特征的例子中，第一步的分裂特征为 C。因为选出的这些特征将数据集分成了一个个不相交的部分，所以称之为分裂特征。

构建随机森林的过程如下：

① 从样本集中有放回地随机抽取 N 个样本；

② 从所有特征中随机选择 m 个特征，对选出的样本利用这些特征建立决策树；

③ 对步骤①和步骤②重复操作 T 次，即生成 T 棵决策树，形成随机森林；

④ 对于新数据，经过每棵决策树分类或回归，得到最后的输出。

随机森林的优点包括：

① 每棵树都选择部分样本及部分特征,一定程度上避免过拟合的发生;

② 每棵树随机选择样本并随机选择特征,模型具有很好的抗噪能力,其性能更加稳定;

③ 能处理高维度的数据,且不用做特征选择;

④ 适合并行计算;

⑤ 实现较为简单。

缺点包括:

① 参数较复杂;

② 模型训练和预测较慢。

在 sklearn 中,随机森林的 API 函数是:

```
RandomForestClassifier(bootstrap = True, class_weight = None, criterion = 'gini',
            max_depth = None, max_features = 'auto', max_leaf_nodes = None,
            min_samples_leaf = 1, min_samples_split = 2,
            min_weight_fraction_leaf = 0.0, n_estimators = 10, n_jobs = 1,
            oob_score = False, random_state = None, verbose = 0,
            warm_start = False)
```

参数分析如下。

① max_features:随机森林允许单个决策树使用特征的最大数目。Python 为最大特征数提供了多个可选项,常用选项如下。

- auto/None:简单地选取所有特征,每棵树都可利用这些特征,且每棵树都没有限制。
- sqrt:每棵子树选取的特征数为总特征数的平方根。"log2"是另一种相似类型的选项。
- 0.2:允许每个随机森林的子树利用特征数的 20%。如果想使用 50% 的特征,则可使用"0.5"。

② n_estimators:要建立的子树(个体学习器)的数量。

③ min_sample_leaf:叶子节点中的最小样本数。

9.2　个体学习器有强依赖,串行生成序列方法

提升方法(Boosting)是监督学习中可以用来减小偏差的算法,主要是学习一系列弱学习器,并将其组合为一个强学习器。Boosting 中有代表性的是 AdaBoost(Adaptive Boosting,自适应提升)算法,在开始训练时对每一个训练实例赋以相等的权重,然后用该算法对训练集训练 T 轮,每次训练后,对训练失败的训练实例赋以较大的权重,也就是让学习算法在每次学习以后更注重学错的样本,从而得到多个预测函数。GBDT(Gradient Boost Decision Tree,梯度提升树)也是一种 Boosting 方法,与 AdaBoost 不同,GBDT 每一次的计算是为了减少上一次的残差,GBDT 在残差减少(负梯度,只使用一阶导数)的方向上建立一个新的模型,通常解决拟合问题。

9.2.1 XGBoost 集成学习算法的工作原理

XGBoost 算法是陈天奇等人开发的一个开源机器学习项目,高效地实现了 GBDT 算法并进行了算法和工程上的改进,被广泛应用在 Kaggle 竞赛及其他机器学习竞赛中,并取得了较好的成绩。

XGBoost 算法本质上仍属于 GBDT 算法,但是其力争把速度和效率发挥到极致,所以称作 X (Extreme) GBoost。GBDT 和 XGBoost 都是 Boosting 方法。

如果不考虑工程实现、解决问题上的一些差异,XGBoost 算法与 GBDT 算法比较大的不同就是目标函数的定义。GBDT 算法不在目标函数中使用正则项;而 XGBoost 算法则使用正则项来修复树模型天生容易过拟合的缺陷,在剪枝前让模型尽量不出现过拟合。XGBoost 算法的目标函数如式 9.1 所示。

$$\text{Obj}^{(t)} = \sum_{i=1}^{N} l(y_i, \hat{y}_i^{(t-1)} + f_t(x_i)) + \Omega(f_t) + \text{constant} \tag{9.1}$$

用泰勒展开近似原目标,泰勒展开式如式 9.2 所示。

$$f(x + \Delta x) \cong f(x) + f'(x)\Delta x + \frac{1}{2}f''(x)\Delta x^2 \tag{9.2}$$

定义:

$$g_i = \partial_{\hat{y}^{(t-1)}} l(y_i, \hat{y}_i^{(t-1)}) = \frac{\partial l(y_i, \hat{y}_i^{(t-1)})}{\partial \hat{y}^{(t-1)}} = -2(y_i, \hat{y}_i^{(t-1)})$$

$$h_i = \partial^2_{\hat{y}^{(t-1)}} l(y_i, \hat{y}_i^{(t-1)}) = \frac{\partial^2 l(y_i, \hat{y}_i^{(t-1)})}{\partial(\hat{y}^{(t-1)})^2} = 2$$

则原目标函数为式 9.3 所示。

$$\text{Obj}^{(t)} \cong \sum_{i=1}^{N} l(y_i, \hat{y}_i^{(t-1)} + g_i f_t(x_i) + \frac{1}{2}h_i f_t^2(x_i)) + \Omega(f_t) + \text{constant} \tag{9.3}$$

其中:$\hat{y}_i^{(t-1)}$ 相当于泰勒展开式中的 $f(x)$;$f_t(x_i)$ 相当于泰勒展开式中的 Δx;$l(y_i, \hat{y}_i^{(t-1)})$ 为损失函数;$\hat{y}^{(t-1)} - y_i$ 表示残差,即经过前 $t-1$ 棵树的预测之后的值与真实值之间的差距,也就是在 GBDT 中所使用的残差概念,而新的第 t 棵决策树上每个样本所参照的值应该是这个残差 $\Omega(f_t)$ 是正则项;constant 是常数项。对于 $f(x)$,XGBoost 利用泰勒展开前三项做近似,$f_t(x_i)$ 表示第 t 棵树。

XGBoost 的核心算法思想是:

① 不断添加树,不断地进行特征分裂来生长一棵树,每添加一棵树,就学习一个新函数 $f(x)$,使其损失不断降低。

② 当训练完成得到 k 棵树,要预测一个样本的分数时,根据这个样本的特征值,在每棵树中会落到对应的一个叶子节点上,每个叶子节点就对应一个值。

③ 将每棵树对应的分数累加为该样本的预测值。

XGBoost 的目标是使树群的预测值 $\hat{y}_i^{(t-1)}$ 尽量接近真实值 y_i,且具备很好的泛化能力。与 GBDT 相似,XGBoost 也需要将多棵树的预测得分累加得到最终的预测得分(每一次迭代都在现有树的基础上增加一棵树,使其损失不断降低),如式 9.4 所示。

$$\hat{y}_i^{(0)} = 0$$

$$\hat{y}_i^{(1)} = \hat{y}_i^{(0)} + f_1(x_i)$$

$$\hat{y}_i^{(2)} = \hat{y}_i^{(1)} + f_2(x_i)$$

······

$$\hat{y}_i^{(t)} = \sum_{k=1}^{t} f_k(x_i) = \sum_{k=1}^{t-1} f_k(x_i) + f_t(x_i) = \hat{y}_i^{(t-1)} + f_t(x_i) \tag{9.4}$$

其中:$f_t(x_i)$是新函数,即新决策树的模型,$\hat{y}_i^{(t)}$ 为样本 i 在前 t 轮模型的总得分,$\hat{y}_i^{(t-1)}$ 为样本 i 在前 $t-1$ 轮模型的总得分。

选取 $f_t(x_i)$,使得目标函数尽量小。$f_t(x_i)$可以使用泰勒展开公式近似。式 9.4 $\hat{y}_i^{(t)} = \hat{y}_i^{(t-1)} + f_t(x_i)$ 成立。又因为式 9.5 成立:

$$\sum_{k=1}^{t} \Omega(f_k) = \sum_{k=1}^{t-1} \Omega(f_k) + \Omega(f_t) \tag{9.5}$$

所以目标函数可写成式 9.6。

$$\begin{aligned} \mathrm{Obj}^{(t)} &= \sum_{i=1}^{N} l(y_i, \hat{y}_i^{(t)}) + \sum_{k=1}^{t} \Omega(f_k) \\ &= \sum_{i=1}^{N} l(y_i, \hat{y}_i^{(t-1)} + f_t(x_i)) + \sum_{k=1}^{t-1} \Omega(f_k) + \Omega(f_t) \end{aligned} \tag{9.6}$$

把样本分配到叶子节点会对应一个 Obj,对 Obj 进行优化。$\sum_{i=1}^{N} l(y_i, \hat{y}_i^{(t)})$ 是损失,$\sum_{k=1}^{t} \Omega(f_k)$ 是表示树的复杂度的函数,它控制着模型的复杂度,包括叶子节点数目 T 和叶子得分(如果可以使用 L1 或者 L2 正则项)。XGBoost 对树的复杂度包含两个部分:树的叶子节点的个数 T;树的叶子节点的得分,如果使用 L2 正则化,那么对 ω 进行 L2 正则化,相当于针对每个叶子节点的得分增加 L2 平滑,目的是避免过拟合。

$q(x_i)$表示样本 x_i 所在的叶子节点,用 $\omega_{q(x_i)}$ 来表示 x_i 这个样本落到第 k 棵树上的第 $q(x_i)$ 个叶子节点所获得的分数。该值是对每一个样本落到叶子节点所得的叶子权重,在一个叶子节点上的所有样本对应的叶子权重是相同的。设一棵树上共有 T 个叶子节点,叶子节点的索引为 j,则这个叶子节点上的样本权重都是 w_j。据此,定义模型的复杂度,如式 9.7 所示。

$$\Omega(f_t) = \gamma T + \text{正则项} \tag{9.7}$$

如果使用 L2 正则项,则式 9.8 成立。

$$\Omega(f_t) = \gamma T + \frac{1}{2}\lambda \| \omega \|^2 = \gamma T + \frac{1}{2}\lambda \sum_{j=1}^{T} \omega_j^2 \tag{9.8}$$

如果使用 L1 正则项,则式 9.9 成立。

$$\Omega(f_t) = \gamma T + \frac{1}{2}\alpha | \omega | = \gamma T + \frac{1}{2}\alpha \sum_{j=1}^{T} | \omega_j | \tag{9.9}$$

有时还可以将 L1 和 L2 一起使用,如式 9.10 所示。

$$\Omega(f_t) = \gamma T + \frac{1}{2}\alpha \sum_{j=1}^{T} | \omega_j | + \frac{1}{2}\lambda \sum_{j=1}^{T} \omega_j^2 \tag{9.10}$$

其中，T 是叶子节点的个数，ω_j^2 是 ω 的 L2 模平方，γ 表示节点切分的难度或者复杂性控制(complexity control)，α 和 λ 都是控制正则化强度的参数。

是否玩游戏的三组群体得分如图 9.1 所示，如果使用 L2 正则项，则 $\Omega = 3\gamma + \frac{1}{2}\lambda(4 + 0.01 + 1)$。

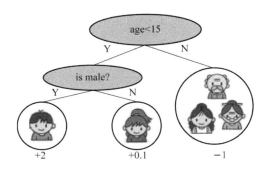

图 9.1 是否玩游戏的三组群体得分

XGBoost 的目标函数如式 9.11 所示。

$$L(\phi) = \sum_{i=1}^{N} l(y_i, \hat{y}_i^{(t)}) + \sum_{k=1}^{t} \Omega(f_k) \tag{9.11}$$

正则化公式是目标函数的后半部分，如式 9.11 所示，N 为样本个数，t 表示 t 棵树，$\hat{y}_i$ 是整个累加模型的输出，$\sum_{k=1}^{t} \Omega(f_k)$ 是表示树的复杂度的函数，值越小复杂度越低，泛化能力越强，正则化项是 t 棵树的 L2 正则化项相加和，则有式 9.12。

$$\text{Obj}^{(t)} \cong \sum_{i=1}^{N} l(y_i, \hat{y}_i^{(t-1)} + g_i f_t(x_i) + \frac{1}{2} h_i f_t^2(x_i)) + \sum_{k=1}^{t-1} \Omega(f_k) + \Omega(f_t) \tag{9.12}$$

其中，$\sum_{i=1}^{N} l(y_i, \hat{y}_i^{(t-1)})$ 是可以通过计算直接得出的常数量，$\sum_{k=1}^{t-1} \Omega(f_k)$ 也是可以通过计算直接得出的常数量，所以目标函数近似如式 9.13 所示。

$$\text{Obj}^{(t)} \cong \sum_{i=1}^{N} (g_i f_t(x_i) + \frac{1}{2} h_i f_t^2(x_i)) + \Omega(f_t) + \text{constant} \tag{9.13}$$

$l(y_i, \hat{y}_i^{(t-1)})$ 表示前 $t-1$ 棵树组成的学习模型的预测误差，当前模型向预测误差减小的方向进行迭代，忽略式 9.13 的常数项，$f_t(x_i)$ 是第 i 个样本在第 t 棵树的叶子节点上的分数，则有式 9.14。

$$\text{Obj}^{(t)} = \sum_{i=1}^{N} \left[g_i \cdot f_t(x_i) + \frac{1}{2} h_i \cdot f_t^2(x_i) \right] + \gamma T + \frac{1}{2} \lambda \sum_{j=1}^{T} \omega_j^2, \quad f_t(x) = \omega_{q(x)} \tag{9.14}$$

其中，$q(x)$ 表示输出的叶子节点序号，$\omega_{q(x)}$ 表示对应叶子节点序号 $q(x)$ 的得分值。可将式 9.14 简化为式 9.15。

$$\text{Obj}^{(t)} = \sum_{i=1}^{N} \left[g_i \cdot \omega_{q(x_i)} + \frac{1}{2} h_i \cdot \omega_{q(x_i)}^2 \right] + \gamma T + \frac{1}{2} \lambda \sum_{j=1}^{T} \omega_j^2 \tag{9.15}$$

式 9.15 的第一项是对所有训练样本集进行累加，此时，从样本出发，所有样本都映射为树的叶子节点。也可以从叶子节点出发，对所有的叶子节点进行累加，可得式 9.16。

$$\mathrm{Obj}^{(t)} = \sum_{j=1}^{T} \left[\left(\sum_{i \in I_j} g_i \right) \cdot \omega_j + \frac{1}{2} \left(\sum_{i \in I_j} h_i + \lambda \right) \cdot \omega_j^2 \right] + \gamma T \tag{9.16}$$

其中，I_j 表示第 j 个叶子节点上的样本集合。假设式 9.17 成立：

$$\sum_{i \in I_j} g_i = G_j, \qquad \sum_{i \in I_j} h_i = H_j \tag{9.17}$$

其中，G_j 表示映射为第 j 个叶子节点的所有输入样本的一阶导数之和，同理，H_j 表示二阶导数之和，则得式 9.18。

$$\mathrm{Obj}^{(t)} = \sum_{j=1}^{T} \left[G_j \cdot \omega_j + \frac{1}{2} (H_j + \lambda) \cdot \omega_j^2 \right] + \gamma T \tag{9.18}$$

对于第 t 棵 CART 树的某一个确定结构〔可用 $q(x)$ 表示叶子节点序号〕，其叶子节点是相互独立的，而 G_j 和 H_j 是确定量，因此，式 9.18 可以看作关于叶子节点得分 w 的一元二次函数。又因为 γT 是固定值，为最小化式 9.18，先令式 9.19 成立，则有式 9.20。

$$F^*(\omega_j) = G_j \cdot \omega_j + \frac{1}{2} (H_j + \lambda) \cdot \omega_j^2 \tag{9.19}$$

$$\frac{\partial F^*(\omega_j)}{\partial \omega_j} = G_j + \omega_j (H_j + \lambda) = 0 \tag{9.20}$$

得式 9.21：

$$\omega_j^* = -\frac{G_j}{H_j + \lambda} \tag{9.21}$$

代入式 9.18 中，得到最终的目标函数，如式 9.22 所示。

$$\mathrm{Obj}^* = -\frac{1}{2} \sum_{j=1}^{T} \frac{G_j^2}{H_j + \lambda} + \gamma T \tag{9.22}$$

式 9.22 也称为打分函数（scoring function），是衡量树结构好坏的标准，值越小，代表树的结构越好。用打分函数选择最佳切分点，从而构建 CART 树。

XGBoost 的回归树构建方法：在实际训练过程中，当建立第 t 棵树时，XGBoost 采用贪心法对树节点进行分裂。

① 从树的深度 0 开始，对树中的每个叶子节点尝试进行分裂；

② 每次分裂后，原来的一个叶子节点继续分裂为左右两个子节点，原叶子节点中的样本集将根据该节点的判断规则再分散到左右两个子节点中；

③ 新分裂一个节点后，需要检测这次分裂是否会带来结构分数之差，结构分数之差的定义如式 9.23 所示。

$$
\begin{aligned}
\mathrm{Gain} &= \mathrm{Obj}_{L+R} - (\mathrm{Obj}_L + \mathrm{Obj}_R) \\
&= \left[-\frac{1}{2} \frac{(G_L + G_R)^2}{H_L + H_R + \lambda} + \gamma \right] - \left[-\frac{1}{2} \left(\frac{G_L^2}{H_L + \lambda} + \frac{G_R^2}{H_R + \lambda} \right) + 2\gamma \right] \\
&= \frac{1}{2} \left[\frac{G_L^2}{H_L + \lambda} + \frac{G_R^2}{H_R + \lambda} - \frac{(G_L + G_R)^2}{H_L + H_R + \lambda} \right] - \gamma
\end{aligned}
\tag{9.23}
$$

如果增益 Gain>0，即分裂为两个叶子节点后，目标函数下降了，则采用此次分裂结果。只要 Gain>0，就可以进行分裂。

9.2.2 停止分裂条件判断

① 推导得到的打分函数是衡量树结构好坏的标准，因此，可用打分函数来选择最佳切

分点。首先确定样本特征的所有切分点,对每一个确定的切分点进行切分,切分好坏的标准如式 9.23 所示。式中,Gain 类似于决策树中的信息增益,$\frac{G_L^2}{H_L+\lambda}$ 是切分后左子树分数,$\frac{G_R^2}{H_R+\lambda}$ 是切分后右子树分数,$\frac{(G_L+G_R)^2}{H_L+H_R+\lambda}$ 是切分前的分数,γ 是加入新叶子节点引入的复杂度代价。Gain 表示单节点 Obj 与切分后的两个节点的分数之差,遍历所有特征的切分点,Gain 最大的切分点即是最佳分裂点,根据这种方法继续切分节点,得到 CART 树。若 γ 值设置得过大,则 Gain 为负,表示不切分该节点,因为切分后的树结构变差了。γ 值越大,表示对切分后 Obj 下降幅度要求越严,这个值可以在 XGBoost 中设定。

② 当树达到最大深度时,停止建树,因为树深度太深容易出现过拟合现象,这里需要设置一个超参数 max_depth。

③ 当引入一次分裂后,重新计算新生成的左、右两个叶子节点的样本权重和。如果任一叶子节点的样本权重低于某一个阈值,则会放弃此次分裂,需要设置一个超参数——叶子节点的最小样本权重和。如果一个叶子节点包含的样本数量太少也会放弃分裂,防止树分得太细,这也是防止过拟合的一种措施。

9.2.3 XGBoost 解决过拟合的问题

决策树是容易产生过拟合问题的模型,XGBoost 应用的核心之一是减少过拟合带来的影响,作为树模型,减少过拟合的方式主要是通过决策树剪枝来降低模型的复杂度,以求降低方差。XGBoost 可以通过控制复杂度 γ、控制正则化强度的两个参数 λ 和 α、控制迭代速度参数 η,以及管理每次迭代前进行的随机有放回抽样的参数 subsample 和停止分裂条件的一些超参数,来减轻过拟合程度。

9.3 XGBoost 集成学习算法 API 初步实验

回归任务的 API 函数(Scikit-Learn):

class xgboost.XGBRegressor(max_depth = 3, learning_rate = 0.1, n_estimators = 100, silent = True, objective = 'reg:linear', nthread = −1, gamma = 0, min_child_weight = 1, max_delta_step = 0, subsample = 1, colsample_bytree = 1, colsample_bylevel = 1, reg_alpha = 0, reg_lambda = 1, scale_pos_weight = 1, base_score = 0.5, seed = 0, missing = None)

分类任务的 API 函数:

class xgboost.XGBClassifier(max_depth = 3, learning_rate = 0.1, n_estimators = 100, silent = True, objective = 'binary:logistic', nthread = −1, gamma = 0, min_child_weight = 1, max_delta_step = 0, subsample = 1, colsample_bytree = 1, colsample_bylevel = 1, reg_alpha = 0, reg_lambda = 1, scale_pos_weight = 1, base_score = 0.5, seed = 0, missing = None)

若想训练出不错的模型,必须给参数传递合适的值。xgboost 中封装了很多参数,主要由 3 种类型构成:通用参数(general parameters)、Booster 参数(booster parameters)、学习目标参数(task parameters)。

① 通用参数:主要是宏观函数控制。

booster(默认值＝gbtree):决定使用哪个 Booster,可选择 gbtree 和 gblinear。gbtree 使用基于树的增强模型,而 gblinear 使用基于线性增强模型。

nthread(默认值＝设置为最大可能的线程数):并行运行 xgboost 的线程数,输入的参数应该小于或等于系统的 CPU 核数,若没有设置,模型将自动获得最大线程。

num_pbuffer(xgboost 自动设置,无须用户设置):预测结果缓存大小,通常设置为训练实例的个数。该缓存用于保存最后 boosting 操作的预测结果。

num_feature(xgboost 自动设置,无须用户设置):在 boosting 中使用的特征的维度,通常设置为特征的最大维度。

② Booster 参数:取决于选择的 Booster 类型,用于控制每一步的 Booster。

a. 基于树的增强模型:

eta(默认值＝0.3,别名:learning_rate):为了防止过拟合,更新过程中使用收缩步长。在每次提升计算之后,算法会直接获得新特征的权重。eta 通过缩减特征的权重使提升计算过程更加保守。取值范围:$[0,1]$。

gamma〔默认值＝0,别名:min_split_loss(分裂最小 loss)〕:在进行节点分裂时,只有分裂后损失函数的值下降了,才会分裂这个节点。gamma 指定了节点分裂所需的最小损失函数下降值。该参数值越大,算法越保守。该参数值和损失函数息息相关。取值范围:$[0,\infty)$。

max_depth(默认值＝6):为树的最大深度,用来避免过拟合问题。max_depth 越大,越容易过拟合。取值范围:$[0,\infty)$。

min_child_weight(默认值＝1):决定叶子节点最小样本权重和。当该参数的值较大时,可以避免模型过拟合。但是如果该参数的值过大,会导致欠拟合。该参数需要使用 CV 来调整。取值范围:$[0,\infty)$。

subsample(默认值＝1):控制对于每棵树随机采样的比例。减小该参数的值,算法会更加保守,避免过拟合。但是,如果其值设置得过小,可能会导致欠拟合。典型值范围为 $[0.5,1]$,如果设置为 0.5,则意味着 XGBoost 将随机地从整个样本集合中抽取 50% 的子样本建立树模型,该参数可防止过拟合。取值范围:$(0,1]$。

colsample_bytree,(默认值＝1):用来控制每棵树随机采样的列数的占比(每一列是一个特征)。典型值范围为$[0.5,1]$,取值范围为 $(0,1]$。

colsample_bylevel(默认值＝1):决定每次进行节点划分时子样例的比例。通常不使用,因为 subsample 和 colsample_bytree 已经可以起到相同的作用了。取值范围:$(0,1]$。

lambda(默认值＝1,别名:reg_lambda):L2 正则化项系数。用来控制 XGBoost 的正则化部分。虽然大部分数据科学家很少使用该参数,但是该参数在减少过拟合上还可以挖掘出更多作用。

alpha(默认值＝0,别名:reg_alpha):L1 正则化项系数。可以应用在更高维度的情况,使得算法速度更快。

scale_pos_weight(默认值＝1):在各类别样本不均衡时,设定该参数为某个正值,可以使算法更快收敛。

b. 基于线性增强模型:linear booster 一般很少用到。

lambda(默认值＝0,别称：reg_lambda)：L2 正则化惩罚系数,通常不使用,但可以用来降低过拟合程度。增加该值会使得模型更加保守。

alpha(默认值＝0,别称：reg_alpha)：L1 正则化惩罚系数。增加该值会使得模型更加保守。

lambda_bias（默认值＝0,别称：reg_lambda_bias)：L2 正则化上的偏置。

③ 学习目标参数：控制训练目标的表现。

objective：目标函数的选择,默认为均方误差损失。

- reg:squarederror：均方误差损失。
- reg:logistic：对数几率损失,参考对数几率回归(逻辑回归)。
- binary:logistic：二分类对数几率回归,输出概率值。
- binary:hinge：二分类合页损失,使用支持向量机的损失函数 Hinge Loss,在二分类时使用,此时不输出概率值,而是输出 0 或 1。
- multi:softmax：多分类 softmax 损失,返回预测的类别(不是概率),此时需要设置 num_class 参数(类别数目)。
- multi:softprob ：和 multi:softmax 参数相似,但是返回的是每个数据属于各个类别的概率。

eval_metric：模型性能度量方法(默认值＝通过目标函数选择),可选取以下值。

- rmse：均方根误差。
- mae：平均绝对值误差。
- logloss：负对数似然函数值。
- error：二分类错误率(阈值为 0.5)。
- merror：多分类错误率。
- mlogloss：多分类 logloss 损失函数。
- auc：ROC 曲线下的面积。

使用 xgboost 模块的一般步骤如图 9.2 所示。

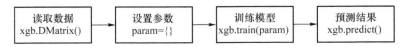

图 9.2 使用 xgboost 模块的一般步骤

9.4 案 例

【例 9.2】 使用 Jupyter Notebook 编写程序,利用 XGBoost 算法训练模型并保存模型,然后加载模型预测波士顿房价及其误差。

```
import xgboost as xgb
from sklearn.metrics import accuracy_score    # 计算分类正确率
from sklearn.datasets import load_boston
import pickle
from xgboost import XGBRegressor as XGBR
from sklearn.ensemble import RandomForestRegressor as RFR
```

```
from sklearn.linear_model import LinearRegression as LinearR
from sklearn.model_selection import KFold, cross_val_score as CVS, train_test_
split as TTS
from sklearn.metrics import mean_squared_error as MSE
import pandas as pd
import numpy as np
import matplotlib.pyplot as plt
from time import time
import datetime
data = load_boston()    ♯导入数据
X = data.data
Y = data.target
Xtrain,Xtest,Ytrain,Ytest = TTS(X,Y,test_size = 0.3,random_state = 420)
♯ DMatrix 为 XGBoost 的专属数据格式,也可以用 dataframe 或者 ndarray
dtrain = xgb.DMatrix(Xtrain,Ytrain)
dtest = xgb.DMatrix(Xtest)
param = {'objective':'reg:squarederror',"eta":0.1}
pd.DataFrame(Xtrain)    ♯可以查看训练集内的数据集结构
num_round = 180    ♯n_estimators
bst = xgb.train(param,dtrain,num_round)
with open('d:/zm/clf.pickle','wb') as f:
    clf2 = pickle.dump(bst,f)    ♯保存模型
```

参数说明如下。

param={'objective':'reg:squarederror',"eta":0.1}中'objective':'reg:squarederror'表示均方误差目标函数,eta 表示学习率。

num_round=180 的参数单独写,等同于 sklearn 中的 n_estimators。

bst=xgb.train(param,dtrain,num_round):把光标放在一处按住"Shift+Tab"键就可以看到里面的参数了,建立模型。

preds=bst.predict(dtest)表示使用接口 predict。

r2_score 表示 R_2 决定系数(拟合优度),R^2 越趋近于 1,模型越好,其公式为:

$$R^2(y,\hat{y}) = 1 - \frac{\sum\limits_{i=0}^{N_{\text{samples}}-1}(y_i - \hat{y}_i)^2}{\sum\limits_{i=0}^{N_{\text{samples}}-1}(y_i - \bar{y}_i)^2}$$

加载保存的模型,并用模型进行预测:

```
import xgboost as xgb
from sklearn.metrics import accuracy_score    ♯ 计算分类正确率
from sklearn.datasets import load_boston
import pickle
from xgboost import XGBRegressor as XGBR
```

```
from sklearn.ensemble import RandomForestRegressor as RFR
from sklearn.linear_model import LinearRegression as LinearR
from sklearn.model_selection import KFold, cross_val_score as CVS, train_test_
split as TTS
from sklearn.metrics import mean_squared_error as MSE
import pandas as pd
import numpy as np
import matplotlib.pyplot as plt
from sklearn.metrics import r2_score
from time import time
import datetime
data = load_boston()    # 导入数据
X = data.data
Y = data.target
Xtrain,Xtest,Ytrain,Ytest = TTS(X,Y,test_size = 0.3,random_state = 420)
# XGBoost 的专属数据格式,但是也可以用 dataframe 或者 ndarray
dtrain = xgb.DMatrix(Xtrain,Ytrain)
dtest = xgb.DMatrix(Xtest)
param = {'objective':'reg:squarederror',"eta":0.1}
pd.DataFrame(Xtrain)    # 可以查看训练集内的数据集结构
num_round = 180    #n_estimators
bst = xgb.train(param,dtrain,num_round)
with open('d:/zm/clf.pickle','rb') as f:
    clf2 = pickle.load(f)
    preds = bst.predict(dtest)    # 此处是用训练好的模型预测
    predload = clf2.predict(dtest)    # 加载模型后可以预测
    print("r2_score(Ytest,predload)",r2_score(Ytest,predload))
    print("r2_score(Ytest,preds)",r2_score(Ytest,preds))
    print("MSE(Ytest,preds)",MSE(Ytest,preds))    # 6.876827553497432
    print("MSE(Ytest,predload)",MSE(Ytest,predload))
```

运行结果如下:

```
r2_score(Ytest,predload) 0.9260984369386971
r2_score(Ytest,preds) 0.9260984369386971
MSE(Ytest,preds) 6.876827553497432
MSE(Ytest,predload) 6.876827553497432
```

【例9.3】 根据波士顿房价,自行调整所学习的参数。

```
import xgboost as xgb
from sklearn.metrics import accuracy_score    # 计算分类正确率
from sklearn.datasets import load_boston
import pickle
```

```
from xgboost import XGBRegressor as XGBR
from sklearn.ensemble import RandomForestRegressor as RFR
from sklearn.linear_model import LinearRegression as LinearR
from sklearn.model_selection import KFold, cross_val_score as CVS, train_test_split as TTS
from sklearn.metrics import mean_squared_error as MSE
import pandas as pd
import numpy as np
import matplotlib.pyplot as plt
plt.style.use("ggplot")  #使用自带的样式美化
%matplotlib inline
from time import time
import datetime
data = load_boston()  #导入数据
X = data.data
Y = data.target
dfull = xgb.DMatrix(X,Y)
param1 = {'objective':'reg:squarederror'
         ,"subsample":1
         ,"max_depth":6
         ,"eta":0.3
         ,"gamma":0
         ,"lambda":1
         ,"alpha":0
         ,"colsample_bytree":1
         ,"colsample_bylevel":1
         ,"colsample_bynode":1}
num_round = 200
time0 = time()
cvresult1 = xgb.cv(param1,dfull,num_round)
print(datetime.datetime.fromtimestamp(time()-time0).strftime("%M:%S:%f"))
fig,ax = plt.subplots(figsize=(15,8))  # fig 表示绘图窗口(Figure);ax 是该
绘图窗口上的坐标系(axis)
ax.set_ylim(top=5)  #设定 y 轴范围
ax.grid()
ax.plot(range(1,201),cvresult1.iloc[:,0],c="red",label="train,original")
ax.plot(range(1,201),cvresult1.iloc[:,2],c="orange",label="test,original")
ax.legend(fontsize="xx-large")
plt.show()
```

```
#上一次调试的参数
param2 = {'objective':'reg:squarederror'
         ,"subsample":1
         ,"max_depth":2
         ,"eta":0.05
         ,"gamma":0
         ,"lambda":1
         ,"alpha":0
         ,"colsample_bytree":1
         ,"colsample_bylevel":1
         ,"colsample_bynode":1}
#本次调试的参数
param3 = {'objective':'reg:squarederror'
         ,"subsample":1
         ,"max_depth":3
         ,"eta":0.05
         ,"gamma":0
         ,"lambda":1
         ,"alpha":0
         ,"colsample_bytree":0.85
         ,"colsample_bylevel":1
         ,"colsample_bynode":1}
time0 = time()
cvresult2 = xgb.cv(param2,dfull,num_round)
print(datetime.datetime.fromtimestamp(time() - time0).strftime("%M:%S:%f"))
time0 = time()
cvresult3 = xgb.cv(param3,dfull,num_round)
print(datetime.datetime.fromtimestamp(time() - time0).strftime("%M:%S:%f"))


fig,ax = plt.subplots(figsize = (15,8))
ax.set_ylim(top = 5)
ax.grid()

ax.plot(range(1,201),cvresult1.iloc[:,0],c = "red",label = "train,original")
ax.plot(range(1,201),cvresult1.iloc[:,2],c = "orange",label = "test,original")
ax.plot(range(1,201),cvresult2.iloc[:,0],c = "green",label = "train,last")
ax.plot(range(1,201),cvresult2.iloc[:,2],c = "blue",label = "test,last")
ax.plot(range(1,201),cvresult3.iloc[:,0],c = "gray",label = "train,this")
ax.plot(range(1,201),cvresult3.iloc[:,2],c = "pink",label = "test,this")
ax.legend(fontsize = "xx-large")
```

plt. show()

其中:%matplotlib inline 会让作图出现在 Jupyter Notebook 的浏览器中,如果不使用该命令,则图形会另外打开一个窗口。strftime( )函数:实现本地时间/日期的格式化(将任意格式的日期字符串按要求进行格式化)。

XGBoost 中的 cv 函数:

cv(params,dtrain,num_boost_round = 10,nfold = 3,stratified = False,folds = None,metrics = (),obj = None,feval = None,maximize = False,early_stopping_rounds = None,fpreproc = None,as_pandas = True,verbose_eval = None,show_stav = True,seed = 0,callbacks = None,shuffle = True)

params :用 xgb. XGBClassifier(). get_xgb_params()获得。

dtrain:可用 xgb. DMatrix(x_train,y_train)获得。

num_boost_round:最大迭代次数。

early_stopping_rounds:如果该参数为 10,则表示测试集在 10 轮迭代之内性能没有提升就停止迭代。输出最好结果所在的迭代次数。

verbose_eval=10 表示每 10 轮打印一次评价指标。

show_stdv=Flase 表示不打印交叉验证的标准差。

nfold 表示几折,folds 可以接受一个 KFold 或者 StratifiedKFold 对象。

metrics 是一个字符串或者列表,表示评价指标,通常用'auc'。

另外,xgb. cv 返回的是一个 dataframe 类型的数据。

运行结果如图 9.3 所示。

joblib 库是 SciPy 生态系统中的一部分,它为 Python 提供保存和调用管道及对象的功能,处理 numpy 非常高效,对于大型的数据集和巨大的模型非常有用。joblib 库与 pickle 库 API 很相似,可以通过查找资料自学 pickle 库中的 API 来保存和调用模型。例 9.4 是使用 joblib 保存、导入并调用模型。导入必要的工具包与例 9.3 一样。

【例 9.4】　使用 joblib 库中的 API 函数保存、导入并调用模型。

```
data = load_boston()    #导入数据
X = data. data
Y = data. target
Xtrain,Xtest,Ytrain,Ytest = TTS(X,Y,test_size = 0.3,random_state = 420)
dtrain = xgb. DMatrix(Xtrain,Ytrain)    # XGBoost 的数据格式,也可用 dataframe
或 ndarray
dtest = xgb. DMatrix(Xtest)
param = {'objective':'reg:squarederror',"eta":0.1}
num_round = 180    #n_estimators
import joblib
bst = xgb. train(param,dtrain,num_round)
joblib. dump(bst,"xgboost - boston. dat")    #保存模型
loaded_model1 = joblib. load('xgboost - boston. dat')    #加载模型
preds = loaded_model1. predict(dtest)    #使用模型进行预测
from sklearn. metrics import r2_score
r2_score(Ytest,preds)    #输出 0.9260984369386971
```

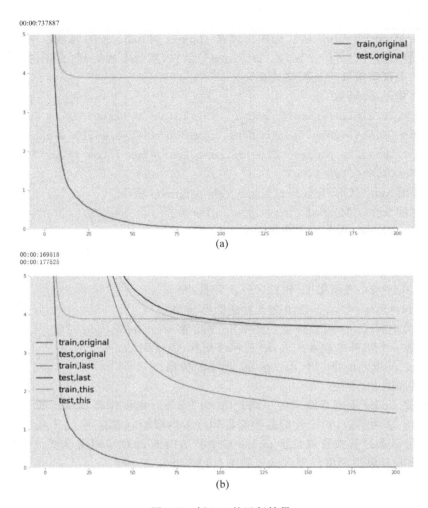

图 9.3 例 9.3 的运行结果

【**例 9.5**】 请使用学习器为决策树的 Bagging 算法对鸢尾花进行集成学习。

```
import numpy as np
from sklearn import model_selection
from sklearn.ensemble import BaggingClassifier
from sklearn.tree import DecisionTreeClassifier
from sklearn.model_selection import KFold, cross_val_score as CVS, train_test_
split as TTS
from sklearn.datasets import load_iris
# 导入数据
iris = load_iris()
X = iris.data
Y = iris.target
# 划分训练集和测试集
```

```
X_tr, X_test, y_tr, y_test = model_selection.train_test_split( X, Y, test_size =
0.30, random_state = 1 )
    # 创建 k 折交叉验证对象
    seed = 8
    """KFold(n_splits = 'warn', shuffle = False, random_state = None)
    参数:n_splits 表示将数据划分多少份;shuffle 表示是否打乱划分,默认为 False,即
不打乱;random_state 表示是否固定随机起点,在 shuffle = True 时使用"""
    kfold = KFold(n_splits = 10, shuffle = True, random_state = seed)
    cart = DecisionTreeClassifier()  # 定义一个决策树
    num_trees = 50
    # 创建 Bagging 分类器
    model = BaggingClassifier(base_estimator = cart, n_estimators = num_trees,
random_state = seed)
    # 训练模型,输出每组得分
    results = CVS(model, X_tr, y_tr, cv = kfold)
    for i in range(len(results)):
        print("Model: " + str(i) + " Accuracy is: " + str(results[i]))
    print("Mean Accuracy of traindataset: " + str(results.mean()))
    model.fit(X_tr, y_tr)
    pred_label = model.predict(X_eval)
    nnz = np.shape(y_test)[0] - np.count_nonzero(pred_label - y_test)
    acc = 100 * nnz/np.shape(y_test)[0]
    print('accuracy of testdataset : ' + str(acc))
```

运行结果如下:

```
Model: 0 Accuracy is: 1.0
Model: 1 Accuracy is: 0.9090909090909091
Model: 2 Accuracy is: 0.8181818181818182
Model: 3 Accuracy is: 0.9090909090909091
Model: 4 Accuracy is: 1.0
Model: 5 Accuracy is: 1.0
Model: 6 Accuracy is: 1.0
Model: 7 Accuracy is: 1.0
Model: 8 Accuracy is: 0.8
Model: 9 Accuracy is: 1.0
Mean Accuracy of traindataset: 0.9436363636363637
accuracy of testdataset : 95.5555555555556
```

【例 9.6】 请使用基分类器为决策树的 sklearn. ensemble 库中的 AdaBoostClassifier()函
数进行集成学习,并对集成学习的结果与单个决策树的结果进行比较。

```
import numpy as np
```

```
import matplotlib.pyplot as plt
from sklearn import datasets
from sklearn.tree import DecisionTreeClassifier
from sklearn.metrics import zero_one_loss
from sklearn.ensemble import AdaBoostClassifier
import time

n_estimators = 400
learning_rate = 1.0
#datasets.make_hastie_10_2产生一个相似的二元分类数据集,有10个维度
X,y = datasets.make_hastie_10_2(n_samples = 13000,random_state = 3)
X_test,y_test = X[10000:],y[10000:]    #测试集
X_train,y_train = X[:3000],y[:3000]     #训练集
a = time.time()    #取开始运行的时间
#单个决策树
dt = DecisionTreeClassifier(max_depth = 5,min_samples_leaf = 1)    #树最大深度
为5
dt.fit(X_train,y_train)
dt_err = 1.0 - dt.score(X_train,y_test)
```

AdaBoostClassifier()参数说明如下。

base_estimator:基分类器,默认是决策树,在该分类器基础上进行 boosting,
理论上可以是任意一个分类器,但是如果是其他分类器则需要指明样本权重。

n_estimators:构建弱学习器的数量,默认为50,如果这个值过大,模型容易过拟合,如果过小,模型容易欠拟合。

learning_rate:学习率,表示梯度收敛速度,默认为1,如果过大,容易错过最优值,如果过小,则收敛速度会很慢。该值需要和 n_estimators 进行权衡,当分类器迭代次数较少时,学习率可以小一些,当迭代次数较多时,学习率可以适当放大。

algorithm:boosting 算法,也就是模型提升准则,有 SAMME 和 SAMME.R 两种方式,默认是 SAMME.R。两者的主要区别是弱学习器权重的度量,SAMME 用对样本集分类的效果作为弱学习器权重,而 SAMME.R 使用对样本集分类的预测概率大小来作为弱学习器权重。由于 SAMME.R 使用了概率度量的连续值,迭代一般比 SAMME 快,因此 AdaBoostClassifier 的算法 algorithm 默认的值是 SAMME.R。但是要注意的是,使用了 SAMME.R,则弱分类学习器参数 base_estimator 必须限制使用支持概率预测的分类器。SAMME 算法则没有这个限制。

random_state:随机种子设置。
'''

```
#使用基学习器为决策树的 AdaBoostClassifier()进行集成学习
ada = AdaBoostClassifier(base_estimator = dt,learning_rate = learning_rate,
n_estimators = n_estimators,algorithm = 'SAMME.R')    #algorithm 参数
```

```
ada.fit(X_train,y_train)
fig = plt.figure()
ax = fig.add_subplot(111)
ax.plot([1,n_estimators],[dt_err] * 2,'k--',label = 'Decision Tree test Error')
ada_err = np.zeros((n_estimators,))
for i,y_pred in enumerate(ada_real.staged_predict(X_test)):
    ada_err[i] = zero_one_loss(y_pred,y_test)
ada_train = np.zeros((n_estimators,))
for i,y_pred in enumerate(ada_real.staged_predict(X_train)):
    ada_discrete_err_train[i] = zero_one_loss(y_pred,y_train)
ax.plot(np.arange(n_estimators) + 1,ada_err,label = ' AdaBoost Test Error ',
color = 'orange')
ax.plot(np.arange(n_estimators) + 1,ada_train,label = ' AdaBoost Train Error ',
color = 'green')
ax.set_ylim((0.0,0.5))
ax.set_xlabel('n_estimators')
ax.set_ylabel('error rate')
leg = ax.legend(loc = 'upper right',fancybox = True)
leg.get_frame().set_alpha(0.7)
b = time.time()
print ('total running time of this example is :',(b - a))
plt.show()
```

运行结果如以下代码和图 9.4 所示。

total running time of this example is : 5.211151599884033

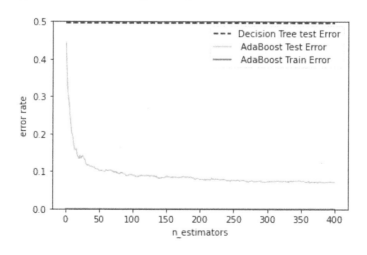

图 9.4 例 9.6 的运行结果

第 10 章　降 维 算 法

10.1　理解降维的目的和常见的方法

在构建模型时,有时数据特征异常复杂,经常需要用到数据降维技术。在实际项目中,特征选择/降维是非常必要的,因为在数据中可能存在如下问题。

① 数据的多重共线性:特征属性之间存在着相互关联关系。多重共线性会导致解的空间不稳定,从而导致模型的泛化能力弱。

② 高纬度空间样本具有稀疏性,导致模型较难找到数据特征。

③ 过多的变量会妨碍模型查找规律。

④ 特征矩阵过大,导致计算量比较大,训练时间长。

⑤ 仅仅考虑单个变量对于目标属性的影响可能会忽略变量之间的潜在关系。

特征选择/降维的目的是:减少特征属性的个数;确保特征属性之间是相互独立的。

常见的降维方法是:线性判别分析(Linear Discriminant Analysis,LDA)法、主成分分析(Principal Component Analysis,PCA)法、核化线性(Kernelized PCA ,KPCA)降维法。

10.2　线性判别分析法

LDA 的基本思想是:给定训练样例集,设法将样例投影到一条直线上,使得同类样例的投影点尽可能接近、异类样例的投影点尽可能远离。在对新样本进行分类时,将其投影到同一条直线上,再根据投影点的位置来确定新样本的类别。图 10.1 给出了 LDA 的二维示意图,"+"和"-"分别代表正例和反例,椭圆表示数据簇的外轮廓,虚线表示投影,实心圆和实心三角形分别表示两类样本投影后的中心点。LDA 是一种有监督的降维技术,它考虑了训练集中的分类信息,试图在线性特征空间中最大化类的可分性。

LDA 的原理是投影到维度更低的空间中,使得投影后的点会按类别区分,相同类别的点在投影后的空间中将会更接近,不同类别的点在投影后的空间中更远。

投影是为找到更适合分类的空间。与 PCA 不同,LDA 更关心分类而不是方差。

LDA 分类的目标是使不同类别之间的距离越远越好,同一类别的样本点之间的距离越近越好。

每类样例的均值如式 10.1 所示。

$$u_i = \frac{1}{N_i}\sum_{x \in \omega_i} x \tag{10.1}$$

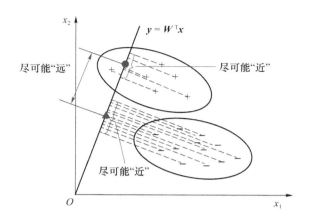

图 10.1　LDA 的二维示意图

其中，u_i 是投影前的第 i 类样本的均值，即第 i 类中心点，ω_i 是第 i 类样本的集合，N_i 表示第 i 类集合中样本的个数，x 是原维度的数据点。

投影后的均值如式 10.2 所示。

$$\tilde{u}_i = \frac{1}{N_i} \sum_{y \in \omega_i} y = \frac{1}{N_i} \sum_{x \in \omega_i} W^{\mathrm{T}} x = W^{\mathrm{T}} u_i \tag{10.2}$$

其中，y 是投影后第 i 类集合的数据点，W 是坐标变换矩阵。

投影后簇与簇间样本中心点应尽量分离（以两个簇或类为例），如式 10.3 所示。

$$T(W) = |\tilde{u}_i - \tilde{u}_j| = |W^{\mathrm{T}}(u_i - u_j)| \tag{10.3}$$

不能只考虑 $T(W)$ 越大越好，还要考虑相同类别的样本点之间的距离越近越好。散列值表示样本点的密集程度，其值越大表示样本点越分散，反之，其值越小表示样本点越集中。同类样本点之间应该更密集些。散列值如式 10.4 所示。

$$\tilde{S}_i^2 = \sum_{y \in \omega_i} (y - \tilde{u}_i)^2 \tag{10.4}$$

同一簇的内部 $\tilde{S}_i^2$ 值越小越好。因此目标函数应该反映簇间及簇内的关系，以两个簇为例，其公式如式 10.5 所示。

$$J(W) = \frac{|\tilde{u}_i - \tilde{u}_j|^2}{\tilde{S}_i^2 + \tilde{S}_j^2} \tag{10.5}$$

分母越小越好，分子越大越好，整体 $J(W)$ 越大越好。

散列值公式展开如式 10.6 所示：

$$\tilde{S}_i^2 = \sum_{y \in \omega_i} (y - \tilde{u}_i)^2 = \sum_{x \in \omega_i} (W^{\mathrm{T}} x - W^{\mathrm{T}} u_i)^2 = \sum_{x \in \omega_i} W^{\mathrm{T}} (x - u_i)(x - u_i)^{\mathrm{T}} W \tag{10.6}$$

没有经过变换的散列矩阵如式 10.7 所示：

$$S_i = \sum_{x \in \omega_i} (x - u_i)(x - u_i)^{\mathrm{T}} \tag{10.7}$$

将式 10.7 代入式 10.6，得式 10.8：

$$\tilde{S}_i^2 = W^{\mathrm{T}} S_i W \tag{10.8}$$

令类内散列矩阵如式 10.9 所示：

$$\boldsymbol{S}_w=\boldsymbol{S}_1+\boldsymbol{S}_2 \tag{10.9}$$

由式 10.9 可以得出式 10.10 成立：

$$\widetilde{\boldsymbol{S}}_1^2+\widetilde{\boldsymbol{S}}_2^2=\boldsymbol{W}^{\mathrm{T}}\boldsymbol{S}_w\boldsymbol{W} \tag{10.10}$$

$\widetilde{\boldsymbol{S}}_1^2+\widetilde{\boldsymbol{S}}_2^2$ 为目标函数的分母。

同样将目标函数的分子展开，如式 10.11 所示：

$$(\widetilde{\boldsymbol{u}}_1-\widetilde{\boldsymbol{u}}_2)^2=(\boldsymbol{W}^{\mathrm{T}}\boldsymbol{u}_1-\boldsymbol{W}^{\mathrm{T}}\boldsymbol{u}_2)^2=\boldsymbol{W}^{\mathrm{T}}(\boldsymbol{u}_1-\boldsymbol{u}_2)(\boldsymbol{u}_1-\boldsymbol{u}_2)^{\mathrm{T}}\boldsymbol{W} \tag{10.11}$$

令类间散列矩阵如式 10.12 所示：

$$\boldsymbol{S}_B=(\boldsymbol{u}_1-\boldsymbol{u}_2)(\boldsymbol{u}_1-\boldsymbol{u}_2)^{\mathrm{T}} \tag{10.12}$$

则式 10.13 成立：

$$(\widetilde{\boldsymbol{u}}_1-\widetilde{\boldsymbol{u}}_2)^2=\boldsymbol{W}^{\mathrm{T}}\boldsymbol{S}_B\boldsymbol{W} \tag{10.13}$$

最终目标函数如式 10.14 所示：

$$J(\boldsymbol{W})=\frac{\boldsymbol{W}^{\mathrm{T}}\boldsymbol{S}_B\boldsymbol{W}}{\boldsymbol{W}^{\mathrm{T}}\boldsymbol{S}_w\boldsymbol{W}} \tag{10.14}$$

如果用拉格朗日乘子法，需要一个约束条件，如果分子、分母都可以取任意值，就会使得目标函数有无穷解，因分子、分母可以进行任意放大或缩小，可将分母限制为 1。由拉格朗日乘子法有式 10.15，则有式 10.16 成立。

$$c(\boldsymbol{W})=\boldsymbol{W}^{\mathrm{T}}\boldsymbol{S}_B\boldsymbol{W}-\lambda(\boldsymbol{W}^{\mathrm{T}}\boldsymbol{S}_w\boldsymbol{W}-1) \tag{10.15}$$

$$\frac{\mathrm{d}c}{\mathrm{d}\boldsymbol{W}}=2\boldsymbol{S}_B\boldsymbol{W}-2\lambda\boldsymbol{S}_w\boldsymbol{W}=0\Rightarrow\boldsymbol{S}_B\boldsymbol{W}=\lambda\boldsymbol{S}_w\boldsymbol{W} \tag{10.16}$$

等式两端同时再乘 $\boldsymbol{S}_w$ 的逆，则式 10.17 成立。

$$\boldsymbol{S}_w^{-1}\boldsymbol{S}_B\boldsymbol{W}=\lambda\boldsymbol{W} \tag{10.17}$$

正如 $\boldsymbol{AW}=\lambda\boldsymbol{W}$，$\boldsymbol{W}$ 是 $\boldsymbol{A}$ 的特征向量，λ 是 $\boldsymbol{A}$ 的特征值一样，$\boldsymbol{W}$ 是 $\boldsymbol{S}_w^{-1}\boldsymbol{S}_B$ 的特征向量，λ 是 $\boldsymbol{S}_w^{-1}\boldsymbol{S}_B$ 的特征值。特征向量表示映射的方向。特征值表示特征向量的重要程度。把特征值从大到小排序，需要降维至 k 维，那么就取前 k 个较大的特征值所对应的特征向量即可。由此可知原来的数据 $\boldsymbol{X}=[M\times N]$，$\boldsymbol{W}$ 矩阵为 $[N\times K]$，最后得到的矩阵为 $[M\times K]$，即最后得到的变换后的样本数是 M 个，每个样本有 K 个特征。

sklearn 中的 LinearDiscriminantAnalysis 为 LDA 的 API 函数，导入方式如下：

```
from sklearn.discriminant_analysis import LinearDiscriminantAnalysis as LDA
```

【例 10.1】 使用 LDA 自行编写代码，将鸢尾花数据从四维降至二维。其步骤如下。

第一步：读取数据。

第二步：提取样本变量和标签。

第三步：对标签进行数字映射，使用 LableEncoder。

第四步：计算类内散列矩阵 $\boldsymbol{S}_w$。

第五步：计算类间散列矩阵 $\boldsymbol{S}_B$。

第六步：计算 $\boldsymbol{S}_w^{-1}\boldsymbol{S}_B$ 的特征向量，即 $\boldsymbol{W}$，如果投影的维度是 2，使用 np.vstack，将求得的特征向量的第一列和第二列数据进行拼接。

第七步：对二维的 $\boldsymbol{W}$ 和 $\boldsymbol{X}$ 特征进行点乘操作，获得变化后的二维特征。

第八步：进行画图操作。

代码如下：

```
import pandas as pd
import numpy as np
import matplotlib.pyplot as plt


# 第一步:数据载入
data = pd.io.parsers.read_csv(filepath_or_buffer = 'https://archive.ics.uci.
edu/ml/machine - learning - databases/iris/iris.data', header = None, names = ['sepal
length in cm', 'sepal width in cm', 'petal length in cm', 'petal width in cm', 'names'],
sep = ',',)
print("data", data)
data.dropna(how = 'all', inplace = True)    # how: any,删除带有 nan 的行;all,删
除全为 nan 的行
# inplace:是否修改原数据对象
# 第二步:提取数据的特征值和标签
feature_names = ['sepal length in cm', 'sepal width in cm', 'petal length in cm',
'petal width in cm']
X = data[feature_names].values    # 特征值
y = data['names'].values    # 标签


# 第三步:使用 Label Encoder 进行标签的数字转换
from sklearn.preprocessing import LabelEncoder
model = LabelEncoder().fit(y)    # 对目标标签进行编码,值从 0 开始
y = model.transform(y) + 1    # transform 将 y 转变成索引值,从 1 开始
print("y", y)
labels_type = np.unique(y)    # 去掉重复的元素,表示共有多少种类别
print("labels_type", labels_type)
# 第四步:计算类内距离 Sw
Sw = np.zeros([4, 4])
# 循环每一种类型
print(labels_type)
for i in range(1, 4):
    xi = X[y == i]
    print("xi ", xi )
    ui = np.mean(xi, axis = 0)    # axis = 0:对各列求均值
    print("ui", ui)
    sw = ((xi - ui).T).dot(xi - ui)
    Sw += sw
print(Sw)
```

```
# 第五步:计算类间距离 SB
SB = np.zeros([4, 4])
u = np.mean(X, axis = 0).reshape(4, 1)   #是全局的均值
for i in range(1, 4):
    n = X[y == i].shape[0]   #如果 shape 为[m,n],则 shape[0] = m,此处为第 i 类
有多少行
    print("n",n)
    u1 = np.mean(X[y == i], axis = 0).reshape(4, 1)   #某个类各列的均值
    sb = n * (u1 - u).dot((u1 - u).T)
    SB += sb


# 第六步:使用 Sw^ - 1 * SB 计算 w
A = (np.linalg.inv(Sw).dot(SB))
vals, eigs = np.linalg.eig(A)
# 对特征值和特征向量重新排序
idx = vals.argsort()[:: - 1]
vals = vals[idx]
eigs = eigs[:,idx]


# 第七步:取前两个特征向量作为 w,与 X 进行相乘操作,相当于进行了二维的降维
操作
w = np.vstack([eigs[:, 0], eigs[:, 1]]).T


transform_X = X.dot(w)


# 第八步:定义画图函数
labels_dict = data['names'].unique()
def plot_lda():

    ax = plt.subplot(111)
    for label, m, c in zip(labels_type, ['*','+','v'], ['red','black','green']):
        plt.scatter(transform_X[y == label][:, 0], transform_X[y == label][:,
1], c = c, marker = m, alpha = 0.6, s = 100, label = labels_dict[label - 1])


    plt.xlabel('LD1')
    plt.ylabel('LD2')
    # 定义图例,loc 表示的是图例的位置
    leg = plt.legend(loc = 'upper right', fancybox = True)   # fancybox:是否将
图例框的边角设为圆形
```

设置图例的透明度为 0.6

leg.get_frame().set_alpha(0.6)

plt.tick_params(axis='both', which='both', bottom='off', left='off', right='off', top='off',labelbottom='on', labelleft='on')

表示坐标方向上的框线,spine.set_visible()方法可以去除图表的边框

ax.spines['top'].set_visible(False)

ax.spines['bottom'].set_visible(False)

ax.spines['left'].set_visible(False)

ax.spines['right'].set_visible(False)

plt.tight_layout()   # 自动调整子图,使之填充整个区域

plt.grid()

plt.show()

plot_lda()

部分运行结果如图 10.2 所示。

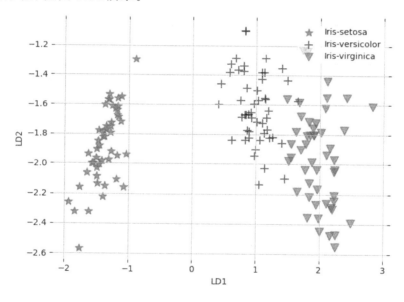

图 10.2 例 10.1 的部分运行结果

10.3 主成分分析法

PCA 为主成分分析方法,它的目标是通过某种线性投影,将高维空间的数据映射到低维空间,并期望在所投影的维度上数据的方差最大,以使用较少的数据维度,同时保留较多的原数据点的特性。

降维能够降低数据处理的难度,如 30 维降到 7 维,减少了维度,即减少了数据量,但数据表现力损失很少,这就是 PCA 降维所起的作用。数据一般用矩阵表示,而矩阵在线性代数中可以看作一组线性变换操作。

PCA 降维的目的是在尽量保证信息量损失很少的情况下,对原始特征进行降维,即尽可能将原始特征向具有最大投影信息量的维度上进行投影,使降维后信息量损失最小。

PCA 本质上是一个有损的特征压缩过程,但期望损失量尽可能小,即希望在压缩的过程中保留更多的原始信息。为达到该目的,希望降维(投影)后的数据点尽可能地分散。

1. 协方差矩阵

假设有 M 个样本 $\boldsymbol{X}^1, \boldsymbol{X}^2, \cdots, \boldsymbol{X}^M$,每个样本有 N 个特征,即 $\boldsymbol{X}^i = (x_1^i, x_2^i, \cdots, x_j^i, \cdots, x_N^i)^{\mathrm{T}}$。以 $N=2$ 为例,即原始数据有两个维度,现在想通过一个维度来表示两个维度的数据。可以将原始数据投影到 Z 轴上,原始数据的点 (x_1^i, x_2^i) 在新的 Z 轴上对应的数据为 Z^i。

求协方差矩阵 $\boldsymbol{C}$,首先要对所有特征进行去均值化:求均值如式 10.18 所示,然后对于所有的样本,每一个特征都减去自身的均值(去均值)。经过去均值化处理之后,原始特征值变为新的值,在新特征(属性)值的基础上,进行后续(如求协方差等)的操作。

$$x_j = \frac{1}{M} \sum_{i=1}^{M} x_j^i \tag{10.18}$$

以 $N=2$ 为例求得协方差矩阵,如式 10.19 所示。

$$\boldsymbol{C} = \begin{bmatrix} \mathrm{cov}(x_1, x_1) & \mathrm{cov}(x_1, x_2) \\ \mathrm{cov}(x_2, x_1) & \mathrm{cov}(x_2, x_2) \end{bmatrix} \tag{10.19}$$

在式 10.19 所示的矩阵中,对角线上分别是特征 x_1、x_2 的方差,非对角线上是协方差。协方差大于 0 表示 x_1、x_2 为正相关,若其中一个特征的值增大,则另一个特征的值也会增大;协方差小于 0 表示 x_1、x_2 为负相关,若其中一个特征的值增大,则另一个特征的值会减小;协方差等于 0 表示两个特征相互独立,即特征不相关。协方差绝对值越大,两特征彼此间的影响越大;反之,协方差绝对值越小,两特征彼此间的影响越小。其中,$\mathrm{cov}(x_1, x_2)$ 的求解如式 10.20 所示。

$$\mathrm{cov}(x_1, x_2) = \frac{\sum_{i=1}^{M} (x_1^i - \bar{x}_1)(x_2^i - \bar{x}_2)}{M-1} \tag{10.20}$$

根据式 10.20 所示的协方差计算公式,可以得到 M 个样本在 N 维特征下的协方差矩阵 $\boldsymbol{C}$。另外,因为统计上的"无偏估计",求协方差时分母为 $M-1$ 而不是 M。

2. PCA 推导过程及计算过程

两个维度相同向量的内积被定义为式 10.21 所示:

$$(a_1, a_2, \cdots, a_n) \cdot (b_1, b_2, \cdots, b_n)^{\mathrm{T}} = a_1 b_1 + a_2 b_2 + \cdots + a_n b_n \tag{10.21}$$

内积的几何意义为:向量 $\boldsymbol{A}$ 的模到向量 $\boldsymbol{B}$ 的投影长度再乘以向量 $\boldsymbol{B}$ 的模,如图 10.3 所示,表示为 $\boldsymbol{A} \cdot \boldsymbol{B} = |\boldsymbol{A}||\boldsymbol{B}|\cos(\alpha)$。设向量 $\boldsymbol{B}$ 的模为 1,$|\boldsymbol{B}|=1$,则 $\boldsymbol{A}$ 与 $\boldsymbol{B}$ 的内积值等于向量 $\boldsymbol{A}$ 投影到向量 $\boldsymbol{B}$ 的矢量长度,即 $\boldsymbol{A} \cdot \boldsymbol{B} = |\boldsymbol{A}|\cos(\alpha)$。

基是相互正交的(即内积为 0,直观地说即相互垂直),即线性无关的一组向量。图 10.4 所示为二维正交基的两个轴。若一向量可以表示为 $(3,2)$,表示线性组合为:$x(1,0)^{\mathrm{T}} + y(0,1)^{\mathrm{T}}$,其中 $(1,0)^{\mathrm{T}}$ 和 $(0,1)^{\mathrm{T}}$ 为二维空间中的一组正交基。当更换为另一组新的基时,如 $\left(\frac{1}{\sqrt{2}}, \frac{1}{\sqrt{2}}\right)^{\mathrm{T}}$ 和 $\left(-\frac{1}{\sqrt{2}}, \frac{1}{\sqrt{2}}\right)^{\mathrm{T}}$,该变换为数据与一个基做内积运算,结果作为第一个新坐标

的分量,然后与第二个基做内积运算,结果作为第二个新坐标的分量,如图 10.5 所示。

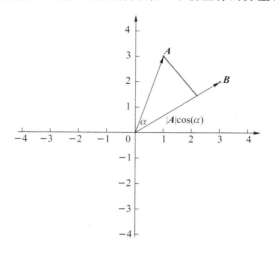

图 10.3　**A** 和 **B** 的内积

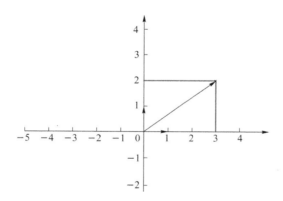

图 10.4　二维向量空间:$(1,0)^{\mathrm{T}}$ 和 $(0,1)^{\mathrm{T}}$ 叫作二维空间中的一组正交基

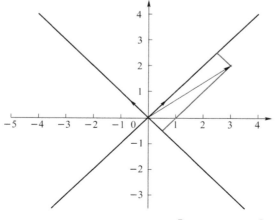

图 10.5　新的一组基:$\left(\dfrac{1}{\sqrt{2}},\dfrac{1}{\sqrt{2}}\right)^{\mathrm{T}}$ 和 $\left(-\dfrac{1}{\sqrt{2}},\dfrac{1}{\sqrt{2}}\right)^{\mathrm{T}}$

原向量(3,2)在新基下的坐标为：

$$x' = [3,2] \begin{bmatrix} \dfrac{1}{\sqrt{2}} \\ \dfrac{1}{\sqrt{2}} \end{bmatrix} = \dfrac{5}{\sqrt{2}}$$

$$y' = [3,2] \begin{bmatrix} -\dfrac{1}{\sqrt{2}} \\ \dfrac{1}{\sqrt{2}} \end{bmatrix} = -\dfrac{1}{\sqrt{2}}$$

$$[x',y'] = [3,2] \begin{bmatrix} \dfrac{1}{\sqrt{2}} & -\dfrac{1}{\sqrt{2}} \\ \dfrac{1}{\sqrt{2}} & \dfrac{1}{\sqrt{2}} \end{bmatrix} = \begin{bmatrix} \dfrac{5}{\sqrt{2}}, & -\dfrac{1}{\sqrt{2}} \end{bmatrix}$$

扩展到多维，若用矩阵 $\boldsymbol{W}_{N \times K}$ 表示新基，$\boldsymbol{Z}_{M \times K}$ 是在新基下的坐标，$\boldsymbol{X}_{M \times N}$ 是在原基下的坐标矩阵，则式10.22成立。

$$\boldsymbol{Z}_{M \times K} = \boldsymbol{X}_{M \times N} \boldsymbol{W}_{N \times K} \tag{10.22}$$

目标是通过基变换（特征矩阵 $\boldsymbol{W}_{N \times K}$）将样本集合 $\boldsymbol{X}_{M \times N}$ 映射到新的 K 维特征空间 $\boldsymbol{Z}_{M \times K}$，$M$ 为样本数，N 为原特征个数，K 为降维后新基的维数。而且要求降维后的数据在新坐标轴中的分布尽可能分散，数据分布的离散程度用方差来衡量。

PCA通过线性变换将原始数据变换为一组各维线性无关的表示，可用于提取数据的主要特征分量，常用于高维数据的降维。

投影后的数据点尽可能地分散以保留更多的原始数据信息。设降维后的列（或字段）为A，则式10.23所示的方差应尽可能大。

$$\mathrm{var}(A) = \frac{1}{M-1} \sum_{i=1}^{M} (a_i - \mu_a)^2 \tag{10.23}$$

其中，a_i 为列A中的值，μ_a 为列A的均值。由于PCA在降维前已经做了去均值化处理，去均值化处理后的数据均值为0，可将式10.23写成式10.24所示的形式。

$$\mathrm{var}(A) = \frac{1}{M-1} \sum_{i=1}^{M} a_i^2 \tag{10.24}$$

现假设数据 $\boldsymbol{X}$ 为矩阵，如式10.25所示：

$$\boldsymbol{X} = \begin{bmatrix} \boldsymbol{x}_1^1 & \cdots & \boldsymbol{x}_N^1 \\ \vdots & & \vdots \\ \boldsymbol{x}_1^M & \cdots & \boldsymbol{x}_N^M \end{bmatrix} \tag{10.25}$$

找到一个基向量，使数据点在其上的投影尽可能分散，还要找到其他的基向量，构造出一组基，使得这组基中的各个基向量线性无关，即各基向量间相互垂直。假设均值为0，两个向量的协方差为 $\mathrm{cov}(a,b) = \dfrac{1}{M-1} \sum_{i=1}^{M} a_i b_i$。当协方差为 0 时，两个属性完全独立。为了让协方差为 0，选择第二个基时只能从与第一个基正交的方向上选择，因此最终选择的两个基一定是正交的。去均值化以后数据的协方差矩阵如式10.26所示。

$$\frac{1}{M-1}\boldsymbol{X}^{\mathrm{T}}\boldsymbol{X}=\frac{1}{M-1}\begin{bmatrix}\sum\limits_{i=1}^{M}(x_1^i)(x_1^i) & \cdots & \sum\limits_{i=1}^{M}(x_1^i)(x_N^i)\\ \vdots & & \vdots\\ \sum\limits_{i=1}^{M}(x_N^i)(x_1^i) & \cdots & \sum\limits_{i=1}^{M}(x_N^i)(x_N^i)\end{bmatrix}$$

$$=\begin{bmatrix}\mathrm{cov}(x_1,x_1) & \cdots & \mathrm{cov}(x_1,x_N)\\ \vdots & & \vdots\\ \mathrm{cov}(x_N,x_1) & \cdots & \mathrm{cov}(x_N,x_N)\end{bmatrix} \qquad (10.26)$$

将一组 N 维向量降至 K 维后(K 大于 0 且小于 N),目标是选择 K 个单位正交基,使原始数据变换到这组基上后,各字段两两间协方差为 0,且字段的方差尽可能大。

$\frac{1}{M-1}\boldsymbol{X}^{\mathrm{T}}\boldsymbol{X}$ 的对角线元素是各特征的方差,其他元素是各特征之间的协方差。为了减少特征的冗余信息,希望降维后的各字段之间互不相关,而不相关性可以用协方差为 0 来表示,因而只需要降维后的数据协方差矩阵满足对角矩阵的条件。

协方差矩阵对角化:即除对角线元素外的其他元素都为 0,并且在对角线上将元素从上到下按由大至小的顺序进行排列。

对于一个 N 行 N 列的实对称矩阵,一定可以找到 N 个单位正交特征向量 $\boldsymbol{E}=(\boldsymbol{e}_1,\boldsymbol{e}_2,\cdots,\boldsymbol{e}_N)$。实对称矩阵可以进行对角化,如式 10.27 所示。

$$\boldsymbol{E}^{\mathrm{T}}\boldsymbol{C}\boldsymbol{E}=\boldsymbol{\Lambda}=\begin{bmatrix}\lambda_1 & \cdots & 0\\ \vdots & \ddots & \vdots\\ 0 & \cdots & \lambda_N\end{bmatrix} \qquad (10.27)$$

特征值从大到小排序后,将对应的特征向量从左到右排列,则用前 K 个特征向量组成的矩阵乘原始数据矩阵 $\boldsymbol{X}$,可得到所需的降维后的数据矩阵 $\boldsymbol{Y}$。

设 $\boldsymbol{A}$ 是 N 阶方阵,若存在数 λ 和非零向量 $\boldsymbol{x}$,使得 $\boldsymbol{A}\boldsymbol{x}=\lambda\boldsymbol{x}$($\boldsymbol{x}\neq\boldsymbol{0}$),则称 λ 是 $\boldsymbol{A}$ 的一个特征值,$\boldsymbol{x}$ 为 $\boldsymbol{A}$ 的对应于特征值 λ 的特征向量。

【例 10.2】　求矩阵 $\boldsymbol{A}=\begin{bmatrix}-1 & 1 & 0\\ -4 & 3 & 0\\ 1 & 0 & 2\end{bmatrix}$ 的特征值和特征向量。

根据求特征值的步骤,可得式 10.28。

$$|\boldsymbol{A}-\lambda\boldsymbol{E}|=\begin{vmatrix}-1-\lambda & 1 & 0\\ -4 & 3-\lambda & 0\\ 1 & 0 & 2-\lambda\end{vmatrix}=(2-\lambda)\begin{vmatrix}-1-\lambda & 1\\ -4 & 3-\lambda\end{vmatrix}=(2-\lambda)(\lambda-1)^2=0$$
$$(10.28)$$

求得的特征值为:$\lambda=2,\lambda=1$。

把每个特征值 λ 代入线性方程组 $(\boldsymbol{A}-\lambda\boldsymbol{E})\boldsymbol{x}=0$,当 $\lambda=2$ 时 $(\boldsymbol{A}-2\boldsymbol{E})\boldsymbol{x}=0$,则可得式 10.29。

$$|\boldsymbol{A}-2\boldsymbol{E}|=\begin{vmatrix}-3 & 1 & 0\\ -4 & 1 & 0\\ 1 & 0 & 0\end{vmatrix}=\begin{vmatrix}1 & 0 & 0\\ 0 & 1 & 0\\ 0 & 0 & 0\end{vmatrix} \qquad (10.29)$$

可得 $\begin{cases} x_1=0 \\ x_2=0 \end{cases}$，得基础解系，即 $\lambda=2$ 时的特征向量为 $\boldsymbol{p}_1=\begin{pmatrix} 0 \\ 0 \\ 1 \end{pmatrix}$。

当 $\lambda=1$ 时 $(\boldsymbol{A}-\boldsymbol{E})\boldsymbol{x}=0$，则有式 10.30。

$$|\boldsymbol{A}-\boldsymbol{E}|=\begin{vmatrix} -2 & 1 & 0 \\ -4 & 2 & 0 \\ 1 & 0 & 1 \end{vmatrix}=\begin{vmatrix} 1 & 0 & 1 \\ 0 & 1 & 2 \\ 0 & 0 & 0 \end{vmatrix} \tag{10.30}$$

可得 $\begin{cases} x_1+x_3=0 \\ x_2+2x_3=0 \end{cases}$，得基础解系，即 $\lambda=1$ 时的特征向量为 $\boldsymbol{p}_1=\begin{pmatrix} -1 \\ -2 \\ 1 \end{pmatrix}$。

则原样本点的矩阵乘以特征向量组成的基以后得到的是变换（降维）后的新矩阵：

$$\boldsymbol{A}\begin{bmatrix} 0 & -1 \\ 0 & -2 \\ 1 & 1 \end{bmatrix}=\begin{bmatrix} -1 & 1 & 0 \\ -4 & 3 & 0 \\ 1 & 0 & 2 \end{bmatrix}\begin{bmatrix} 0 & -1 \\ 0 & -2 \\ 1 & 1 \end{bmatrix}=\begin{bmatrix} 0 & -1 \\ 0 & -2 \\ 2 & 1 \end{bmatrix}$$

【例 10.3】 $y=\boldsymbol{u}^{\mathrm{T}}\boldsymbol{u}=u_1{}^2+u_2{}^2+\cdots+u_N{}^2$，求它的导数。

$$\frac{\partial \boldsymbol{u}^{\mathrm{T}}\boldsymbol{u}}{\partial u_i}=2u_i$$

$$\frac{\partial \boldsymbol{u}^{\mathrm{T}}\boldsymbol{u}}{\partial \boldsymbol{u}}=\begin{bmatrix} \dfrac{\partial \boldsymbol{u}^{\mathrm{T}}\boldsymbol{u}}{\partial u_1} \\ \vdots \\ \dfrac{\partial \boldsymbol{u}^{\mathrm{T}}\boldsymbol{u}}{\partial u_i} \\ \vdots \\ \dfrac{\partial \boldsymbol{u}^{\mathrm{T}}\boldsymbol{u}}{\partial u_N} \end{bmatrix}=2\boldsymbol{u}$$

【例 10.4】 $y=\boldsymbol{u}^{\mathrm{T}}\boldsymbol{C}\boldsymbol{u}$，$\boldsymbol{C}$ 为实对称矩阵，求 $\dfrac{\partial \boldsymbol{u}^{\mathrm{T}}\boldsymbol{C}\boldsymbol{u}}{\partial \boldsymbol{u}}$。

已知协方差矩阵为 $\boldsymbol{C}$，表示为式 10.31 所示的矩阵：

$$\boldsymbol{C}=\begin{bmatrix} \sum\limits_{i=1}^{M}(x_1^i)(x_1^i) & \cdots & \sum\limits_{i=1}^{M}(x_1^i)(x_N^i) \\ \vdots & & \vdots \\ \sum\limits_{i=1}^{M}(x_N^i)(x_1^i) & \cdots & \sum\limits_{i=1}^{M}(x_N^i)(x_N^i) \end{bmatrix}=\begin{bmatrix} a_{11} & \cdots & a_{1N} \\ \vdots & & \vdots \\ a_{N1} & \cdots & a_{NN} \end{bmatrix} \tag{10.31}$$

则有式 10.32：

$$y=[u_1,u_2,\cdots,u_N]\begin{bmatrix} a_{11} & \cdots & a_{1N} \\ \vdots & & \vdots \\ a_{N1} & \cdots & a_{NN} \end{bmatrix}\begin{bmatrix} u_1 \\ u_2 \\ \vdots \\ u_N \end{bmatrix}$$

$$=a_{11}u_1^2+2a_{12}u_1\,u_2+\cdots+a_{NN}u_N^2 \tag{10.32}$$

对 u 的每一个分量求偏导,可得式 10.33,因此又可得式 10.34。

$$\frac{\partial u^{\mathrm{T}} C u}{\partial u_i} = (2a_{ii}u_i + 2\sum_{j\neq i} a_{ij})u = 2\sum_{j=1}^{M} a_{ij} = 2[a_{i1},\cdots,a_{ij},\cdots,a_{iN}]\begin{bmatrix} u_1 \\ u_2 \\ u_3 \\ \vdots \\ u_N \end{bmatrix} = 2a_i^{\mathrm{T}} u$$

(10.33)

$$\frac{\partial u^{\mathrm{T}} C u}{\partial u} = \begin{bmatrix} \dfrac{\partial u^{\mathrm{T}} C u}{\partial u_1} \\ \vdots \\ \dfrac{\partial u^{\mathrm{T}} C u}{\partial u_i} \\ \vdots \\ \dfrac{\partial u^{\mathrm{T}} C u}{\partial u_N} \end{bmatrix} = \begin{bmatrix} 2a_1^{\mathrm{T}} u \\ \vdots \\ 2a_i^{\mathrm{T}} u \\ \vdots \\ 2a_N^{\mathrm{T}} u \end{bmatrix} = 2\begin{bmatrix} a_1^{\mathrm{T}} \\ \vdots \\ a_i^{\mathrm{T}} \\ \vdots \\ a_N^{\mathrm{T}} \end{bmatrix} u = 2Cu$$

(10.34)

或者直接使用第 4 章的向量求导公式 $\frac{\partial u^{\mathrm{T}} C u}{\partial u} = (C + C^{\mathrm{T}})u$。此处的 C 是协方差矩阵,是对称矩阵,因此有 $\frac{\partial u^{\mathrm{T}} C u}{\partial u} = 2Cu$。

设有 M 个样本 $X = \{X^1, X^2, \cdots, X^M\}$,每个样本有 N 个特征,即 N 维特征,$X^i = (x_1^i, x_2^i, \cdots, x_j^i, \cdots, x_N^i)^{\mathrm{T}}$。这些数据都已进行了标准化,即第 j 列字段的均值为 0,表示为 $\bar{x}_j = \frac{1}{M-1}\sum_{i=1}^{M} x_j^i = 0$。$W = (\omega_1, \omega_2, \cdots, \omega_K)$ 为新坐标基,其中 $\omega_1, \omega_2, \cdots, \omega_K$ 是标准正交基,根据标准正交基的性质,满足条件 $\|\omega\|_2 = 1$,$\omega_i^{\mathrm{T}}\omega_j = 0$。

如果将数据从 N 维降到 K 维,则新的坐标系为 $\{\omega_1, \omega_2, \cdots, \omega_K\}$,样本点 X^i 在 K 维坐标系中的投影为:$Z^i = (z_1^i, z_2^i, \cdots, z_K^i)^{\mathrm{T}}$,其中 $z_j^i = \omega_j^{\mathrm{T}} X^i$ 是 X^i 在低维(新)坐标系中第 j 维的坐标。

PCA 算法步骤如下。
① 标准化数据集。
② 求协方差矩阵。
③ 计算协方差矩阵的特征值及其对应的特征向量。
④ 将特征值从大到小进行排序。
⑤ 保留前 K 个最大的特征值和对应的特征向量。
⑥ 用特征向量构造变换矩阵 W。
⑦ 通过 $Z_{M\times K} = X_{M\times N} W_{N\times K}$ 进行映射。

3. 特征数 K 的选择

有时降维的效果并不好,要么可能维度压缩不多,内存占用和计算速度依然没有得到改善,要么可能维度压缩太多,信息量丢失太大。降维的特征取决于特征数 K 的选择。

因为矩阵 W 中每两个特征向量是相互正交的,如果矩阵 W 是一个单位正交矩阵,那么 $W^{\mathrm{T}} W = E$ 成立,其中 E 为单位矩阵。经过推导,可以反压缩得到矩阵 X,如式 10.35 所示。

$$Z_{M \times K} = X_{M \times N} W_{N \times K}$$
$$ZW^T = (XW)W^T = X(WW^T) = XE = X \tag{10.35}$$

因为保留的特征数 K 小于 N，所以这个反压缩得到的结果不是原来的数据 X。例如，将一维数据还原为二维数据如图 10.6 所示，最终反压缩得到的结果如图 10.6(a) 所示，而得不到图 10.6(b) 所示的原数据。

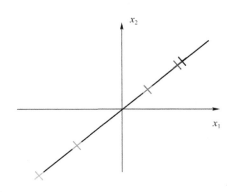

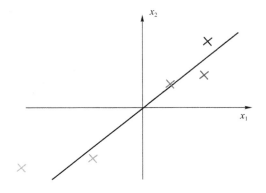

(a) 将一维数据还原为二维数据示意图　　　　(b) 原二维数据示意图

图 10.6　示例

因为在特征变换过程中丢失了部分信息，所以使用 X_{approx} 表示还原后的数据，如式 10.36所示。

$$X_{\text{approx}} = ZW^T \tag{10.36}$$

由此可以计算信息丢失率，如式 10.37 所示。

$$\frac{\frac{1}{M-1}\sum_{i=1}^{M} \| X^i - X^i_{\text{approx}} \|^2}{\frac{1}{M-1}\sum_{i=1}^{M} \| X^i \|^2} \tag{10.37}$$

如果损失 10%，则保留了 90% 的原始信息。

差异性的百分比还有另外一个获取方式，即计算前 K 个特征值之和除以所有的特征值之和。如前所述，已经对特征值进行了降序排序，前 K 个特征能够较好地代表全部的特征，从大到小排序的特征值是指对角矩阵的对角线上的数值，如式 10.38 所示。

$$\Lambda = \begin{bmatrix} \lambda_{11} & \cdots & 0 \\ \vdots & \ddots & \vdots \\ 0 & \cdots & \lambda_{NN} \end{bmatrix} \tag{10.38}$$

如果对于每个特征值，使用 λ_{ii} 进行标记，保留的信息公式如式 10.39 所示。

$$\frac{\sum_{i=1}^{K} \lambda_{ii}}{\sum_{j=1}^{N} \lambda_{jj}} \tag{10.39}$$

大于 K 小于 N 的特征值就是丢失的数据，所以信息丢失率也可以通过式 10.40 计算。

$$1 - \frac{\sum\limits_{i=1}^{K} \lambda_{ii}}{\sum\limits_{j=1}^{N} \lambda_{jj}} \leqslant t \tag{10.40}$$

需要指出的是,要设置一个差异性的百分比 t,然后从小到大对 K 进行遍历,满足差异性百分比条件的 K 即是所要选取的值。

4. 核化线性降维

在上述的主成分分析中,需假设存在一个线性的超平面,以便对数据进行投影。但有时所分析的数据并非线性的,无法直接运用 PCA 进行降维。面对这种情况,通常运用核函数的思想,先将数据集从 N 维映射到线性可分的高维 L 维,且 $L > N$,再从 L 维降低至 K 维,此时维度之间满足 $K < N < L$。这种使用核函数的主成分分析一般称为核化线性降维。此时,假设高维空间的数据是由 N 维空间的数据通过映射 ϕ 产生。

对于 N 维空间的特征分解为:$\sum\limits_{i=1}^{M} \boldsymbol{X}^i \boldsymbol{X}^{iT} \boldsymbol{W} = \lambda \boldsymbol{W}$(见例 10.2)。映射如式 10.41 所示。

$$\sum_{i=1}^{M} \phi(\boldsymbol{X}^i)\phi((\boldsymbol{X}^i)^{\mathrm{T}})\boldsymbol{W} = \lambda \boldsymbol{W} \tag{10.41}$$

5. 核化线性降维的 API 函数及相关参数

```
from sklearn.decompositon import KernelPCA
```

```
clf_kpca = sklearn.decomposition.KernelPCA(n_components = None, kernel = 'linear', gamma = None, degree = 3, coef0 = 1, kernel_params = None, alpha = 1.0, fit_inverse_transform = False, eigen_solver = 'auto', tol = 0, max_iter = None, remove_zero_eig = False, random_state = None, copy_X = True, n_jobs = None)
```

主要参数介绍如下。

n_components:主成分个数,默认 n_components=None。

kernel:默认 kernel = 'linear',可选值为 linear、poly、rbf、sigmoid、cosine、precomputed。

gamma:当 kernel 值为 rbf、poly 和 sigmoid 时的核系数,kernel 为其他值时该参数无效,默认 gamma=None,gamma = auto 为 1/n_features。

degree:当 kernel 值为 ploy 时的 degree,对于其他核函数无效,默认 degree=3。

coef0:默认 coef0 = 1,指定函数中的自由项(当核函数是 poly 和 sigmoid 时有效)。

kernel_params:表示为 kernel matrix 提供一个可调用对象,用于计算 kernel matrix。默认 kernel_params=None。

10.4 案　　例

【**例 10.5**】 使用 PCA 算法对鸢尾花数据集进行降维。

```
import matplotlib.pyplot as plt
from sklearn.decomposition import PCA
from sklearn.datasets import load_iris
```

```
# 加载数据
data = load_iris()
y = data.target
x = data.data
pca = PCA(n_components = 2)    # 加载 PCA 算法,设置降维后主成分数目为 2
PCA_x = pca.fit_transform(x)    # 对样本进行降维
red_x, red_y = [],[]    # 代表分类 0 的 x 的第一个分量和第二个分量
blue_x, blue_y = [],[]    # 代表分类 1 的 x 的第一个分量和第二个分量
green_x, green_y = [],[]    # 代表分类 2 的 x 的第一个分量和第二个分量
for i in range(len(PCA_x)):
    if y[i] == 0:
        red_x.append(PCA_x[i][0])
        red_y.append(PCA_x[i][1])
    elif y[i] == 1:
        blue_x.append(PCA_x[i][0])
        blue_y.append(PCA_x[i][1])
    else:
        green_x.append(PCA_x[i][0])
        green_y.append(PCA_x[i][1])
plt.scatter(red_x, red_y, c = 'r', marker = 'x')    # 分类为 0 的点
plt.scatter(blue_x, blue_y, c = 'b', marker = 'D')    # 分类为 1 的点
plt.scatter(green_x, green_y, c = 'g', marker = '.')    # 分类为 2 的点
plt.show()
```

运行结果如图 10.7 所示。

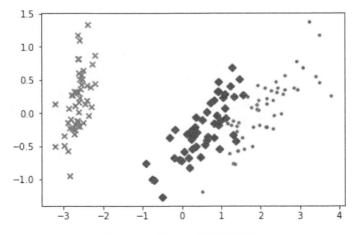

图 10.7　例 10.5 的运行结果

【例 10.6】　对鸢尾花数据进行降维后,画出样本所属类别的散点图及累加可解释性方差折线图。

```
import matplotlib.pyplot as plt
from sklearn.datasets import load_iris
from sklearn.decomposition import PCA
iris = load_iris()
y = iris.target
X = iris.data
import pandas as pd
# 将样本 X 变成 DataFrame 后,可使用 head()及 info()方法查看特征的缺失值、样本
数、特征的数据类型等信息
pd.DataFrame(X)
pca = PCA(n_components = 2)   # 将特征降为二维
pca = pca.fit(X)   # 拟合数据
print("X ",X)
X_pcaTr = pca.transform(X)   # 转换数据
print("X_pcaTr",X_pcaTr )
color = ["red","green","blue"]
plt.figure()
for i in [0,1,2]:   # 只有三种分类
    plt.scatter(X_pcaTr[y == i, 0]   # 分类为 i 的第 0 列,作为 X 轴
                ,X_pcaTr[y == i, 1]   # 分类为 i 的第 1 列,作为 y 轴
                ,alpha = 0.7
                ,c = color[i]
                ,label = iris.target_names[i])
plt.legend()   # 显示图例
plt.title('PCA of IRIS dataset')
plt.show()
import numpy as np
pca_line = PCA().fit(X)
plt.plot([1,2,3,4], np.cumsum(pca_line.explained_variance_ratio_))   # 累加
可解释方差
plt.xticks([1,2,3,4])
plt.xlabel("number of components after dimension reduction")
plt.ylabel("cumulative explained variance")
plt.show()
```

运行结果如图 10.8 所示。

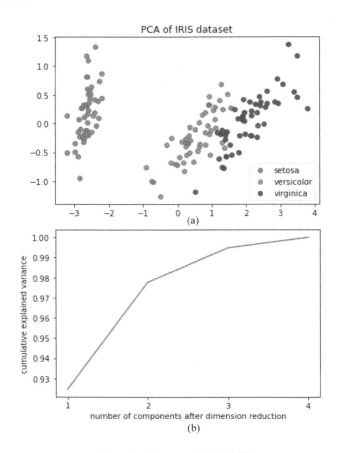

图 10.8　例 10.6 的运行结果

【**例 10.7**】　使用 Anaconda 的 Jupyter Notebook 编写代码,同时显示每段的执行情况。

```
import matplotlib.pyplot as plt
import pandas as pd
import seaborn as sns
import numpy as np
from sklearn.preprocessing import StandardScaler
from sklearn.decomposition import PCA
from sklearn.datasets import load_iris
iris = load_iris()
y = iris.target
X = iris.data
import pandas as pd
df = pd.DataFrame(X)
df.head()　#运行结果如图 10.9(a)所示
df1 = df.loc[:,df.columns[0:4]]
scaler = StandardScaler()
```

```
scaler.fit(df1)
scaled_df = scaler.transform(df1)
pca = PCA(n_components = 4)
pca.fit(scaled_df)

x_pca = pca.transform(scaled_df)
percent_variance = pca.explained_variance_ratio_
plt.bar(x = range(1,5),height = percent_variance,tick_label = ["PC" + str(i)
for i in range(1,5)])
plt.ylabel('Percentate of Variance Explained')
plt.xlabel('Principal Component')
plt.title('PCA Scree Plot') #碎石图
plt.savefig("1.jpg")   #PCA可解释性方差占比柱状图
```

例10.7的运行结果如图10.9所示。

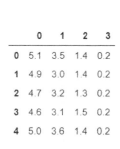

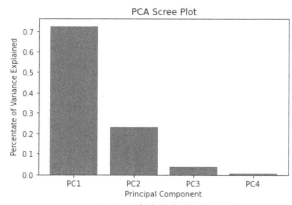

(a) 前5条样本信息

(b) PCA可解释性方差占比柱状图

图10.9　例10.7的运行结果

【例10.8】　使用核化线性降维。

```
from sklearn.datasets import load_iris
from sklearn.decomposition import KernelPCA
import numpy as np
import matplotlib.pyplot as plt
from scipy.spatial.distance import pdist, squareform

def sigmoid(x, coef = 0.25):
    x = np.dot(x, x.T)
    return np.tanh(coef * x + 1)
def linear(x):
    x = np.dot(x, x.T)
```

```
            return x
        def rbf(x, gamma = 15):
            sq_dists = pdist(x,'sqeuclidean')   #pdist 是一个强大的计算距离的函数
            #sqeuclidean 表示向量间欧氏距离的平方;cityblock 表示曼哈顿距离;minkowski
表示明氏距离
            mat_sq_dists = squareform(sq_dists)   #返回值为 ndarray 类型,squareform
是用来压缩矩阵的函数
            return np.exp( - gamma * mat_sq_dists)
        def kpca(data, n_dims = 2, kernel = rbf):
            print("data.shape",data.shape)
            K = kernel(data)   #K.shape (150, 150)
            print("K.shape",K.shape)
            N = K.shape[0]   #第一维的值是 150
            print("N",N)
            one_n = np.ones((N, N)) / N
            K = K - one_n.dot(K) - K.dot(one_n) + one_n.dot(K).dot(one_n)   #变为
高维的映射算法
            eig_values, eig_vector = np.linalg.eig(K)
            idx = eig_values.argsort()[::-1]
            eigval = eig_values[idx][:n_dims]
            eigvector = eig_vector[:, idx][:, :n_dims]
            print(eigval)
            eigval = eigval ** (1/2)
            vi = eigvector/eigval.reshape( -1,n_dims)
            data_n = np.dot(K, vi)
            return data_n
        if __name__ == "__main__":
            data = load_iris().data
            Y = load_iris().target
            data_1 = kpca(data, kernel = rbf)
            sklearn_kpca = KernelPCA(n_components = 2, kernel = "rbf", gamma = 15)
            data_2 = sklearn_kpca.fit_transform(data)
            plt.figure(figsize = (8,4))
            plt.subplot(121)
            plt.title("my_KPCA")
            plt.scatter(data_1[:, 0], data_1[:, 1], c = Y)
            plt.subplot(122)
            plt.title("sklearn_KPCA")
            plt.scatter(data_2[:, 0], data_2[:, 1], c = Y)
```

plt.show()

运行结果如图 10.10 所示。

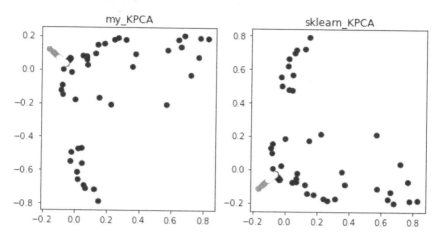

图 10.10　例 10.8 的运行结果

【例 10.9】　用降维前和降维后的数据对手写数字图片进行识别，并输出识别结果。

```
from sklearn.neural_network import MLPClassifier   #多层感知机
from sklearn.datasets import load_digits
from sklearn.model_selection import train_test_split
from sklearn.metrics import classification_report,confusion_matrix
import numpy as np
import matplotlib.pyplot as plt
digits = load_digits()   #载入数据
x_data = digits.data   #数据
y_data = digits.target   #标签
labels_type = np.unique(y_data)


x_train,x_test,y_train,y_test = train_test_split(x_data,y_data,random_state = 10)
x_data.shape
mlp = MLPClassifier(hidden_layer_sizes = (100,50),max_iter = 500)   #创建神经网络分类器对象
mlp.fit(x_train,y_train)
pred = mlp.predict(x_test)
print("pred",pred)   #降维前的预测结果,如图 10.11(a)所示

# 数据中心化
```

```python
def zeroMean(dataMat):
    # 按列求平均,即求各个特征的平均
    meanVal = np.mean(dataMat, axis = 0)
    newData = dataMat - meanVal
    return newData, meanVal


def pca(dataMat, top):
    # 数据中心化
    newData, meanVal = zeroMean(dataMat)
    # np.cov 用于求协方差矩阵,参数 rowvar = 0 说明数据一行代表一个样本
    covMat = np.cov(newData, rowvar = 0)
    # np.linalg.eig 用于求矩阵的特征值和特征向量
    eigVals, eigVects = np.linalg.eig(np.mat(covMat))
    # 对特征值从小到大排序
    eigValIndice = np.argsort(eigVals)
    # 最大的 n 个特征值的下标
    n_eigValIndice = eigValIndice[-1:-(top+1):-1]
    # 最大的 n 个特征值对应的特征向量
    n_eigVect = eigVects[:, n_eigValIndice]
    # 低维特征空间的数据
    lowDDataMat = newData * n_eigVect
    # 利用低维数据来重构数据
    reconMat = (lowDDataMat * n_eigVect.T) + meanVal
    # 返回低维特征空间的数据和重构的矩阵
    return lowDDataMat, reconMat
lowDDataMat, reconMat = pca(x_data, 2)
# 重构的数据
x = np.array(lowDDataMat)[:, 0]
y = np.array(lowDDataMat)[:, 1]
plt.figure(figsize = [10, 10])
plt.scatter(x, y, c = 'r')    # 降维后的样本数据散点图,如图 10.11(b)所示
plt.show()
predictions = mlp.predict(x_data)
# 重构的数据
x = np.array(lowDDataMat)[:, 0]
```

```
y = np.array(lowDDataMat)[:,1]
labels_dict = np.unique(y_data)
plt.figure(figsize = [10,10])
for label, m in zip(labels_dict, [" * ",".","^","v","o","<",">","8","s","p"]):
    #用不同符号标注降维后各个手写数字的二维平面散点图,如图 10.11(c)所示
    plt.scatter(x[y_data == label], y[y_data == label],  marker = m, alpha =
0.6, s = 100, label = labels_dict[label - 1])
plt.show()
lowDDataMat,reconMat = pca(x_data,3)
dx_train,dx_test,dy_train,dy_test = train_test_split(lowDDataMat,y_data,
random_state = 10)
mlp = MLPClassifier(hidden_layer_sizes = (100,50),max_iter = 500)
mlp.fit(dx_train,dy_train)
dpred = mlp.predict(dx_test)   #降维后手写数字的预测值,如图 10.11(d)所示
print("dpred",dpred)
from mpl_toolkits.mplot3d import Axes3D
x = np.array(lowDDataMat)[:,0]
y = np.array(lowDDataMat)[:,1]
z = np.array(lowDDataMat)[:,2]
ax = plt.figure(figsize = [10,10]).add_subplot(111, projection = '3d')
for label, m in zip(labels_dict, [" * ",".","^","v","o","<",">","8","s","p"]):
    #用不同符号标注降维后各个手写数字的三维立体散点图,如图 10.11(e)所示
    ax.scatter(x[y_data == label], y[y_data == label], z[y_data == label],
marker = m, alpha = 0.6, s = 100, label = labels_dict[label - 1])


plt.show()
```

运行结果如图 10.11 所示。

```
pred [5 2 5 4 8 2 4 3 3 0 8 7 0 1 8 6 9 7 9 7 1 8 6 7 8 8 5 8 5 9 3 3 7 3 4 1 9
 2 5 4 2 1 0 9 2 3 6 1 9 4 4 5 8 4 8 5 9 7 1 0 4 5 8 4 7 9 0 7 1 3 9 3 3 8
 0 7 3 6 5 2 0 8 8 0 1 1 2 8 8 8 2 6 3 4 7 9 8 2 9 2 5 0 8 0 4 8 8 0 6 7 3
 3 9 1 5 4 6 0 8 8 1 1 7 9 9 5 2 3 3 8 7 6 2 5 4 3 3 7 6 7 2 7 4 9 5 1 9 8
 6 1 1 1 4 0 8 9 1 2 3 5 0 3 4 1 5 4 9 3 5 6 4 0 8 6 7 0 9 9 4 7 5 5 2 0 6
 7 5 3 9 7 1 3 2 8 3 3 1 7 1 1 1 7 1 6 4 6 9 5 2 3 5 2 9 5 4 8 2 9 1 5 4 2
 3 9 0 2 0 2 1 0 5 0 6 4 2 1 9 0 9 0 6 9 4 4 9 7 5 6 1 6 7 0 8 6 2 0 1 2 3
 8 4 4 3 5 7 9 7 2 0 2 0 9 2 8 6 3 1 0 6 6 6 7 1 6 1 7 6 0 6 3 7 4 6 2 8 0
 8 4 7 3 3 0 0 2 3 9 7 4 6 7 9 7 6 0 5 6 2 7 1 0 5 8 6 4 7 2 5 8 4 6 6 5 0
 2 9 8 7 9 6 7 0 8 3 5 9 4 1 5 5 4 7 3 9 2 7 3 3 6 6 3 2 1 9 5 3 0 8 7 0 4
 2 1 1 1 9 8 5 1 7 9 8 7 5 4 2 5 5 4 2 4 6 5 0 1 2 0 6 6 3 6 5 3 0 9 7 1 6
 7 4 7 3 2 5 2 1 2 6 8 0 1 9 7 6 9 9 2 9 1 0 9 9 8 3 6 1 1 3 0 6 8 3 2 0 3
 4 5 5 8 8 6]
```

(a) 降维前的预测结果

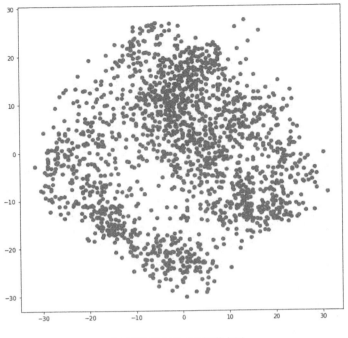

（b）降维后的样本数据散点图

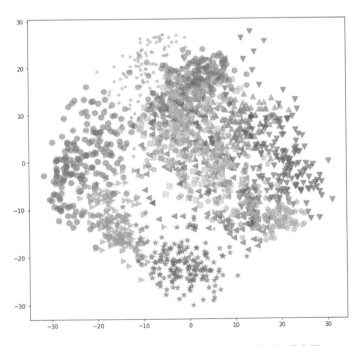

（c）用不同符号标注降维后各个手写数字的二维平面散点图

```
dpred [5 2 5 4 8 5 4 3 3 0 8 8 0 1 8 6 7 1 9 8 1 1 6 7 8 8 8 7 5 9 3 3 7 3 4 1 9
2 8 4 2 1 0 9 3 3 6 1 9 4 4 3 8 4 8 2 7 7 8 0 4 3 8 4 7 9 0 7 1 9 5 3 3 1
0 7 3 6 5 2 0 5 1 0 1 2 2 7 8 8 2 6 3 4 7 3 1 8 5 2 9 0 8 0 4 8 5 0 6 1 3
3 7 1 7 4 6 0 8 8 7 2 7 5 9 8 2 3 3 3 7 6 2 7 4 3 3 7 6 7 2 7 4 9 8 1 9 7
6 7 1 7 4 0 8 9 1 2 3 8 0 3 4 1 8 4 9 3 5 6 4 0 5 6 7 0 9 9 4 7 3 9 2 0 6
7 5 3 7 7 7 3 2 5 7 3 7 9 1 1 1 7 1 6 1 6 9 7 2 3 5 3 9 5 4 8 2 5 1 5 4 2
3 5 0 2 0 2 7 0 9 0 6 4 2 1 9 0 9 0 6 9 4 4 1 1 8 6 1 5 1 0 8 6 2 0 1 2 3
8 4 4 3 5 7 3 1 2 0 2 0 9 2 5 6 2 8 0 6 6 6 7 1 6 1 7 6 0 6 3 7 4 6 2 8 0
8 4 7 9 3 0 0 2 3 5 7 4 6 7 9 7 6 0 5 6 8 4 1 0 1 6 6 4 7 2 7 7 0 6 6 7 0
3 9 8 7 9 6 1 0 8 3 5 5 4 1 5 5 4 7 3 9 2 7 3 3 6 6 3 2 1 9 8 9 0 8 7 0 4
2 1 9 8 5 8 1 2 7 7 8 7 9 4 2 5 8 4 2 4 6 5 0 8 2 0 6 6 2 6 5 3 0 9 7 1 6
7 4 7 3 2 1 2 1 5 6 5 0 1 3 7 6 9 9 8 9 1 0 3 3 5 3 6 1 1 3 0 6 8 3 2 0 3
4 8 1 5 8 6]
```

(d) 降维后手写数字的预测值

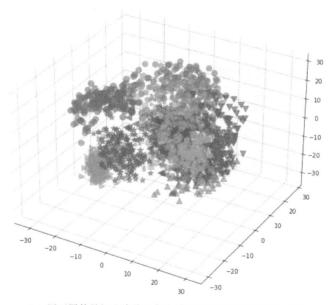

(e) 用不同符号标注降维后各个手写数字的三维立体散点图

图 10.11 例 10.9 的运行结果

第 11 章　聚　　类

　　"物以类聚,人以群分。"对事物进行分类,是人们认识事物的出发点,也是人们认识世界的一种重要方法。聚类分析又称群分析,是研究分类问题的一种多元统计方法。所谓类,通俗地说,就是指相似元素的集合。

　　"数据集"中的每条记录是一个样本,数据集会将所描述的物体分为一个或多个"属性"(特征),其取值为"属性值",多个属性可以构成"属性空间"。

　　要建立一个用于预测的模型,仅有样本数据是不够的,还需要与训练数据一一对应的结果信息,称为"标记"(label),也称作"标签",这类拥有标记信息的示例(样本)称为"样例"(example),如图 11.1 所示。本章介绍的聚类是一种机器学习技术,该方法能够对没有标签的数据点进行分组。给定一组数据点,可以使用聚类算法将每个数据点划分到一个特定的组。

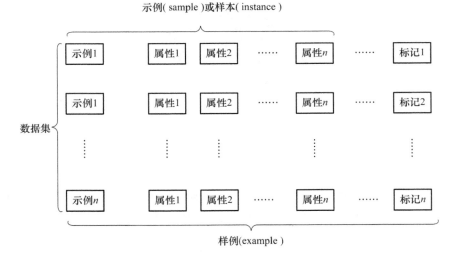

图 11.1　数据集、属性、示例、标记、样例之间的关系

11.1　无监督学习、监督学习、半监督学习

　　无监督学习:训练样本的标记信息未知,目标是通过对无标记训练样本的学习来揭示数据的内在性质及规律,为进一步的数据分析提供基础,此类学习任务中研究最多、应用最广的是"聚类"。对样本的预测结果没有预期,借助于算法使训练集自动分为若干组,每一组称为一个"簇",这个过程称为聚类。这些自动形成的"簇"可能对应一些潜在的概念划分,这些

"簇"的概念事先未知。

监督学习：训练数据既有特征（属性）又有标签，通过训练，学习器可以找到特征和标签之间的联系，在面对只有特征值没有标签的数据时，可以判断出标签。监督学习包括分类问题和回归问题。以分类问题为例，其目标是确定一个物体所属的类别。例如：判定一个水果是苹果、杏，还是桃；判定一个家畜是猪、牛、马，还是羊。解决这类问题的办法是先准备好一些数据（每种水果所对应的各特征值及每种水果的标签或者每种家畜所对应的各特征值及每种家畜所对应的类型），通过多种有监督学习算法建立模型，然后根据学习得到的模型对某一具有一定特征的水果判断其类型或者对某一具有一定特征的家畜判定其类型。这种机器学习的方法称为监督学习。监督学习一般包括训练和预测两个阶段。在训练阶段，用大量的样本进行学习，得到一个模型。接下来，在预测阶段，给出一些没有标签的数据，再用模型预测出它们的类别。

监督学习的常见算法有：线性回归、逻辑回归、神经网络、决策树、支持向量机、KNN 等。

半监督学习：半监督学习介于监督学习和无监督学习之间，是监督学习与无监督学习相结合的一种学习方法。半监督学习使用大量的未标记数据，同时使用有标记数据来进行分类或者聚类。训练集同时包含有标记的样本数据和未标记的样本数据，而未标记数据的数量常常远大于有标记数据。隐藏在半监督学习下的基本规律是：数据分布必然不是完全随机的，通过一些有标记数据的局部特征，以及更多未标记数据的整体分布，可以得到可接受甚至非常好的结果。与监督学习相比，半监督学习的成本较低，又能达到较高的准确度。半监督学习根据学习模型对测试集的数据进行标记等。在实际中，半监督学习使用的频率较高。在大多数情况下，人们缺的不是数据，而是有标记数据，然而由人对数据进行标记尤为费时费力。人们尝试将少量的有标记样本和大量的未标记样本一起训练进行学习，期望对学习性能起到改进作用，由此产生了半监督学习。半监督学习可进一步划分为纯（pure）半监督学习和直推学习（transductive learning）。纯半监督学习假定训练数据中的未标记样本并非待测数据，而直推学习则假定学习过程中所考虑的未标记样本恰是待测数据，学习的目的是在这些未标记样本上获得最优泛化性能。

11.2　聚类算法简介及聚类算法 API 函数的初步使用

聚类指根据数据的属性或特征将相似数据点分成一组。

聚类需要确定一个样本所属的类别，与分类问题有所不同，聚类没有事先定义好类别，即没有标签（为无监督学习）。聚类算法的核心是要把一批样本分开，分成多个类，保证每一个类内的样本之间是相似的，而不同类的样本之间是不同的。在这里，类别被称为"簇"。聚类算法没有训练过程，这是和分类算法最本质的区别，算法根据其定义的规则，将相似的样本划分为一簇，将不相似的样本划分在不同的簇中。

聚类问题可以抽象成数学中的集合划分问题。假设有一个样本集 C，如式 11.1 所示。

$$C = \{X_1, X_2, \cdots, X_M\} \tag{11.1}$$

聚类算法把这个样本集划分成 K 个不相交的子集 $C_1, C_2, C_3, \cdots, C_K$（即 K 个簇），这些子集的并集是整个样本集 C，如式 11.2 所示。

$$C_1 \cup C_2 \cup C_3 \cup \cdots \cup C_K = C \tag{11.2}$$

每个样本只能属于这些子集中的一个,即任意两个子集之间没有交集,如式 11.3 所示。

$$C_i \cap C_j = \varnothing, \quad \forall i, j, i \neq j \tag{11.3}$$

同一个子集内部的样本之间极尽相似,不同子集的样本之间要尽量不同。其中,K 值可以由人工设定,也可以由算法确定。

以下是导入聚类算法的常用 API 函数。

from sklearn. cluster import KMeans,MiniBatchKMeans:导入 K 均值(K-Means)聚类算法。Mini Batch K-Means 比 K-Means 有更快的收敛速度。

from sklearn. cluster import DBSCAN:导入 DBSCAN 密度聚类算法。

from sklearn. cluster import MeanShift:导入 Mean Shift(均值漂移)算法,该算法是基于密度的非参数聚类算法。

11.3 聚类算法实现流程

对簇的不同定义可以得到各种不同的聚类算法,常见的聚类算法如下。

连通性聚类。典型代表是层次聚类算法,根据样本之间的连通性来构造簇,所有连通的样本属于同一簇。

基于质心的聚类。典型代表是 K-Means 算法,它用一个中心向量来表示一个簇,样本所属的簇由它到每个簇的中心距离确定。

基于概率分布的聚类。算法假设每种类型的样本服从同一种概率分布,如多维正态分布,典型代表是期望最大化算法。

基于密度的聚类。典型代表是 DBSCAN 算法、OPTICS 算法以及均值漂移算法,将簇定义为空间中样本密集的区域。此种聚类算法对簇的形状无限制。

基于图的算法。这类算法用样本点构造出带权重的无向图,每个样本是图中的一个顶点,然后使用图论中的方法完成聚类。

1. K-Means 聚类算法

K-Means 聚类算法是较常用的聚类算法之一。K-Means 算法属于无监督学习中的基于质心的聚类算法,算法简单、易实现、聚类效果好、应用广泛。对于给定的样本集,按照样本点与每个聚类中心的距离,将样本集划分为 K 个簇,让簇内的样本点间距离尽量近,而簇间的样本点间距离尽可能远。

假设将数据分成 K 个类,K-Means 聚类算法的实现流程如下:

① 随机选取 K 个点,作为聚类中心;

② 计算每个点分别到 K 个聚类中心的距离,然后将该点分到最近的聚类中心点所属的类,这样就形成了 K 个簇;

③ 重新计算每个簇的质心(均值);

④ 重复②~③步,直到质心的位置不再发生变化或者达到设定的迭代次数为止。

(1)代价函数/畸变函数

用数据表达式表示,假设划分 K 个簇(C_1,C_2,$\cdots$,C_K),则目标是最小化误差平方和(SSE,Sum of the Squares for Error,也叫聚类误差),如式 11.4 所示。

$$SSE = \sum_{i=1}^{K} \sum_{X_j \in C_i} \| X_j - \mu_i \|_2^2 \qquad (11.4)$$

其中:$X_j \in C_i$,X_j 表示属于第 i 类数据集 C_i 的第 j 个样本点;K 表示簇的数量;μ_i 表示第 i 个簇的中心点,也是簇 C_i 的均值向量,有时也称为质心,μ_i 的计算如式 11.5 所示,而 $|C_i|$ 表示第 i 个簇中样本点的个数。

$$\mu_i = \frac{1}{|C_i|} \sum_{X_j \in C_i} X_j \qquad (11.5)$$

若要使 K-Means 分类的最终结果最好,即 K-Means 的聚类误差最小化,则要最小化所有的数据点与其对应的聚类中心点间距离之和,需设计 K-Means 的代价函数(又称畸变函数,distortion function),如式 11.6 所示。

$$J(C_1, \cdots, C_K, \mu_1, \cdots, \mu_K) = \frac{1}{K} \sum_{i=1}^{K} \| X_i - \mu_i \|^2 \qquad (11.6)$$

其中,μ_i 代表与 X_i 最近的聚类中心点。优化目标是要找出使得代价函数最小的各簇 $C_1, \cdots,$ C_K 和各簇的中心点 $\mu_1, \cdots, \mu_K$。

(2) 选取簇的数目 K 值

对于一个给定的没有分簇的数据集,应该分为多少簇?对于一些数据集,可以通过观察将其分为两个簇,即 K 值为 2。若 K 值不能通过观察获得,怎样选取较为合适的 K 值呢?

使用各个簇内的样本点到所在簇质心的误差平方和(Sum of Squared Error,SSE)作为性能度量指标,其值越小则说明各个簇越收敛。不是 SSE 越小越好,如一种极端情况,将每个样本点分别划分为一个簇,SSE 为 0,但是显然达不到分簇的目的和效果。

指定一个 i 值,即可能的簇的最大数量,然后将簇数从 1 开始递增,直到 i,计算出 i 个 SSE。根据数据的潜在模式,当设定的簇数不断逼近真实的簇数时,SSE 呈现快速下降趋势,而当设定的簇数超过真实的簇数时,SSE 虽然会继续下降,但其下降幅度趋于缓慢。通过画出 K-SSE 曲线,找出下降途中的拐点,即可较好地确定簇的数目,即 K 值。

如图 11.2 所示,对一批数据进行统计后发现随着 K 值的增加其 SSE 在不断变小,但是当 $K = 3$ 时,随着 K 值继续增大,SSE 减小的幅度并不显著,也就是在 $K > 3$ 之后所带来的好处并不是特别明显,因此可以选择 $K = 3$ 作为 K-Means 聚类簇的数目。由于其形状像人类的肘部,故称其为"肘部法则"。

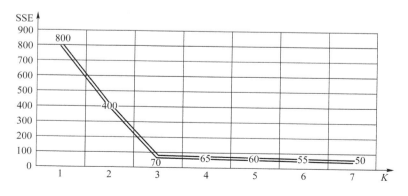

图 11.2 利用"肘部法则"确定 K 值

应遵循簇内差异小,簇外差异大的原则。对簇内差异的衡量使用 SSE,对簇外差异的衡量使用轮廓系数。

轮廓系数:计算数据集中所有样本的轮廓系数的平均值,即为当前聚类的整体轮廓系数。求解轮廓系数需先计算簇内不相似度和簇间不相似度。

样本 i 到同簇其他样本的平均距离 a_i 称为样本 i 的簇内不相似度,其体现凝聚度。

样本 i 到其他某簇所有样本的平均距离的最小值 b_i 称为样本 i 的簇间不相似度,其体现分离度。

通过比较 a_i 和 b_i,可以判断样本 i 是否真的适合其所在的簇,轮廓系数计算公式如式 11.7 所示。

$$S_i = \frac{b_i - a_i}{\max(a_i, b_i)} \tag{11.7}$$

轮廓系数 S_i 的范围是 $[-1,1]$,当 a_i 小于 b_i 时,轮廓系数大于 0;当 a_i 大于 b_i 时,轮廓系数小于 0。当 $a_i < b_i$ 且 a_i 趋近于 0 时,轮廓系数趋近于 1,表示样本 i 与簇内样本点紧凑,而与最近的另一簇样本点相距较远,说明样本 i 聚类合理。$a_i = b_i$ 时,轮廓系数等于 0,表示样本 i 与簇内样本点的平均距离和与最近的另一簇所有样本点的平均距离相等,说明样本 i 在两簇的边界上。$a_i > b_i$ 且 b_i 趋近于 0 时,轮廓系数趋近于 -1,表示样本 i 与簇内样本点分散,而与最近的另一簇的所有样本点间平均相距较近,说明样本 i 更应该被分类到另一簇中。

S_i 越接近于 1 说明 b_i 越大,a_i 越小,类别内部越相似,类别之间越不相似;S_i 越接近于 0 说明类别内部和类别之间距离差别不大,表示分界线不明显;S_i 越接近于 -1 说明类别之间越相似,类别内部反而不相似,表示分类错误。

K-Means 的主要优点有:

① 原理比较简单,容易实现,收敛速度快;

② 聚类效果较优;

③ 算法的可解释性较强;

④ 主要需要调节的参数仅仅是簇数 K。

K-Means 的主要缺点有:

① K 值的选取不好把握;

② 对于不是凸的数据集比较难收敛;

③ 如果各隐含类别的数据不平衡,如各隐含类别的数据量严重失衡,或者各隐含类别的方差不同,则聚类效果不佳;

④ 采用迭代方法,得到的结果只是局部最优;

⑤ 对噪声和异常点比较敏感。

2. DBSCAN 算法

DBSCAN(Density-Based Spatial Clustering of Application with Noise)算法是一种典型的基于密度的聚类算法。它将簇定义为密度相连的点的最大集合,能够把具有足够密度的区域划分为簇,并可以在有噪声的空间数据集中发现任意形状的簇。

DBSCAN 算法中有两个重要参数:Eps 和 MinPtS。Eps 是定义密度时的邻域半径,MinPts 为定义核心点时的阈值。

在 DBSCAN 算法中将数据点分为以下 3 类。

（1）核心点

如果一个样本的邻域（半径为 Eps）内含有的样本点数目超过 MinPts，则该样本为核心点。

（2）边界点

如果一个样本在其半径 Eps 内含有的样本点数目少于 MinPts，但是该样本落在核心点的邻域内，则该样本为边界点。

（3）噪声点

如果一个样本既不是核心点也不是边界点，则该样本为噪声点。

通俗地讲，核心点对应稠密区域内部的点，边界点对应稠密区域边缘的点，而噪声点对应稀疏区域中的点。

DBSCAN 聚类算法的实现流程如下。

① 随机选择一个"从未访问过"（unvisited）的数据点 p，标记该点为"访问过"（visited）。这个点的邻域用邻域半径 Eps（所有在 Eps 距离内的点都为 p 邻域中的点）来表示。

② 如果 p 在 Eps 邻域内至少有 MinPts 个样本点：

- 创建一个新簇 C，把 p 添加到簇 C 中。
- 令 N 为 p 的 Eps 邻域中的点的集合。
- 对于 N 中的每个数据点 p_i，如果 p_i 没有被标记为"访问过"，则标记 p_i 为"访问过"。如果 p_i 的 Eps 邻域内至少有 MinPts 个数据点，则把这些数据点添加到 N 中。如果 p_i 还不是任何簇的成员，则把 p_i 添加到 C 中。
- 输出 C。

否则标记 p 为噪声。

③ 重复步骤①和步骤②，直到所有的点都被标记为"访问过"。在所有的数据点都被标记为"访问过"以后，每个数据点都被标记为属于某个簇或者被标记为噪声。

DBSCAN 聚类算法的优点：①不需要预设定聚类的数量。②能将异常值识别为噪声，而在 K-Means 聚类算法中，即使数据点非常不同，也会将该点划分到某个簇中。③能很好地找到任意大小和任意形状的簇。

DBSCAN 聚类算法的缺点：①当聚类具有不同的密度时，其性能不像其他聚类算法那样理想。因为当密度变化时，距离阈值 Eps 和识别核心点的阈值 MinPts 的设置会随着聚类的不同而发生变化。②距离阈值 Eps 难以估计，该算法对高维数据的聚类效果不佳。

3. 使用高斯混合模型的期望最大化聚类

K-Means 的一个主要缺点是对聚类中心的平均值的使用过于简单。如图 11.3（a）所示，两个环状聚类具有不同的半径，但以相同的平均值为中心，由此可以发现 K-Means 聚类的弊端，K-Means 无法处理这种情况，因为聚类的均值非常接近。如图 11.3（b）所示，在聚类不是环状时，K-Means 聚类也会失败，同样可以得出其分类结果不理想。

高斯混合模型（Gaussian Mixture Model，GMM）：假设存在一定数量的高斯分布（正态分布），并且每个分布代表一个簇，高斯混合模型倾向于将服从同一分布的数据点归为一个簇，比 K-Means 更具灵活性。使用高斯混合模型时，可以假设数据点服从高斯分布。

假设有 3 个高斯分布 GD_1，GD_2，GD_3，它们分别具有给定的均值（μ_1，μ_2，μ_3）和标准差

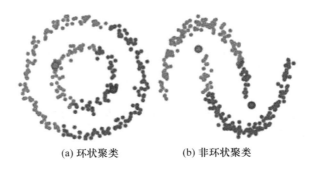

(a) 环状聚类   (b) 非环状聚类

图 11.3   K-Means 聚类效果不理想的情况

$(\sigma_1,\sigma_2,\sigma_3)$。对于给定的一组数据点，GMM 将计算这些数据点分别服从这些分布的概率。高斯混合模型是一种概率模型，采用软聚类方法将数据点归入不同的簇中。高斯分布曲线为一个钟形曲线，数据点围绕平均值对称分布。

图 11.4 所示为一些均值(μ)和方差(σ^2)不同的高斯分布，其中，σ 值越大，分布曲线越宽。

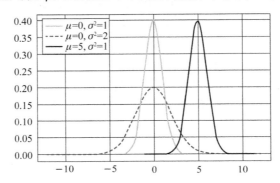

图 11.4   不同的均值、方差对应的高斯分布曲线

在一维空间中，高斯分布的概率密度函数由式 11.8 给出。

$$f(x)=\frac{1}{\sqrt{2\pi}\sigma}e^{-\frac{(x-\mu)^2}{2\sigma^2}} \tag{11.8}$$

在二元独立变量的情况下，得到图 11.5 所示的三维钟形曲线，而不是二维钟形曲线。

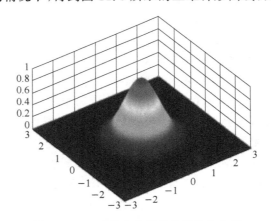

图 11.5   二元独立变量的高斯分布曲线

假设 N 个特征 $\boldsymbol{x}=[x_1,x_2,\cdots,x_N]^T$ 互不相关,且服从高斯分布(维度不相关多元高斯分布),各个维度的均值 $\boldsymbol{E}(x)=[\mu_1,\mu_2,\cdots,\mu_N]^T$,标准差 $\boldsymbol{\sigma}(x)=[\sigma_1,\sigma_2,\cdots,\sigma_N]^T$,

$$f(x)=p(x_1,x_2,\cdots,x_N)$$
$$=p(x_1)p(x_2)\cdots p(x_N)$$
$$=\frac{1}{(\sqrt{2\pi})^N\sigma_1\sigma_2\cdots\sigma_N}e^{-\frac{(x_1-\mu_1)^2}{2\sigma_1^2}-\frac{(x_2-\mu_2)^2}{2\sigma_2^2}-\cdots-\frac{(x_N-\mu_N)^2}{2\sigma_N^2}}$$

令 $z^2=\frac{(x_1-\mu_1)^2}{\sigma_1^2}+\frac{(x_2-\mu_2)^2}{\sigma_2^2}+\cdots+\frac{(x_N-\mu_N)^2}{\sigma_N^2}$,$\sigma_z=\sigma_1\sigma_2\cdots\sigma_N$,则独立多元高斯分布的概率密度函数如式 11.9 所示。

$$f(z)=\frac{1}{(\sqrt{2\pi})^N\sigma_z}e^{-\frac{z^2}{2}} \tag{11.9}$$

多元高斯分布需要转换成矩阵形式,如式 11.10 和式 11.11 所示。

$$z^2=\boldsymbol{z}^T\boldsymbol{z}=[x_1-\mu_1,x_2-\mu_2,\cdots,x_N-\mu_N]\begin{bmatrix}\frac{1}{\sigma_1^2} & 0 & \cdots & 0 \\ 0 & \frac{1}{\sigma_2^2} & \cdots & 0 \\ \vdots & & & \vdots \\ 0 & 0 & \cdots & \frac{1}{\sigma_N^2}\end{bmatrix}[x_1-\mu_1,x_2-\mu_2,\cdots,x_N-\mu_N]^T$$
$$\tag{11.10}$$

$$\boldsymbol{x}-\boldsymbol{\mu_x}=[x_1-\mu_1,x_2-\mu_2,\cdots,x_N-\mu_N]^T \tag{11.11}$$

$$\boldsymbol{\Sigma}=\begin{bmatrix}\sigma_1^2 & 0 & \cdots & 0 \\ 0 & \sigma_2^2 & \cdots & 0 \\ \vdots & & & \vdots \\ 0 & 0 & \cdots & \sigma_N^2\end{bmatrix} \tag{11.12}$$

$\boldsymbol{\Sigma}$ 代表变量 $\boldsymbol{X}$ 的协方差矩阵,如式 11.12 所示,i 行 j 列的元素值表示 x_i 与 x_j 的协方差,由于特征之间是相互独立的,因此除对角线上的元素外,矩阵中其他元素的值均为 0,且 x_i 与它本身的协方差等于方差。$\boldsymbol{\Sigma}$ 是一个对角阵,根据对角阵的性质,它的逆矩阵如式 11.13 所示。

$$\boldsymbol{\Sigma}^{-1}=\begin{bmatrix}\frac{1}{\sigma_1^2} & 0 & \cdots & 0 \\ 0 & \frac{1}{\sigma_2^2} & \cdots & 0 \\ \vdots & & & \vdots \\ 0 & 0 & \cdots & \frac{1}{\sigma_N^2}\end{bmatrix} \tag{11.13}$$

对角矩阵行列式的值=对角矩阵元素的乘积,令协方差对角阵行列式的平方根为 σ_z,如式 11.14 所示。

$$\sigma_z=|\boldsymbol{\Sigma}|^{\frac{1}{2}}=\sigma_1\sigma_2\cdots\sigma_N \tag{11.14}$$

替换变量以后,等式可以简化为式 11.15 和式 11.16。

$$z^{\mathrm{T}}z = (x - \boldsymbol{\mu}_x)^{\mathrm{T}}\boldsymbol{\Sigma}^{-1}(x - \boldsymbol{\mu}_x) \tag{11.15}$$

$$f(z) = \frac{1}{(\sqrt{2\pi})^N \sigma_z} e^{-\frac{z^2}{2}} = \frac{1}{(\sqrt{2\pi})^N |\boldsymbol{\Sigma}|^{\frac{1}{2}}} e^{-\frac{(x-\boldsymbol{\mu}_x)^{\mathrm{T}}\boldsymbol{\Sigma}^{-1}(x-\boldsymbol{\mu}_x)}{2}} \tag{11.16}$$

对于具有 N 个特征的数据集,得到 K 个高斯分布(其中 K 相当于簇或类的数量),为寻求每个类的高斯分布参数(如均值和标准差),可以使用期望最大化(Expectation-Maximization,EM)的优化算法。

更一般化的描述为:假设高斯混合模型由 K 个高斯模型组成(即含有 K 个簇),则高斯混合模型的概率密度函数如式 11.17 所示。

$$p(x) = \sum_{k=1}^{K} p(k)P(x \mid k) = \sum_{k=1}^{K} \pi_k N(x \mid \boldsymbol{\mu}_k, \boldsymbol{\Sigma}_k) \tag{11.17}$$

其中:$P(x \mid k) = N(x \mid \boldsymbol{\mu}_k, \boldsymbol{\Sigma}_k)$ 是第 k 个高斯模型的概率密度函数,可以看作选定第 k 个模型后,该模型产生 x 的概率;$p(k) = \pi_k$ 是第 k 个高斯模型的权重,称作选择第 k 个模型的先验概率,且满足式 11.18,即所有 K 个高斯模型的权重之和等于 1。$\boldsymbol{\mu}_k$ 是第 k 个模型的均值,$\boldsymbol{\Sigma}_k$ 是第 k 个模型的方差。

$$\sum_{k=1}^{K} \pi_k = 1 \tag{11.18}$$

如果每一个数据点 $\boldsymbol{X}_i$ 都是 N 维的,数据 $\boldsymbol{X}$ 分散在 K 个簇中,则这种数据集可以用多变量高斯混合模型拟合,如式 11.19 所示。

$$p(\boldsymbol{X}_i \mid \boldsymbol{\Theta}) = \sum_{k=1}^{K} p(k)P(\boldsymbol{X}_i \mid k) = \sum_{k=1}^{K} \pi_k N(\boldsymbol{X}_i \mid \boldsymbol{\mu}_k, \boldsymbol{\Sigma}_k)$$
$$= \sum_{k=1}^{K} \pi_k \frac{1}{(\sqrt{2\pi})^N |\boldsymbol{\Sigma}_k|^{\frac{1}{2}}} e^{-\frac{(\boldsymbol{X}_i-\boldsymbol{\mu}_k)^{\mathrm{T}}\boldsymbol{\Sigma}_k^{-1}(\boldsymbol{X}_i-\boldsymbol{\mu}_k)}{2}} \tag{11.19}$$

其中,$\boldsymbol{\Theta}$ 代表全体高斯模型参数。

为求出高斯混合模型的各参数,通常使用 EM 算法。EM 算法是一种迭代的算法,算法表述如下:

① 采集到一组包含 M 个样本的数据集;

② 预先给定 K 值或者根据数据集中样本数据的特点估计使用 K 个高斯分布混合进行数据拟合。

目标任务是估计出高斯混合模型的参数:K 组 $(\pi_k, \boldsymbol{\mu}_k, \boldsymbol{\Sigma}_k)$。

对于相互独立的一组数据,最大似然估计是最直接的估计方法。M 个数据点的总概率可以表述成每个数据点的概率乘积,称为似然函数,如式 11.20 所示。

$$p(\boldsymbol{X} \mid \boldsymbol{\Theta}) = \prod_{i=1}^{M} p(\boldsymbol{X}_i \mid \boldsymbol{\Theta}) \tag{11.20}$$

最大似然估计通过求似然函数的极大值来估计参数 $\boldsymbol{\Theta}$,如式 11.21 所示。

$$\boldsymbol{\Theta} = \arg\max \prod_{i=1}^{M} p(\boldsymbol{X}_i \mid \boldsymbol{\Theta}) \tag{11.21}$$

对高斯混合模型使用最大似然估计,求得的似然函数比较复杂,单变量和多变量 GMM 似然函数如式 11.22 所示,多变量 GMM 似然函数涉及多个矩阵的求逆及乘积等运算,因此要准确估计出 K 组高斯模型参数比较困难。

$$p(\boldsymbol{X} \mid \boldsymbol{\Theta}) = \prod_{i=1}^{M} p(\boldsymbol{X}_i \mid \boldsymbol{\Theta}) = \prod_{i=1}^{M} \sum_{k=1}^{K} p(k) P(\boldsymbol{X}_i \mid k) = \prod_{i=1}^{M} \sum_{k=1}^{K} \pi_k N(\boldsymbol{X}_i \mid \boldsymbol{\mu}_k, \boldsymbol{\Sigma}_k)$$

$$(11.22)$$

GMM 似然函数首先可以通过求对数进行简化,把乘积变成和的形式,方便求导、求极值,如式 11.23 所示。

$$L(\boldsymbol{X} \mid \boldsymbol{\Theta}) = \sum_{i=1}^{M} \ln \left[p(\boldsymbol{X}_i \mid \boldsymbol{\mu}_k, \boldsymbol{\Sigma}_k) \right] = \sum_{i=1}^{M} \ln \left[\sum_{k=1}^{K} \pi_k N(\boldsymbol{X}_i \mid \boldsymbol{\mu}_k, \boldsymbol{\Sigma}_k) \right] \quad (11.23)$$

求对数似然函数的极大值,可以得出目标函数的 K 组高斯模型参数。但是式 11.23 中有两重求和,其中一重在对数函数里,直接求极值并不可行。

而 EM 算法提出了迭代逼近的方法,对最优的高斯混合模型进行逼近。为了帮助理解迭代算法的过程,EM 算法提出了隐参数 z,每次迭代时,先使用上一次的参数计算隐参数 z 的分布,然后使用 z 更新似然函数,对目标参数进行估计。

在 GMM 估计问题中,EM 算法所设定的隐参数 z 一般包含 K 组 $(1,2,\cdots,k,\cdots,K)$。设定计算 GMM 中 K 组高斯模型的参数后,某个数据点 $\boldsymbol{X}_i$ 属于第 z 个高斯模型的概率如式 11.24 所示。

$$p(z \mid \boldsymbol{X}_i, \boldsymbol{\mu}_k, \boldsymbol{\Sigma}_k) \qquad (11.24)$$

把隐参数引入第 i 个数据的概率估计中,如式 11.25 所示。

$$p(\boldsymbol{X}_i \mid \boldsymbol{\Theta}) = \sum_{k=1}^{K} p(\boldsymbol{X}_i \mid z=k, \boldsymbol{\mu}_k, \boldsymbol{\Sigma}_k) p(z=k) \qquad (11.25)$$

与高斯混合分布 $p(\boldsymbol{X}_i \mid \boldsymbol{\Theta}) = \sum_{k=1}^{K} \pi_k N(\boldsymbol{X}_i \mid \boldsymbol{\mu}_k, \boldsymbol{\Sigma}_k)$ 作对比,发现 π_k 就是 z 的先验概率 $p(z=k)$,如式 11.26 所示。

$$p(z=k) = \pi_k \qquad (11.26)$$

而 $z=k$ 条件下的 $\boldsymbol{X}_i$ 的条件概率就是第 k 个高斯模型,如式 11.27 所示。

$$p(\boldsymbol{X}_i \mid z=k, \boldsymbol{\mu}_k, \boldsymbol{\Sigma}_k) = N(\boldsymbol{X}_i \mid \boldsymbol{\mu}_k, \boldsymbol{\Sigma}_k) \qquad (11.27)$$

把隐参数代入对数似然函数中。隐参数在数据 $\boldsymbol{X}_i$ 和高斯参数下的后验概率(如式 11.28 所示),可以引入 Jensen 不等式来简化似然函数。

$$
\begin{aligned}
L(\boldsymbol{X} \mid \boldsymbol{\Theta}) &= \sum_{i=1}^{M} \ln \left[p(\boldsymbol{X}_i, z \mid \boldsymbol{\mu}_k, \boldsymbol{\Sigma}_k) \right] \\
&= \sum_{i=1}^{M} \ln \sum_{k=1}^{K} p(\boldsymbol{X}_i \mid z=k, \boldsymbol{\mu}_k, \boldsymbol{\Sigma}_k) p(z=k) \\
&= \sum_{i=1}^{M} \ln \sum_{k=1}^{K} p(z=k \mid \boldsymbol{X}_i, \boldsymbol{\mu}_k, \boldsymbol{\Sigma}_k) \frac{p(\boldsymbol{X}_i \mid z=k, \boldsymbol{\mu}_k, \boldsymbol{\Sigma}_k) p(z=k)}{p(z=k \mid \boldsymbol{X}_i, \boldsymbol{\mu}_k, \boldsymbol{\Sigma}_k)}
\end{aligned}
\qquad (11.28)
$$

似然函数简化:如式 11.29 所示,通过 Jensen 不等式简化对数似然函数。Jensen 不等式是指对于一个凸函数,都有函数值的期望大于等于期望的函数值:

$$f[E(x)] \leqslant E[f(x)] \qquad (11.29)$$

对照 Jensen 不等式,令式 11.30 和式 11.31 成立。

$$u = \frac{p(\boldsymbol{X}_i \mid z=k, \boldsymbol{\mu}_k, \boldsymbol{\Sigma}_k) p(z=k)}{p(z=k \mid \boldsymbol{X}_i, \boldsymbol{\mu}_k, \boldsymbol{\Sigma}_k)} \qquad (11.30)$$

$$f(u) = \ln u \tag{11.31}$$

则有式 11.32。

$$E(u) = \sum_{k=1}^{K} p(z = k \mid \boldsymbol{X}_i, \boldsymbol{\mu}_k, \boldsymbol{\Sigma}_k) u \tag{11.32}$$

由式 11.28～式 11.31 可得式 11.33。

$$L(\boldsymbol{X} \mid \boldsymbol{\Theta}) = \sum_{i=1}^{M} \ln \sum_{k=1}^{K} p(z = k \mid \boldsymbol{X}_i, \boldsymbol{\mu}_k, \boldsymbol{\Sigma}_k) \frac{p(\boldsymbol{X}_i \mid z = k, \boldsymbol{\mu}_k, \boldsymbol{\Sigma}_k) p(z = k)}{p(z = k \mid \boldsymbol{X}_i, \boldsymbol{\mu}_k, \boldsymbol{\Sigma}_k)}$$

$$= \sum_{i=1}^{M} f[E(u)] \leqslant \sum_{i=1}^{M} E[f(u)]$$

$$L(\boldsymbol{X} \mid \boldsymbol{\Theta}) \leqslant \sum_{i=1}^{M} \sum_{k=1}^{K} p(z = k \mid \boldsymbol{X}_i, \boldsymbol{\mu}_k, \boldsymbol{\Sigma}_k) \ln \frac{p(\boldsymbol{X}_i \mid z = k, \boldsymbol{\mu}_k, \boldsymbol{\Sigma}_k) p(z = k)}{p(z = k \mid \boldsymbol{X}_i, \boldsymbol{\mu}_k, \boldsymbol{\Sigma}_k)}$$

$$\tag{11.33}$$

于是似然函数简化成对数函数的两重求和，等式右侧提供了似然函数上界。可以根据贝叶斯准则推导其中的后验概率，如式 11.34 所示。

$$p(z = k \mid \boldsymbol{X}_i, \boldsymbol{\mu}_k, \boldsymbol{\Sigma}_k) = \frac{p(\boldsymbol{X}_i \mid z = k, \boldsymbol{\mu}_k, \boldsymbol{\Sigma}_k) p(z = k)}{\sum\limits_{k=1}^{K} \pi_k N(\boldsymbol{X}_i \mid \boldsymbol{\mu}_k, \boldsymbol{\Sigma}_k)} = \frac{\pi_k N(\boldsymbol{X}_i \mid \boldsymbol{\mu}_k, \boldsymbol{\Sigma}_k)}{\sum\limits_{k=1}^{K} \pi_k N(\boldsymbol{X}_i \mid \boldsymbol{\mu}_k, \boldsymbol{\Sigma}_k)} \tag{11.34}$$

定义式 11.35：

$$\omega_{i,k} = p(z = k \mid \boldsymbol{X}_i, \boldsymbol{\mu}_k, \boldsymbol{\Sigma}_k) = \frac{\pi_k N(\boldsymbol{X}_i \mid \boldsymbol{\mu}_k, \boldsymbol{\Sigma}_k)}{\sum\limits_{k=1}^{K} \pi_k N(\boldsymbol{X}_i \mid \boldsymbol{\mu}_k, \boldsymbol{\Sigma}_k)} \tag{11.35}$$

则式 11.36 成立：

$$L(\boldsymbol{X} \mid \boldsymbol{\Theta}) = \sum_{i=1}^{M} \ln \sum_{k=1}^{K} \omega_{i,k} \frac{\pi_k N(\boldsymbol{X}_i \mid \boldsymbol{\mu}_k, \boldsymbol{\Sigma}_k)}{\omega_{i,k}} \leqslant \sum_{i=1}^{M} \sum_{k=1}^{K} \omega_{i,k} \ln \frac{\pi_k N(\boldsymbol{X}_i \mid \boldsymbol{\mu}_k, \boldsymbol{\Sigma}_k)}{\omega_{i,k}}$$

$$\tag{11.36}$$

不等式的右侧提供了似然函数的上界。EM 算法提出迭代逼近的方法，不断改变上界的逼近程度，从而逼近似然函数。每次迭代都以式 11.37 所示的目标函数作为优化目标。

$$Q(\boldsymbol{\Theta}, \boldsymbol{\Theta}^t) = \sum_{i=1}^{M} \sum_{k=1}^{K} \omega_{i,k}^t \ln \frac{\pi_k N(\boldsymbol{X}_i \mid \boldsymbol{\mu}_k, \boldsymbol{\Sigma}_k)}{\omega_{i,k}^t} \tag{11.37}$$

式 11.37 表示，在第 t 次迭代后，获得参数 $\boldsymbol{\Theta}^t$，然后就可以计算隐参数概率 $\omega_{i,k}^t$。将隐参数代回 $Q(\boldsymbol{\Theta}, \boldsymbol{\Theta}^t)$，进行最大似然优化，即可求出更优的参数 $\boldsymbol{\Theta}^{t+1}$。

迭代求解过程如下。

① 迭代开始时，算法先初始化一组参数值 $\boldsymbol{\Theta}$，然后间隔地更新 ω 和 $\boldsymbol{\Theta}$。

② 经过 t 轮迭代，已获得一组目标参数 $\boldsymbol{\Theta}^t$ 的临时值。

③ 基于当前的参数 $\boldsymbol{\Theta}^t$，用高斯混合模型计算隐参数概率 $\omega_{i,k}^t$。然后将隐参数概率代入对数似然函数，得到似然函数数学期望表达式，如式 11.38 所示。这一步叫作 E-step（expectation step）。

$$\omega_{i,k}^{t} = \frac{\pi_k N(\boldsymbol{X}_i \mid \boldsymbol{\mu}_k, \boldsymbol{\Sigma}_k)}{\sum\limits_{k=1}^{K} \pi_k N(\boldsymbol{X}_i \mid \boldsymbol{\mu}_k, \boldsymbol{\Sigma}_k)} \tag{11.38}$$

④ 如前所述,使用 Jensen 不等式,得到每次更新了隐参数 $\omega_{i,k}^t$ 后的目标函数如式 11.39 所示。

$$Q(\boldsymbol{\Theta}, \boldsymbol{\Theta}^t) = \sum_{i=1}^{N} \sum_{k=1}^{K} \omega_{i,k}^{t} \ln \frac{\pi_k N(\boldsymbol{X}_i \mid \boldsymbol{\mu}_k, \boldsymbol{\Sigma}_k)}{\omega_{i,k}^{t}} \tag{11.39}$$

⑤ 利用 $\omega_{i,k}^t$ 当前值,最大化目标函数,从而得出新的一组 GMM 参数 $\boldsymbol{\Theta}^{t+1}$,如式 11.40 所示。这一步叫作 M-step(maximization step)。

$$\boldsymbol{\Theta}^{t+1} = \underset{\boldsymbol{\Theta}}{\mathrm{argmax}} \sum_{i=1}^{M} \sum_{k=1}^{K} \omega_{i,k}^{t} \ln \frac{\pi_k N(\boldsymbol{X}_i \mid \boldsymbol{\mu}_k, \boldsymbol{\Sigma}_k)}{\omega_{i,k}^{t}} \tag{11.40}$$

(1) 利用 EM 算法解一维 GMM

一维 GMM 使用 EM 算法时,完整的目标函数如式 11.41 所示。

$$\begin{aligned} Q(\boldsymbol{\Theta}, \boldsymbol{\Theta}^t) &= \sum_{i=1}^{M} \sum_{k=1}^{K} \omega_{i,k}^{t} \ln \frac{\pi_k N(\boldsymbol{X}_i \mid \boldsymbol{\mu}_k, \boldsymbol{\Sigma}_k)}{\omega_{i,k}^{t}} \\ &= \sum_{i=1}^{M} \sum_{k=1}^{K} \omega_{i,k}^{t} \ln \frac{\pi_k}{\omega_{i,k}^{t} (\sqrt{2\pi})^N |\boldsymbol{\Sigma}_k|^{\frac{1}{2}}} e^{-\frac{(\boldsymbol{X}_i - \boldsymbol{\mu}_k)^{\mathrm{T}} \boldsymbol{\Sigma}_k^{-1}(\boldsymbol{X}_i - \boldsymbol{\mu}_k)}{2}} \end{aligned} \tag{11.41}$$

式中:$\boldsymbol{X}_i$ 为一维样本数据,即维数 $N=1$;标准差行列式的值对一维样本数据来说是标准差,$|\boldsymbol{\Sigma}_k|^{\frac{1}{2}} = \sigma_k$;协方差矩阵对一维样本数据来说是方差,$\boldsymbol{\Sigma}_k = \sigma_k^2$。

① E-step

E-step 的目标是计算隐参数的值,即对每一个数据点,分别计算其属于每一种高斯模型的概率,所以隐参数 ω 是一个 $M \times K$ 矩阵。

每一次迭代后 $\omega_{i,k}$ 都可以用最新的高斯参数 $(\pi_k, \boldsymbol{\mu}_k, \boldsymbol{\Sigma}_k)$ 进行更新,如式 11.42 所示。

$$\omega_{i,k}^{t} = \frac{\pi_k^t N(\boldsymbol{X}_i \mid \boldsymbol{\mu}_k^t, \boldsymbol{\Sigma}_k^t)}{\sum\limits_{k=1}^{K} \pi_k^t N(\boldsymbol{X}_i \mid \boldsymbol{\mu}_k^t, \boldsymbol{\Sigma}_k^t)} \tag{11.42}$$

E-step 可以把更新的 $\omega_{i,k}$ 代入似然函数,得到目标函数的最新表达。该目标函数展开如式 11.43 所示。

$$\begin{aligned} Q(\boldsymbol{\Theta}, \boldsymbol{\Theta}^t) &= \sum_{i=1}^{M} \sum_{k=1}^{K} \omega_{i,k}^{t} \ln \frac{\pi_k N(\boldsymbol{X}_i \mid \boldsymbol{\mu}_k, \boldsymbol{\Sigma}_k)}{\omega_{i,k}^{t}} \\ &= \sum_{i=1}^{M} \sum_{k=1}^{K} \omega_{i,k}^{t} \ln \frac{\pi_k}{\omega_{i,k}^{t} (\sqrt{2\pi})^N |\boldsymbol{\Sigma}_k|^{\frac{1}{2}}} e^{-\frac{(\boldsymbol{X}_i - \boldsymbol{\mu}_k)^{\mathrm{T}} \boldsymbol{\Sigma}_k^{-1}(\boldsymbol{X}_i - \boldsymbol{\mu}_k)}{2}} \end{aligned} \tag{11.43}$$

即式 11.44:

$$Q(\boldsymbol{\Theta}, \boldsymbol{\Theta}^t) = \sum_{i=1}^{M} \sum_{k=1}^{K} \omega_{i,k}^{t} \left[\ln \pi_k - \ln \omega_{i,k}^{t} - \ln(\sqrt{2\pi})^N - \ln |\boldsymbol{\Sigma}_k|^{\frac{1}{2}} - \frac{(\boldsymbol{X}_i - \boldsymbol{\mu}_k)^2}{2\boldsymbol{\Sigma}_k} \right] \tag{11.44}$$

对一维样本数据($N=1$)而言,式 11.44 可转化为式 11.45,或者表示为式 11.46。

$$Q(\boldsymbol{\Theta}, \boldsymbol{\Theta}^t) = \sum_{i=1}^{M} \sum_{k=1}^{K} \omega_{i,k}^{t} \left[\ln \pi_k - \ln \omega_{i,k}^{t} - \ln \sqrt{2\pi\sigma_k^2} - \frac{(\boldsymbol{X}_i - \boldsymbol{\mu}_k)^2}{2\sigma_k^2} \right] \tag{11.45}$$

$$Q(\boldsymbol{\Theta}, \boldsymbol{\Theta}^t) = \sum_{i=1}^{M} \sum_{k=1}^{K} \omega_{i,k}^t \left[\ln \pi_k - \ln \omega_{i,k}^t - \ln \sqrt{2\pi |\boldsymbol{\Sigma}_k|} - \frac{(\boldsymbol{X}_i - \boldsymbol{\mu}_k)^2}{2\boldsymbol{\Sigma}_k} \right] \quad (11.46)$$

② M-step

M-step 的任务是最大化目标函数,从而求出高斯参数的估计,如式 11.47 所示。

$$\boldsymbol{\Theta} := \underset{\boldsymbol{\Theta}}{\arg\max} \, Q(\boldsymbol{\Theta}, \boldsymbol{\Theta}^t) \quad (11.47)$$

③ 更新 π_k

在高斯混合模型定义中,π_k 受限于 $\sum_{k=1}^{K} \pi_k = 1$。所以 π_k 的估计是一个受限优化问题,如式 11.48 所示,受限于式 11.49。

$$\pi_k^{t+1} := \underset{\pi_k}{\arg\max} \sum_{i=1}^{M} \sum_{k=1}^{K} \omega_{i,k}^t \left[\ln \pi_k - \ln \omega_{i,k}^t - \ln \sqrt{2\pi |\boldsymbol{\Sigma}_k|} - \frac{(\boldsymbol{X}_i - \boldsymbol{\mu}_k)^2}{2\boldsymbol{\Sigma}_k} \right] \quad (11.48)$$

$$\sum_{k=1}^{K} \pi_k = 1 \quad (11.49)$$

有约束条件的通常用拉格朗日乘子法计算。如式 11.50 所示,构造拉格朗日乘子。

$$L(\pi_k, \lambda) = \sum_{i=1}^{M} \sum_{k=1}^{K} \omega_{i,k}^t \left(\ln \pi_k - \ln \omega_{i,k}^t - \ln \sqrt{2\pi |\boldsymbol{\Sigma}_k|} - \frac{(\boldsymbol{X}_i - \boldsymbol{\mu}_k)^2}{2\boldsymbol{\Sigma}_k} \right) + \lambda \left(\sum_{k=1}^{K} \pi_k - 1 \right)$$

$$(11.50)$$

对拉格朗日乘子法求极值,也就是对 π_k 求偏导数,其值为 0 时(如式 11.51 所示),对应的是所要更新的 π_k^{t+1} 值。

$$\frac{\partial L(\pi_k, \lambda)}{\partial \pi_k} = \sum_{i=1}^{M} \omega_{i,k}^t \frac{1}{\pi_k} + \lambda = 0 \Rightarrow \pi_k = -\frac{\sum_{i=1}^{M} \omega_{i,k}^t}{\lambda} \quad (11.51)$$

又因为式 11.52:

$$\omega_{i,k}^t = \frac{\pi_k N(\boldsymbol{X}_i | \boldsymbol{\mu}_k, \boldsymbol{\Sigma}_k)}{\sum_{k=1}^{K} \pi_k N(\boldsymbol{X}_i | \boldsymbol{\mu}_k, \boldsymbol{\Sigma}_k)} \quad (11.52)$$

将式 11.51 所有 K 项累加得式 11.53,然后将式 11.52 代入式 11.53 中。

$$\sum_{k=1}^{K} \pi_k = -\frac{\sum_{i=1}^{M} \sum_{k=1}^{K} \omega_{i,k}^t}{\lambda} \quad (11.53)$$

而 $\sum_{k=1}^{K} \omega_{i,k}^t = \dfrac{\sum_{k=1}^{K} \pi_k N(\boldsymbol{X}_i | \boldsymbol{\mu}_k, \boldsymbol{\Sigma}_k)}{\sum_{k=1}^{K} \pi_k N(\boldsymbol{X}_i | \boldsymbol{\mu}_k, \boldsymbol{\Sigma}_k)} = 1$,可以求得 λ 如式 11.54 所示。

$$1 = -\sum_{i=1}^{M} \frac{1}{\lambda} = -\frac{M}{\lambda} \Rightarrow \lambda = -M \quad (11.54)$$

于是利用第 t 次迭代的隐参数,将 λ 代入式 11.51 中,可得到 π_k 在第 $t+1$ 次迭代中的更新方程,如式 11.55 所示。

$$\pi_k^{t+1} = \frac{\sum_{i=1}^{M} \omega_{i,k}^t}{M} \quad (11.55)$$

④ 更新 $\boldsymbol{\mu}_k$

$\boldsymbol{\mu}_k$ 没有类似于 π_k 的限制条件,可以直接令目标函数如式 11.56 所示。

$$\boldsymbol{\mu}_k^{t+1} = \underset{\boldsymbol{\mu}_k}{\arg\max}\, Q(\boldsymbol{\Theta}, \boldsymbol{\Theta}^t) \tag{11.56}$$

令 $\dfrac{\partial Q(\boldsymbol{\Theta}, \boldsymbol{\Theta}^t)}{\partial \boldsymbol{\mu}_k} = 0$,则有式 11.57,可以推出式 11.58 成立。

$$\frac{\partial \sum\limits_{i=1}^{M} \sum\limits_{k=1}^{K} \omega_{i,k}^t \left[\ln \pi_k - \ln \omega_{i,k}^t - \ln \sqrt{2\pi \mid \boldsymbol{\Sigma}_k \mid} - \dfrac{(\boldsymbol{X}_i - \boldsymbol{\mu}_k)^2}{2\boldsymbol{\Sigma}_k}\right]}{\partial \boldsymbol{\mu}_k} = 0 \tag{11.57}$$

$$\sum_{i=1}^{M} \omega_{i,k}^t \frac{\boldsymbol{X}_i - \boldsymbol{\mu}_k}{\boldsymbol{\Sigma}_k} = 0 \Rightarrow \sum_{i=1}^{M} \omega_{i,k}^t \boldsymbol{X}_i = \sum_{i=1}^{M} \omega_{i,k}^t \boldsymbol{\mu}_k \Rightarrow \boldsymbol{\mu}_k \sum_{i=1}^{M} \omega_{i,k}^t = \sum_{i=1}^{M} \omega_{i,k}^t \boldsymbol{X}_i \tag{11.58}$$

所以在第 $t+1$ 次迭代中,$\boldsymbol{\mu}_k$ 就用全部 $\boldsymbol{X}$ 的加权平均求得,权值是 $\boldsymbol{X}_i$ 属于第 k 个模型对应的概率 $\omega_{i,k}$,如式 11.59 所示。

$$\boldsymbol{\mu}_k^{t+1} = \frac{\sum\limits_{i=1}^{M} \omega_{i,k}^t \boldsymbol{X}_i}{\sum\limits_{i=1}^{M} \omega_{i,k}^t} \tag{11.59}$$

⑤ 更新 σ_k(对多维数据点可表示为 $\boldsymbol{\Sigma}_k$,$\boldsymbol{\Sigma}_k$ 表示对角矩阵,而 σ_k^2 表示方差)

类似地,令目标函数如式 11.60 所示,对 σ_k 求极大值,如式 11.61 所示。

$$Q(\boldsymbol{\Theta}, \boldsymbol{\Theta}^t) = \sum_{i=1}^{M} \sum_{k=1}^{K} \omega_{i,k}^t \left[\ln \pi_k - \ln \omega_{i,k}^t - \ln \sqrt{2\pi\sigma_k^2} - \frac{(\boldsymbol{X}_i - \boldsymbol{\mu}_k)^2}{2\sigma_k^2}\right] \tag{11.60}$$

$$\sigma_k^{t+1} = \underset{\sigma_k}{\arg\max}\, Q(\boldsymbol{\Theta}, \boldsymbol{\Theta}^t) \tag{11.61}$$

令式 11.60 对 σ_k 的偏导数为 0,如式 11.62 所示,则有式 11.63 成立。

$$\frac{\partial Q(\boldsymbol{\Theta}, \boldsymbol{\Theta}^t)}{\partial \sigma_k} = 0 \tag{11.62}$$

$$\frac{\partial \sum\limits_{i=1}^{M} \sum\limits_{k=1}^{K} \omega_{i,k}^t \left(\ln \pi_k - \ln \omega_{i,k}^t - \ln \sqrt{2\pi\sigma_k^2} - \dfrac{(\boldsymbol{X}_i - \boldsymbol{\mu}_k)^2}{2\sigma_k^2}\right)}{\partial \sigma_k} = 0 \tag{11.63}$$

可得式 11.64 和式 11.65。

$$\sum_{i=1}^{M} \omega_{i,k}^t \left[-\frac{1}{\sigma_k} + \frac{(\boldsymbol{X}_i - \boldsymbol{\mu}_k)^2}{\sigma_k^3}\right] = 0 \tag{11.64}$$

$$\Rightarrow \sum_{i=1}^{M} \omega_{i,k}^t (\boldsymbol{X}_i - \boldsymbol{\mu}_k)^2 = \sum_{i=1}^{M} \omega_{i,k}^t \sigma_k^2 \Rightarrow \sigma_k^2 \sum_{i=1}^{M} \omega_{i,k}^t = \sum_{i=1}^{M} \omega_{i,k}^t (\boldsymbol{X}_i - \boldsymbol{\mu}_k)^2 \tag{11.65}$$

高斯模型中使用的都是 σ_k^2,所以就不需要求平方根了。σ_k^2 的更新方程如式 11.66 所示,依赖于更新的 $\boldsymbol{\mu}_k$。通常先更新 $\boldsymbol{\mu}_k^{t+1}$,然后再更新 σ_k^2。

$$(\sigma_k^2)^{t+1} = \frac{\sum\limits_{i=1}^{M} \omega_{i,k}^t (\boldsymbol{X}_i - \boldsymbol{\mu}_k^{t+1})^2}{\sum\limits_{i=1}^{M} \omega_{i,k}^t} \tag{11.66}$$

（2）利用 EM 算法解多维 GMM

同样地，可以得到每次迭代的目标函数如式 11.67 所示。

$$
\begin{aligned}
Q(\boldsymbol{\Theta}, \boldsymbol{\Theta}^t) &= \sum_{i=1}^{M} \sum_{k=1}^{K} \omega_{i,k}^t \ln \frac{\pi_k N(\boldsymbol{X}_i \mid \boldsymbol{\mu}_k, \boldsymbol{\Sigma}_k)}{\omega_{i,k}^t} \\
&= \sum_{i=1}^{M} \sum_{k=1}^{K} \omega_{i,k}^t \ln \frac{\pi_k}{\omega_{i,k}^t (\sqrt{2\pi})^N \mid \boldsymbol{\Sigma}_k \mid^{\frac{1}{2}}} e^{-\frac{(\boldsymbol{X}_i - \boldsymbol{\mu}_k)^T \boldsymbol{\Sigma}_k^{-1}(\boldsymbol{X}_i - \boldsymbol{\mu}_k)}{2}}
\end{aligned} \tag{11.67}
$$

其中：$\boldsymbol{X}$ 为 $M \times N$ 的矩阵，$\boldsymbol{X}_i$ 为 $1 \times N$ 的向量；π_k 为 $[0,1]$ 的值；$\boldsymbol{\mu}_k$ 为 $1 \times N$ 的向量；$\boldsymbol{\Sigma}_k$ 为 $N \times N$ 的矩阵；$\mid \boldsymbol{\Sigma}_k \mid$ 为矩阵的行列式值；$\boldsymbol{\omega}$ 为 $M \times K$ 的矩阵。

① E-step

与一维 GMM 类似，E-step 用于计算隐参数，但需用多维高斯分布，如式 11.68 所示，利用多维矩阵乘法和矩阵求逆，较单变量 GMM 更复杂。

$$
\omega_{i,k}^t = \frac{\pi_k N(\boldsymbol{X}_i \mid \boldsymbol{\mu}_k, \boldsymbol{\Sigma}_k)}{\sum_{k=1}^{K} \pi_k N(\boldsymbol{X}_i \mid \boldsymbol{\mu}_k, \boldsymbol{\Sigma}_k)} \tag{11.68}
$$

目标函数更新如式 11.69 所示：

$$
\begin{aligned}
Q(\boldsymbol{\Theta}, \boldsymbol{\Theta}^t) = \sum_{i=1}^{M} \sum_{k=1}^{K} \omega_{i,k}^t \Big[&\ln \pi_k - \ln \omega_{i,k}^t - \ln \sqrt{(2\pi)^N} - \ln \mid \boldsymbol{\Sigma}_k \mid^{\frac{1}{2}} - \\
&\frac{(\boldsymbol{X}_i - \boldsymbol{\mu}_k)^T \boldsymbol{\Sigma}_k^{-1}(\boldsymbol{X}_i - \boldsymbol{\mu}_k)}{2} \Big]
\end{aligned} \tag{11.69}
$$

即可得式 11.70：

$$
\begin{aligned}
Q(\boldsymbol{\Theta}, \boldsymbol{\Theta}^t) = \sum_{i=1}^{M} \sum_{k=1}^{K} \omega_{i,k}^t \Big[&\ln \pi_k - \ln \omega_{i,k}^t - \frac{N}{2} \ln 2\pi - \frac{1}{2} \ln \mid \boldsymbol{\Sigma}_k \mid - \\
&\frac{(\boldsymbol{X}_i - \boldsymbol{\mu}_k)^T \boldsymbol{\Sigma}_k^{-1}(\boldsymbol{X}_i - \boldsymbol{\mu}_k)}{2} \Big]
\end{aligned} \tag{11.70}
$$

② 更新 π_k

对于多维 GMM，π_k 的更新与一维 GMM 一样，如式 11.71 所示。

$$
\begin{aligned}
\pi_k^{t+1} = \underset{\pi_k}{\operatorname{argmax}} \sum_{i=1}^{M} \sum_{k=1}^{K} \omega_{i,k}^t \Big[&\ln \pi_k - \ln \omega_{i,k}^t - \frac{N}{2} \ln 2\pi - \frac{1}{2} \ln \mid \boldsymbol{\Sigma}_k \mid - \\
&\frac{(\boldsymbol{X}_i - \boldsymbol{\mu}_k)^T \boldsymbol{\Sigma}_k^{-1}(\boldsymbol{X}_i - \boldsymbol{\mu}_k)}{2} \Big]
\end{aligned} \tag{11.71}
$$

受限于 $\sum_{k=1}^{K} \pi_k = 1$。得到完全一样的更新方程，如式 11.72 所示。

$$
\pi_k^{t+1} = \frac{\sum_{i=1}^{M} \omega_{i,k}^t}{M} \tag{11.72}
$$

③ 更新 $\boldsymbol{\mu}_k$

目标函数如式 11.73 所示。

$$
\boldsymbol{\mu}_k^{t+1} = \underset{\boldsymbol{\mu}_k}{\operatorname{argmax}} Q(\boldsymbol{\Theta}, \boldsymbol{\Theta}^t) \tag{11.73}
$$

令 $\dfrac{\partial Q(\boldsymbol{\Theta}, \boldsymbol{\Theta}^t)}{\partial \boldsymbol{\mu}_k} = 0$，得到式 11.74。

$$\frac{\partial \sum\limits_{i=1}^{M} \sum\limits_{k=1}^{K} \omega_{i,k}^{t}\left[\ln \pi_{k}-\ln \omega_{i,k}^{t}-\dfrac{N}{2}\ln 2\pi-\dfrac{1}{2}\ln |\boldsymbol{\Sigma}_{k}|-\dfrac{(\boldsymbol{X}_{i}-\boldsymbol{\mu}_{k})^{\mathrm{T}}\boldsymbol{\Sigma}_{k}^{-1}(\boldsymbol{X}_{i}-\boldsymbol{\mu}_{k})}{2}\right]}{\partial \boldsymbol{\mu}_{k}}=0$$

$$\frac{\partial \sum\limits_{i=1}^{M} \sum\limits_{k=1}^{K} \omega_{i,k}^{t}\left[-\dfrac{(\boldsymbol{X}_{i}-\boldsymbol{\mu}_{k})^{\mathrm{T}}\boldsymbol{\Sigma}_{k}^{-1}(\boldsymbol{X}_{i}-\boldsymbol{\mu}_{k})}{2}\right]}{\partial \boldsymbol{\mu}_{k}}=0 \tag{11.74}$$

实数协方差矩阵 $\boldsymbol{\Sigma}_{k}$ 及其逆矩阵都是对称矩阵，于是可以利用之前列出的公式 $\dfrac{\partial (\boldsymbol{X}_{i}-\boldsymbol{\mu}_{k})^{\mathrm{T}}\boldsymbol{\Sigma}_{k}^{-1}(\boldsymbol{X}_{i}-\boldsymbol{\mu}_{k})}{\partial \boldsymbol{\mu}_{k}}=-2\boldsymbol{\Sigma}_{k}^{-1}(\boldsymbol{X}_{i}-\boldsymbol{\mu}_{k})$ 求偏导数，使偏导数为0，进而得出式 11.75。

$$\frac{\partial Q(\boldsymbol{\Theta},\boldsymbol{\Theta}^{t})}{\partial \boldsymbol{\mu}_{k}}=\sum_{i=1}^{M} \omega_{i,k}^{t}\boldsymbol{\Sigma}_{k}^{-1}(\boldsymbol{X}_{i}-\boldsymbol{\mu}_{k})=0$$

$$\Rightarrow \boldsymbol{\mu}_{k}\sum_{i=1}^{M} \omega_{i,k}^{t}=\sum_{i=1}^{M} \omega_{i,k}^{t}\boldsymbol{X}_{i} \tag{11.75}$$

所以 $\boldsymbol{\mu}_{k}$ 的更新方程同样是 $\boldsymbol{X}_{i}$ 的加权平均，只是这时候 $\boldsymbol{\mu}_{k}$ 是 $1\times N$ 向量，如式 11.76 所示。

$$\boldsymbol{\mu}_{k}^{t+1}=\frac{\sum\limits_{i=1}^{M} \omega_{i,k}^{t}\boldsymbol{X}_{i}}{\sum\limits_{i=1}^{M} \omega_{i,k}^{t}} \tag{11.76}$$

④ 更新 $\boldsymbol{\Sigma}_{k}$

目标函数如式 11.77 所示。

$$\boldsymbol{\Sigma}_{k}^{t+1}=\underset{\boldsymbol{\Sigma}_{k}}{\arg\max}\, Q(\boldsymbol{\Theta},\boldsymbol{\Theta}^{t}) \tag{11.77}$$

令 $\dfrac{\partial Q(\boldsymbol{\Theta},\boldsymbol{\Theta}^{t})}{\partial \boldsymbol{\Sigma}_{k}^{-1}}=0$，得式 11.78。

$$\frac{\partial \sum\limits_{i=1}^{M} \sum\limits_{k=1}^{K} \omega_{i,k}^{t}\left[\ln \pi_{k}-\ln \omega_{i,k}^{t}-\dfrac{N}{2}\ln 2\pi-\dfrac{1}{2}\ln |\boldsymbol{\Sigma}_{k}|-\dfrac{(\boldsymbol{X}_{i}-\boldsymbol{\mu}_{k})^{\mathrm{T}}\boldsymbol{\Sigma}_{k}^{-1}(\boldsymbol{X}_{i}-\boldsymbol{\mu}_{k})}{2}\right]}{\partial \boldsymbol{\Sigma}_{k}^{-1}}=0$$

$$\Rightarrow \sum_{i=1}^{M} \omega_{i,k}^{t}\frac{\partial \left[-\dfrac{1}{2}\ln |\boldsymbol{\Sigma}_{k}|-\dfrac{1}{2}(\boldsymbol{X}_{i}-\boldsymbol{\mu}_{k})^{\mathrm{T}}\boldsymbol{\Sigma}_{k}^{-1}(\boldsymbol{X}_{i}-\boldsymbol{\mu}_{k})\right]}{\partial \boldsymbol{\Sigma}_{k}^{-1}}=$$

$$-\frac{1}{2}\sum_{i=1}^{M} \omega_{i,k}^{t}\left[\frac{\partial \ln |\boldsymbol{\Sigma}_{k}|}{\partial \boldsymbol{\Sigma}_{k}^{-1}}+\frac{\partial (\boldsymbol{X}_{i}-\boldsymbol{\mu}_{k})^{\mathrm{T}}\boldsymbol{\Sigma}_{k}^{-1}(\boldsymbol{X}_{i}-\boldsymbol{\mu}_{k})}{\partial \boldsymbol{\Sigma}_{k}^{-1}}\right]=0 \tag{11.78}$$

协方差矩阵 $\boldsymbol{\Sigma}_{k}$ 是对称的，可以利用矩阵求导公式 $\dfrac{\partial \ln |\boldsymbol{X}|}{\partial \boldsymbol{X}^{-1}}=-\boldsymbol{X}^{\mathrm{T}}$ 和 $\dfrac{\partial \boldsymbol{\alpha}^{\mathrm{T}}\boldsymbol{X}\boldsymbol{\alpha}}{\partial \boldsymbol{X}}=\boldsymbol{\alpha}\boldsymbol{\alpha}^{\mathrm{T}}$，对 $Q(\boldsymbol{\Theta},\boldsymbol{\Theta}^{t})$ 求 $\boldsymbol{\Sigma}_{k}^{-1}$ 的偏导数，得到 $\boldsymbol{\Sigma}_{k}$ 的极大值。

$$\frac{\partial Q(\boldsymbol{\Theta},\boldsymbol{\Theta}^{t})}{\partial \boldsymbol{\Sigma}_{k}^{-1}}=\frac{1}{2}\sum_{i=1}^{M} \omega_{i,k}^{t}\left[\boldsymbol{\Sigma}_{k}-(\boldsymbol{X}_{i}-\boldsymbol{\mu}_{k})(\boldsymbol{X}_{i}-\boldsymbol{\mu}_{k})^{\mathrm{T}}\right]=0$$

类似地，可以得到 $\boldsymbol{\Sigma}_{k}^{-1}$ 在第 $t+1$ 次迭代时的更新方程，如式 11.79 所示，它依赖于 $\boldsymbol{\mu}_{k}$。所以需要先计算 $\boldsymbol{\mu}_{k}^{t+1}$，然后更新 $\boldsymbol{\Sigma}_{k}^{-1}$。

$$(\boldsymbol{\Sigma}_{k}^{t+1})^{-1}=\frac{\sum\limits_{i=1}^{M} \omega_{i,k}^{t}(\boldsymbol{X}_{i}-\boldsymbol{\mu}_{k}^{t+1})(\boldsymbol{X}_{i}-\boldsymbol{\mu}_{k}^{t+1})^{\mathrm{T}}}{\sum\limits_{i=1}^{M} \omega_{i,k}^{t}} \tag{11.79}$$

对一维样本数据和多维样本数据的 GMM 聚类方法,使用 EM 算法求各参数,对比如表 11.1 所示。

表 11.1　一维、多维样本数据的 GMM 聚类方法使用 EM 算法求参数对比

步骤	一维样本数据的 GMM	多维样本数据的 GMM
初始化	$\pi_k^0, \boldsymbol{\mu}_k^0, \sigma_k^0$	$\pi_k^0, \boldsymbol{\mu}_k^0, \boldsymbol{\Sigma}_k^0$
E-step	$\omega_{i,k}^t = \dfrac{\pi_k^t N(\boldsymbol{X}_i \mid \boldsymbol{\mu}_k^t, \boldsymbol{\Sigma}_k^t)}{\sum\limits_{k=1}^{K} \pi_k^t N(\boldsymbol{X}_i \mid \boldsymbol{\mu}_k^t, \boldsymbol{\Sigma}_k^t)}$	$\omega_{i,k}^t = \dfrac{\pi_k^t N(\boldsymbol{X}_i \mid \boldsymbol{\mu}_k^t, \boldsymbol{\Sigma}_k^t)}{\sum\limits_{k=1}^{K} \pi_k^t N(\boldsymbol{X}_i \mid \boldsymbol{\mu}_k^t, \boldsymbol{\Sigma}_k^t)}$
M-step	$\pi_k^{t+1} = \dfrac{\sum\limits_{i=1}^{M} \omega_{i,k}^t}{M}$ $\boldsymbol{\mu}_k^{t+1} = \dfrac{\sum\limits_{i=1}^{M} \omega_{i,k}^t \boldsymbol{X}_i}{\sum\limits_{i=1}^{M} \omega_{i,k}^t}$ $(\sigma_k^2)^{t+1} = \dfrac{\sum\limits_{i=1}^{M} \omega_{i,k}^t (\boldsymbol{X}_i - \boldsymbol{\mu}_k^{t+1})^2}{\sum\limits_{i=1}^{M} \omega_{i,k}^t}$	$\pi_k^{t+1} = \dfrac{\sum\limits_{i=1}^{M} \omega_{i,k}^t}{M}$ $\boldsymbol{\mu}_k^{t+1} = \dfrac{\sum\limits_{i=1}^{M} \omega_{i,k}^t \boldsymbol{X}_i}{\sum\limits_{i=1}^{M} \omega_{i,k}^t}$ $(\boldsymbol{\Sigma}_k^{t+1})^{-1} = \dfrac{\sum\limits_{i=1}^{M} \omega_{i,k}^t (\boldsymbol{X}_i - \boldsymbol{\mu}_k^{t+1})(\boldsymbol{X}_i - \boldsymbol{\mu}_k^{t+1})^{\mathrm{T}}}{\sum\limits_{i=1}^{M} \omega_{i,k}^t}$

11.4　案　　例

【例 11.1】　使用 K-Means 聚类算法,为鸢尾花花瓣长度数据做聚类(分为三类),并用散点图显示。

```python
import matplotlib.pyplot as plt
import numpy as np
from sklearn.datasets import load_iris
iris = load_iris()
X = iris.data
from sklearn.cluster import KMeans
est = KMeans(n_clusters = 3)
est.fit(X)
kc = est.cluster_centers_
y_kmeans = est.predict(X)
print(y_kmeans,kc)
print(kc.shape,y_kmeans.shape,X.shape)
plt.scatter(X[:,0][y_kmeans == 0],X[:,1][y_kmeans == 0], marker = '*',s = 50);
plt.scatter(X[:,0][y_kmeans == 1],X[:,1][y_kmeans == 1], marker = 'ω',s = 50);
```

```
plt.scatter(X[:,0][y_kmeans==2],X[:,1][y_kmeans==2], marker='.',s=50);
plt.show()
```

运行结果如以下代码及图 11.6 所示。

```
[0 0 0 0 0 0 0 0 0 0 0 0 0 0 0 0 0 0 0 0 0 0 0 0 0 0 0 0 0 0 0 0 0 0 0 0
 0 0 0 0 0 0 0 0 0 0 0 0 1 1 2 1 1 1 1 1 1 1 1 1 1 1 1 1 1 1 1 1 1 1 1 1
 1 1 2 1 1 1 1 1 1 1 1 1 1 1 1 1 1 1 1 1 1 1 1 1 1 1 1 1 2 1 2 2 2 2 1 2 2 2 2
 2 2 1 1 2 2 2 2 1 2 1 2 1 2 2 1 1 2 2 2 2 2 1 2 2 2 2 1 2 2 2 1 2 2 2 1 2
 2 1] [[5.006       3.428       1.462       0.246      ]
 [5.9016129  2.7483871  4.39354839 1.43387097]
 [6.85       3.07368421 5.74210526 2.07105263]]
(3, 4) (150,) (150, 4)
```

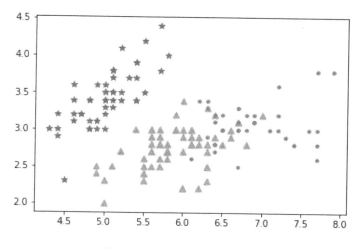

图 11.6   例 11.1 的运行结果

【例 11.2】   sklearn 的 DBSCAN 算法实现提供了默认的"eps"和"min_samples"两个参数,通常需要对这两个参数进行调优,"eps"为两个数据点被认为在同一个簇内的最大距离,"min_samples"为一个簇中数据点的最小个数。

```
from sklearn.datasets import load_iris
import matplotlib.pyplot as plt
from sklearn.cluster import DBSCAN
from sklearn.decomposition import PCA    # 降维
iris = load_iris()    # 加载数据集
dbscan = DBSCAN()    # 使用 DBSCAN 模型
dbscan.fit(iris.data)
# 降到维数为 2,表示对 PCA(n_components=2)进行训练
pca = PCA(n_components=2).fit(iris.data)
pca_2d = pca.transform(iris.data)    # 返回降维后的数据,目的是用降维后的数据
画图
for i in range(0, pca_2d.shape[0]):
```

239

```
        if dbscan.labels_[i] == 0:
            c1 = plt.scatter(pca_2d[i, 0], pca_2d[i, 1], c = 'r', marker = '+')
        elif dbscan.labels_[i] == 1:
            c2 = plt.scatter(pca_2d[i, 0], pca_2d[i, 1], c = 'g', marker = 'o')
        elif dbscan.labels_[i] == -1:
            c3 = plt.scatter(pca_2d[i, 0], pca_2d[i, 1], c = 'b', marker = '*')
plt.legend([c1, c2, c3], ['Cluster 1', 'Cluster 2', 'Noise'])
plt.title('DBSCAN finds 2 clusters and Noise')
plt.show()
```

运行结果如图 11.7 所示。

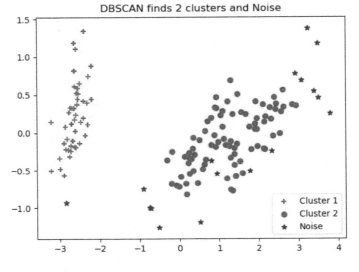

图 11.7　例 11.2 的运行结果

【例 11.3】　GMM 的 EM 算法的 Python 聚类实现。

```
import numpy as np
import matplotlib.pyplot as plt
from matplotlib.patches import Ellipse
from scipy.stats import multivariate_normal #从多元正态分布中随机抽取样本
plt.style.use('seaborn') #导入 seaborn
# 生成数据
def generate_X(true_Mu, true_Var):
    # 第一簇的数据
    num1, mu1, var1 = 400,true_Mu[0], true_Var[0]
    X1 = np.random.multivariate_normal(mu1, np.diag(var1), num1) #生成多元
高斯分布
    # 第二簇的数据
```

```
    num2, mu2, var2 = 600,true_Mu[1], true_Var[1]
    X2 = np.random.multivariate_normal(mu2, np.diag(var2), num2)
    # 第三簇的数据
    num3, mu3, var3 = 1000,true_Mu[2], true_Var[2]
    X3 = np.random.multivariate_normal(mu3, np.diag(var3), num3)
    # 合并在一起
    X = np.vstack((X1, X2, X3)) # 按垂直方向(行顺序)堆叠
    # 显示数据
plt.figure(figsize = (10, 8))
plt.axis([-10, 15, -5, 15])
plt.scatter(X1[:, 0], X1[:, 1], s = 5)
plt.scatter(X2[:, 0], X2[:, 1], s = 5)
plt.scatter(X3[:, 0], X3[:, 1], s = 5)
plt.show()
return X


# 更新 W
def update_W(X, Mu, Var, Pi):
n_points, n_clusters = len(X), len(Pi)
    pdfs = np.zeros(((n_points, n_clusters)))
    for i in range(n_clusters):
        pdfs[:, i] = Pi[i] * multivariate_normal.pdf(X, Mu[i], np.diag(Var[i]))
    W = pdfs /pdfs.sum(axis = 1).reshape(-1, 1)
    return W
# np.diag 以一维数组的形式返回方阵的对角线(或非对角线)元素
# 更新 Pi
def update_Pi(W):
    Pi = W.sum(axis = 0) / W.sum()
    return Pi


# 计算 log 似然函数
def logLH(X, Pi, Mu, Var):
n_points, n_clusters = len(X), len(Pi)
    pdfs = np.zeros(((n_points, n_clusters)))
    for i in range(n_clusters):
        pdfs[:, i] = Pi[i] * multivariate_normal.pdf(X, Mu[i], np.diag(Var[i]))
    return np.mean(np.log(pdfs.sum(axis = 1)))
```

```python
# multivariate_normal.pdf()用于求样本的概率密度函数
# 画出聚类图像
def plot_clusters(X, Mu, Var, Mu_true = None, Var_true = None):
    colors = ['b', 'g', 'r']
    n_clusters = len(Mu)
    plt.figure(figsize = (10, 8))
    plt.axis([-10, 15, -5, 15])
    plt.scatter(X[:, 0], X[:, 1], s = 5)
    ax = plt.gca()
    for i in range(n_clusters):
        plot_args = {'fc': 'None', 'lw': 2, 'edgecolor': colors[i], 'ls': ':'}
        ellipse = Ellipse(Mu[i], 3 * Var[i][0], 3 * Var[i][1], ** plot_args)
        ax.add_patch(ellipse)
    if (Mu_true is not None) & (Var_true is not None):
        for i in range(n_clusters):
            plot_args = {'fc': 'None', 'lw': 2, 'edgecolor': colors[i], 'alpha': 0.5}
            ellipse = Ellipse(Mu_true[i], 3 * Var_true[i][0], 3 * Var_true
[i][1], ** plot_args)
            ax.add_patch(ellipse)
    plt.show()


# 更新Mu
def update_Mu(X, W):
    n_clusters = W.shape[1]
    Mu = np.zeros((n_clusters, 2))
    for i in range(n_clusters):
        Mu[i] = np.average(X, axis = 0, weights = W[:, i])
    return Mu


# 更新Var
def update_Var(X, Mu, W):
    n_clusters = W.shape[1]
    Var = np.zeros((n_clusters, 2))
    for i in range(n_clusters):
        Var[i] = np.average((X - Mu[i]) ** 2, axis = 0, weights = W[:, i])
    return Var
```

```
if __name__ == '__main__':
    # 生成数据
    true_Mu = [[0.5, 0.5], [5.5, 2.5], [1, 7]]
    true_Var = [[1, 3], [2, 2], [6, 2]]
    X = generate_X(true_Mu, true_Var)
    # 初始化
    n_clusters = 3
    n_points = len(X)
    Mu = [[0, -1], [6, 0], [0, 9]]
    Var = [[1, 1], [1, 1], [1, 1]]
    Pi = [1 / n_clusters] * 3
    W = np.ones((n_points, n_clusters)) / n_clusters
    Pi = W.sum(axis = 0) / W.sum()
    # 迭代
    loglh = []
    for i in range(5):
        plot_clusters(X, Mu, Var, true_Mu, true_Var)
        loglh.append(logLH(X, Pi, Mu, Var))
        W = update_W(X, Mu, Var, Pi)
        Pi = update_Pi(W)
        Mu = update_Mu(X, W)
        print('log - likehood: % .3f' % loglh[-1])
        Var = update_Var(X, Mu, W)
```

其中:
- 首先要对 GMM 模型参数以及隐参数进行初始化。通常可以使用一些固定的值或者随机值。
- n_clusters 是 GMM 中聚类的个数, 和 K—Means 一样需要提前确定。这里通过观察可以看出是 3。
- n_points 是样本点的个数。
- Mu 是每个高斯分布的均值。
- Var 是每个高斯分布的方差的逆, 为使过程简便, 假设协方差矩阵都是对角阵。
- W 是上面提到的隐参数, 也就是每个样本属于每一簇的概率, 在初始时, 设每个样本属于某一簇的概率均为 1/3。
- Pi 是每一簇的比重, 可以根据 W 求得, 在初始时, $Pi = [1/3, 1/3, 1/3]$。

图 11.8 所示为原始数据点。实线表示真实的高斯分布过程, 虚线是估计出的高斯分布, 可以看出, 经过 5 次迭代之后, 两者几乎完全重合, 如图 11.9～图 11.13 所示。

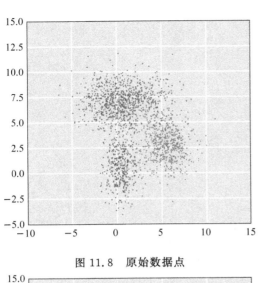

图 11.8　原始数据点

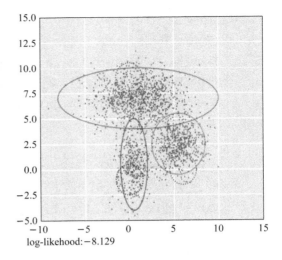

log-likehood:−8.129

图 11.9　第一次迭代

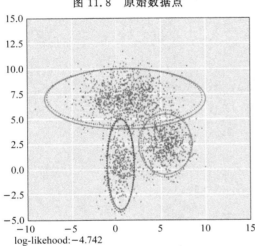

log-likehood:−4.742

图 11.10　第二次迭代

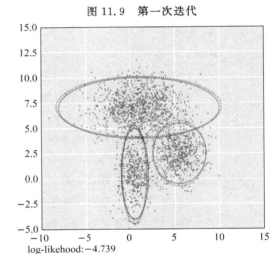

log-likehood:−4.739

图 11.11　第三次迭代

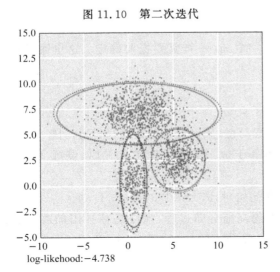

log-likehood:−4.738

图 11.12　第四次迭代

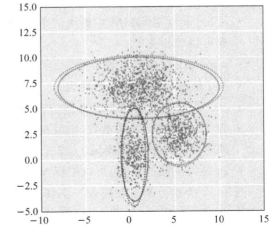

log-likehood:−4.738

图 11.13　第五次迭代

第 12 章　神经网络和深度学习

12.1　神经网络概念

神经网络(neural network)是具有适应性的基本单元组成的广泛并行互连的网络,其组织能够模拟生物神经系统对真实世界物体做出的交互反应。神经网络中最基本的成分是神经元(neuron)模型,即上述的"基本单元"。在生物神经网络中,神经元大致可以分为树突、突触、细胞体和轴突,如图 12.1 所示。树突为神经元的输入通道,其功能是将其他神经元的动作电位传递至细胞体。其他神经元的动作电位借由位于树突分支上的多个突触传递至树突上。神经元可以视为有两种状态的机器,激活时为"是",不激活时为"否"。神经元的状态取决于从其他神经元接收到的信号量,以及突触的性质(抑制或加强)。当信号量超过某个阈值时,细胞体就会被激活,产生电脉冲,电脉冲沿着轴突并通过突触传递到其他神经元。

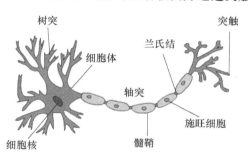

图 12.1　生物神经元示意图

1943 年,McCulloch 和 Pitts 提出"M-P 神经元模型"。在这个模型中,神经元接收 n 个其他神经元传递过来的输入信号$(x_1, x_2, \cdots, x_n)$,这些输入信号通过带权重(w_i)的连接进行传递,神经元接收到的总输入值将与神经元的阈值(θ)进行比较,然后通过"激活函数"(activation/transformation function)处理,以产生神经元的输出,如图 12.2 所示。

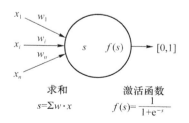

图 12.2　M-P 神经元模型

把多个这样的神经元按一定的层次结构连接起来,得到神经网络。通过正向和(或)反向传播来更新神经元,从而形成一个好的神经网络,其本质上是一个能让计算机处理和优化的数学模型。

12.2　神经网络结构、激活函数

输入层(input layer):众多神经元接收大量非线性输入信息。输入的信息称为输入向量。

输出层(output layer):信息在神经元连接中传输、分析、权衡,形成输出结果。输出的信息称为输出向量。

隐藏层(hidden layer):简称"隐层",是输入层和输出层之间众多神经元和连接组成的各个层。

感知机(perceptron):是基础的线性二分类模型(即输出为两个状态),由两层神经元组成。并且感知机只有输出层神经元进行激活函数处理,即只拥有一层功能神经元。

用感知机可以很方便地实现与、或、非运算,但不能处理线性不可分的问题。如图 12.3 所示,输入层接收外界输入信号后传递给输出层,输出层是 M-P 神经元,也叫作"阈值逻辑单元"(threshold logic unit)。

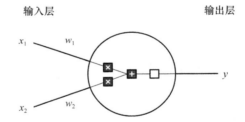

图 12.3　两个输入神经元的感知机网络结构示意图

在这个结构中,输入共经历 3 步运算,首先将两个输入信号乘以权重:

$$x_1 \rightarrow x_1 \cdot w_1$$
$$x_2 \rightarrow x_2 \cdot w_2$$

然后把两个结果相加,再加上一个偏置:

$$(x_1 \cdot w_1) + (x_2 \cdot w_2) + b$$

最后将其经过激活函数处理得到输出:

$$y = f(x_1 \cdot w_1 + x_2 \cdot w_2 + b)$$

感知机的模型可以定义为:$y = \mathrm{sign}(wX + b)$。感知机算法是寻找可以将数据集 $X = \{X_1, X_2, \cdots, X_i, \cdots, X_M\}$ 分为 $y > 0$ 和 $y < 0$ 两类的 w 值,其中,第 i 个样本 $X_i = (x_1^i, x_2^i, \cdots, x_n^i)$ 有 n 个特征值。给定训练数据集,而权重 w 以及阈值 b 可通过学习得到。阈值可看作样本的第 $n+1$ 个分量值为 1 的情形(即 $x_{n+1}^i = 1$),其对应的连接权重为 w_{n+1},由此,权重和阈值的学习可以统一为权重的学习。对于训练样例 (X_i, y_i),若当前感知机的输出为 $\hat{y}_i$,则感知机权重将调整为式 12.1 所示的形式。w_j' 为更新后的权重向量的第 j 个分量,w_j 是没有更新过的权重向量的第 j 个分量,Δw_j 是变更的增量的第 j 个分量。而变更的增量由式

12.2获得,其中,$\eta \in (0,1)$ 为学习率(learning rate),x_j^i 为样本 X_i 的第 j 个分量。

$$w'_j \leftarrow w_j + \Delta w_j \tag{12.1}$$

$$\Delta w_j = \eta(y_i - \hat{y}_i)x_j^i \tag{12.2}$$

【例 12.1】　感知机的"或""与"运算。

感知机"或"运算如图 12.4 所示。

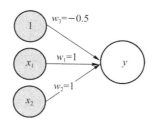

图 12.4　感知机"或"运算结构图

计算过程如表 12.1 所示。

表 12.1　感知机"或"运算输入层取不同的值时对应的输出

x_1	x_2	$\text{sum} = w_1 \cdot x_1 + w_2 \cdot x_2 + w_3 \cdot 1$	$\begin{cases} y=1, \text{sum}>0 \\ y=0, \text{sum}\leqslant 0 \end{cases}$
0	0	$1\times 0 + 1\times 0 - 0.5\times 1 = -0.5$	0
0	1	$1\times 0 + 1\times 1 - 0.5\times 1 = 0.5$	1
1	0	$1\times 1 + 1\times 0 - 0.5\times 1 = 0.5$	1
1	1	$1\times 1 + 1\times 1 - 0.5\times 1 = 1.5$	1

感知机"与"运算如图 12.5 所示。

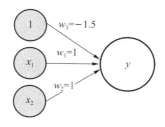

图 12.5　感知机"与"运算结构图

在解决非线性可分问题时,需要引入多层功能神经元。每层神经元与下一层神经元全互联,神经元之间不存在同层连接,也不存在跨层连接,这样的神经网络结构通常为"多层前馈神经网络"(multi-layer feedforward neural network)。

前馈神经网络(Feedforward Neural Network,FNN)简称前馈网络,是人工神经网络的一种。前馈神经网络采用一种单向多层结构,其中每一层包含若干个神经元。在此种神经网络中,各神经元可以接收前一层神经元的信号,并产生输出到下一层。第 0 层叫作输入层,最后一层叫作输出层,其他中间层叫作隐含层(或隐藏层、隐层)。隐层可以是一层,也可以是多层,图 12.6 所示为用前馈网络模拟一个异或函数。

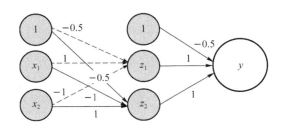

图 12.6　用前馈网络模拟一个异或函数

激活函数的作用是将无限制的输入转换为可预测形式的输出。常用的激活函数有 ReLU、Sigmoid、Tanh、Softplus。其中，Sigmoid 函数的功能相当于把一个实数压缩至 0 到 1 之间。当 z 是非常大的正数时，输出值会趋近于 1，而当 z 是非常小的负数时，输出值会趋近于 0。甚至可以使用自定义的激活函数来处理特定的问题，但是这些激活函数必须是可以微分的，因为在反向传播中误差反向传递时，只有这些可微分的激活函数才能把误差传递回去。

① Sigmoid 函数也称为 Logistic 函数，因为 Sigmoid 函数可以从 Logistic 回归（LR）中推理得到，也是 LR 模型指定的激活函数。Sigmoid 函数的取值范围为 $(0，1)$。

Sigmoid 公式如式 12.3 所示，其导数如式 12.4 所示。

$$\sigma(x) = \frac{1}{1+e^{-x}} \tag{12.3}$$

$$\sigma'(x) = \frac{0-1\cdot(-e^{-x})}{(1+e^{-x})^2} = \frac{e^{-x}}{(1+e^{-x})^2} = \frac{e^{-x}}{1+e^{-x}} \cdot \frac{1}{1+e^{-x}} = \frac{1+e^{-x}-1}{1+e^{-x}} \cdot \sigma(x) = [1-\sigma(x)]\sigma(x) \tag{12.4}$$

② Tanh 为双曲正切函数。Tanh 和 Sigmoid 相似，都属于饱和激活函数，区别在于输出值范围由 $(0,1)$ 变为 $(-1,1)$，可以把 Tanh 函数看作 Sigmoid 向下平移和拉伸后的结果。公式如式 12.5 和式 12.6 所示。

$$\tanh(x) = \frac{e^x - e^{-x}}{e^x + e^{-x}} \tag{12.5}$$

$$\tanh(x) = \frac{2}{1+e^{-2x}} - 1 = 2\sigma(2x) - 1 \tag{12.6}$$

③ ReLU（Rectified Linear Unit）为修正线性单元函数，该函数形式比较简单，如式12.7 所示。

$$ReLU = \max(0, x) \tag{12.7}$$

相比于 Sigmoid 和 Tanh，ReLU 摒弃了复杂的计算，提高了运算速度。

④ Softplus 可以看作 ReLU 的平滑。根据神经科学家的相关研究，Softplus 和 ReLU 与脑神经元激活频率函数有相似的地方。也就是说，相比于早期的激活函数，Softplus 和 ReLU 更加接近脑神经元的激活模型，而神经网络正是基于脑神经科学发展而来，这两个激活函数的应用促成了神经网络研究的新浪潮。该函数形式如式 12.8 所示。

$$\zeta(x) = \log(1+e^x) \tag{12.8}$$

【例 12.2】　编写程序，画出 4 种激活函数的图形。

```
import torch
```

```
import torch.nn.functional as F
from torch.autograd import Variable
x = torch.linspace( -7, 7, 180)    #  ( -7, 7)之间等间隔的 180 个点的数据
#如果用其他形式的数据,还需要使用语句 x = Variable(x) 变为张量
x_np = x.data.numpy()    # 转换为 numpy array 数组,画图时使用
# 4 种常见的激活函数
y_relu = F.relu(x).data.numpy()
y_sigmoid = torch.sigmoid(x).data.numpy()

y_tanh = torch.tanh(x).data.numpy()
y_softplus = F.softplus(x).data.numpy()


# 绘制
import matplotlib.pyplot as plt


plt.figure(1, figsize = (8, 6))
plt.subplot(221)
plt.plot(x_np, y_relu, c ='red', label ='relu')
plt.ylim(( -1, 5))
plt.legend(loc ='best')    #plt.legend 用于创建图例,设置图例位置。0:'best';1:
'upper right';2:'upper left';3:'lower left'


plt.subplot(222)
plt.plot(x_np, y_sigmoid, c ='red', label ='sigmoid')
plt.ylim(( -0.2, 1.2))
plt.legend(loc ='best')


plt.subplot(223)
plt.plot(x_np, y_tanh, c ='red', label ='tanh')
plt.ylim(( -1.2, 1.2))
plt.legend(loc ='best')


plt.subplot(224)
plt.plot(x_np, y_softplus, c ='red', label ='softplus')
plt.ylim(( -0.2, 6))
plt.legend(loc ='best')
plt.show()
```

运行结果如图 12.7 所示。

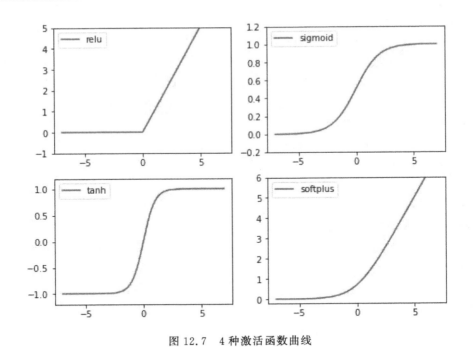

图 12.7　4 种激活函数曲线

12.3　神经网络求解遇到的问题

损失函数(loss function/ criterion)：对于回归问题,最简单的损失函数取预测值 $\hat{y}_i$ 和真实值 y_i 之间的平均绝对误差,即 L_1 损失,如式 12.9 所示,或取真实值和预测值之间的均方差,即 L_2 损失,如式 12.10 所示。

$$L_1 = \frac{1}{M}\sum_{i=1}^{M} \mid y_i - \hat{y}_i \mid \tag{12.9}$$

$$L_2 = \frac{1}{M}\sum_{i=1}^{M} (y_i - \hat{y}_i)^2 \tag{12.10}$$

误差逆传播(error BackProgapation,BP)算法可以训练多层网络,可总结为两种模式:信息的正向传播和误差的反向传播。

正向传播：输入的样本从输入层经过隐层一层一层进行处理,通过所有的隐层之后,则传向输出层,在逐层处理的过程中,每一层神经元的状态只会对下一层神经元的状态产生影响。对当前的输出和期望输出进行比较,如果当前的输出不等于期望输出,则进入反向传播过程。

反向传播：反向传播时,把原来正向传播的通路反向传回,并对每个隐层的各个神经元的权重进行修改,期望误差信号趋向最小。

BP 算法的数学推导：给定训练集 $D=\{(\boldsymbol{X}_1,\boldsymbol{y}_1),(\boldsymbol{X}_2,\boldsymbol{y}_2),\cdots,(\boldsymbol{X}_M,\boldsymbol{y}_M)\},\boldsymbol{X}_k\in\mathbb{R}^d,\boldsymbol{y}_k\in\mathbb{R}^t$,即输入由 d 个属性描述,输出 t 维实数向量。为便于讨论,给出具有 d 个输入神经元、t 个输出神经元、q 个隐层神经元的多层前馈网络结构,其中,输出层第 j 个神经元的阈值用 θ_j 表示,隐层第 h 个神经元的阈值用 γ_h 表示。输入层第 i 个神经元与隐层第 h 个神经元之间

的连接权重为 v_{ih}，隐层第 h 个神经元与输出层第 j 个神经元之间的连接权重为 w_{hj}，输入层、隐层、输出层之间的关系如图 12.8 所示。

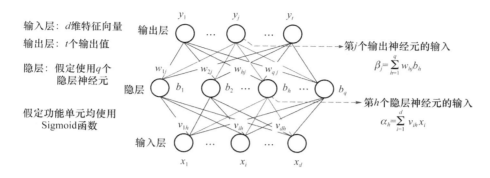

图 12.8　BP 网络及算法中的变量符号

记隐层第 h 个神经元接收到的输入为 α_h，如式 12.11 所示。

$$\alpha_h = \sum_{i=1}^{d} v_{ih} x_i \tag{12.11}$$

输出层第 j 个神经元接收到的输入为 β_j，如式 12.12 所示。

$$\beta_j = \sum_{h=1}^{q} w_{hj} b_h \tag{12.12}$$

其中，b_h 为隐层第 h 个神经元的输出，$b_h = f_1(\alpha_h - \gamma_h)$。假设输入层和隐层的激活函数为 f_1，隐层和输出层的激活函数为 f_2，二者可以是相同的激活函数，如果使用的激活函数为 Sigmoid 函数，那么在隐层有很多层时，容易产生梯度消失的现象。

对第 k 个训练样本 $(\boldsymbol{X}_k, \boldsymbol{y}_k)$，假定神经网络的输出为 $\hat{\boldsymbol{y}}_k$，如式 12.13 所示。

$$\hat{\boldsymbol{y}}_k = (\hat{y}_1^k, \hat{y}_2^k, \cdots, \hat{y}_t^k) \tag{12.13}$$

且有式 12.14：

$$\hat{y}_j^k = f_2(\beta_j - \theta_j) \tag{12.14}$$

则对于给定训练集 $D = \{(\boldsymbol{X}_1, \boldsymbol{y}_1), (\boldsymbol{X}_2, \boldsymbol{y}_2), \cdots, (\boldsymbol{X}_M, \boldsymbol{y}_M)\}$，$X_k \in \mathbb{R}^d$，$y_k \in \mathbb{R}^t$，网络在样本 $(\boldsymbol{X}_k, \boldsymbol{y}_k)$ 上的均方误差如式 12.15 所示。

$$E_k = \frac{1}{2} \sum_{j=1}^{t} (\hat{y}_j^k - y_j^k)^2 \tag{12.15}$$

网络中如果阈值没有合并到权重中，则需要更新的参数个数为 $(d+t+1)q+t$：输入层到隐层的 $d \times q$ 个权值、隐层到输出层的 $q \times t$ 个权值、q 个隐层神经元的阈值、t 个输出层神经元的阈值。BP 算法是一个迭代学习算法，在迭代的每一轮中，采用广义感知机学习规则对参数进行更新估计。对任意参数 v 的更新估计如式 12.16 所示。

$$v' \leftarrow v + \Delta v \tag{12.16}$$

BP 算法基于梯度下降策略，以目标的负梯度方向对参数进行调整，对误差 E_k 求各参数的偏导，给定学习率 η，式 12.17 所示的公式为误差对隐层和输出层之间的权重求偏导。

$$\Delta w_{hj} = -\eta \frac{\partial E_k}{\partial w_{hj}} \tag{12.17}$$

注意到，w_{hj} 先影响到第 j 个输出层神经元的输入值 β_j，再影响到其输出值 $\hat{y}_j^k$，然后影

响到 E_k，如式 12.18 所示。

$$\frac{\partial E_k}{\partial w_{hj}} = \frac{\partial E_k}{\partial \hat{y}_j^k} \cdot \frac{\partial \hat{y}_j^k}{\partial \beta_j} \cdot \frac{\partial \beta_j}{\partial w_{hj}} \qquad (12.18)$$

根据 $\beta_j = \sum_{h=1}^{q} w_{hj} b_h$，显然有式 12.19。

$$b_h = \frac{\partial \beta_j}{\partial w_{hj}} \qquad (12.19)$$

Sigmoid 函数的导数如式 12.20 所示。

$$f'(x) = f(x)[1 - f(x)] \qquad (12.20)$$

于是根据式 12.14、式 12.15 和式 12.20，又因为 f_2 是 Sigmoid 函数，而 $\frac{\partial E_k}{\partial \hat{y}_j^k} = \hat{y}_j^k - y_j^k$，

所以 $\hat{y}_j^k - y_j^k$ 称作 E_k（即 $\frac{1}{2}$ 方差）对预测值的偏导，$f_2'(\hat{y}_j^k) = \hat{y}_j^k(1 - \hat{y}_j^k)$，可得出式 12.21。

$$\begin{aligned} g_j &= -\frac{\partial E_k}{\partial \hat{y}_j^k} \cdot \frac{\partial \hat{y}_j^k}{\partial \beta_j} \\ &= -(\hat{y}_j^k - y_j^k) f_2'(\hat{y}_j^k) \\ &= \hat{y}_j^k (1 - \hat{y}_j^k)(y_j^k - \hat{y}_j^k) \end{aligned} \qquad (12.21)$$

由式 12.12 和式 12.17 可以得到 BP 算法中关于 w_{hj} 的更新公式，如式 12.22 所示。

$$\Delta w_{hj} = -\eta \frac{\partial E_k}{\partial w_{hj}} = -\eta \frac{\partial E_k}{\partial \hat{y}_j^k} \cdot \frac{\partial \hat{y}_j^k}{\partial \beta_j} \cdot \frac{\partial \beta_j}{\partial w_{hj}} = \eta g_j b_h \qquad (12.22)$$

类似地可以得到式 12.23。

$$\begin{aligned} \Delta \theta_j &= -\eta g_j \\ \Delta v_{ih} &= -\eta e_h x_i \\ \Delta \gamma_h &= -\eta e_h \end{aligned} \qquad (12.23)$$

式中，e_h 如式 12.24 所示。

$$\begin{aligned} e_h &= -\frac{\partial E_k}{\partial b_h} \cdot \frac{\partial b_h}{\partial \alpha_h} \\ &= -\sum_{j=1}^{t} \frac{\partial E_k}{\partial \beta_j} \cdot \frac{\partial \beta_j}{\partial b_h} f_1'(\alpha_h - \gamma_h) \\ &= -\sum_{j=1}^{t} w_{hj} g_j f_1'(\alpha_h - \gamma_h) \\ &= b_h(1 - b_h) \sum_{j=1}^{t} w_{hj} g_j \\ &= b_h(1 - b_h) \sum_{j=1}^{t} w_{hj} \hat{y}_j^k (1 - \hat{y}_j^k)(y_j^k - \hat{y}_j^k) \end{aligned} \qquad (12.24)$$

对于式 12.24，如果有很多隐层，就会产生很多 $b_h(1-b_h)$，$\hat{y}_j^k(1-\hat{y}_j^k)$ 这样的项，如果这些项的取值都在 0～1 之间，那么会得到越来越小的值，将会产生梯度消失的现象。

对于每一个训练样例，BP 算法执行的步骤为：先将输入样本提供给输入层神经元，然后逐层将信号向前传播，直到产生输出层的结果；然后计算输出层预测值与真实值的 L_2 损失函数的梯度，再将该梯度逆向传播到隐层神经元；最后根据隐层神经元的梯度对连接权重和

阈值(偏量)进行调整。该过程循环进行,直到满足某些条件为止。

训练流程(此流程以三层、Sigmoid 激活函数为例)如下所述。

① 初始化:初始化权重向量。

② 正向传播。

a. 连接权值进行加权和运算(权重与对应的输入相乘再进行求和运算)。

b. 把得到的加权值放入激活函数中。

③ 反向传播。

a. 计算输出层预测值与真实值的 $\frac{1}{2}$ 方差函数的梯度,其值等于预测值和真实值的差。

b. 所计算出的梯度乘以相应的导数得到 g_j(根据式 12.21),继而求出 Δw_{hj},对 w_{hj} 进行调整。

c. 根据式 12.24 求出 e_h,根据公式 $e_h x_i$,增量乘以输入,再相加求和。

④ 优化:根据公式 $\Delta v_{ih} = -\eta e_h x_i$,得到 Δv_{ih},再根据 $v' = v + \Delta v$ 对输入层与隐层之间的权重进行调整。

重复②~④直到达到某些条件为止。

尝试通过神经网络将一组数据用链来表示。即在数据中找到它们之间的关系,然后用神经网络模型来建立一个可以代表它们之间关系的链。

要建立一个神经网络,可以直接运用 torch 中的体系,先定义所有层的参数〔在 __init__() 函数中定义〕,然后再一层层前向搭建层与层的关系连接。建立关系后,需使用激活函数。

为达到最小化损失函数的目标,需要改变层与层之间的神经元权重。可以随机为这些权重赋初值,然后根据算法修正这些权重,直到损失函数足够小,但是有时算法并不够高效。

梯度下降法要找的最优解通常有"全局最小"(global minimum)和"局部最小"(local minimum)。对 ω^* 和 θ^* 进行更新时需对问题进行具体分析。

梯度下降法是一种帮助找到损失函数最小值的方法。在每次数据迭代之后,该方法以小增量的方式改变权重。通过计算损失函数在一组确定的权重集合上的导数(梯度),能够知悉最小值的方向。为了最小化损失函数,需要多次迭代数据集。利用梯度下降法更新权重的过程是自动进行的。这也是深度学习经常使用的方法。

所谓神经网络问题的训练本质,是已知 $y = \{y_1, y_2, \cdots, y_i, \cdots, y_M\}$,$X = \{X_1, X_2, \cdots, X_i, \cdots, X_M\}$,求解每个连接的权值 w 和每个神经元上的偏差值 b。例如,对于单层的、激活函数为 ReLU 的神经网络,$\hat{y} = \max(\text{sum}(WX) + b, 0)$,已知 y 和 X,求解 W 和 b。

对于以上 W 和 b 的值,可以通过反向传播和梯度下降相结合的方法求解。即开始用随机数初始化每个连接的权重,然后通过神经网络计算出预测值 $\hat{y}_i$,将预测值 $\hat{y}_i$ 与真实值 y_i 进行比较(如通过它们的损失函数的偏导)。并据此作为反向传播的输入,逐步修改所连接的权重及更低层的权重。重复此操作,逐步传递到第一层的权重。

神经网络求解遇到的三大问题是:梯度消失或梯度爆炸;性能不高,训练速度较慢;过拟合问题。

梯度消失或梯度爆炸:BP 神经网络是通过梯度下降法和反向传播相结合的方法来求解的。反向传播从输出层开始一步一步传到第一层,越到低层,连接的权重变化越小,直到没变化,这种现象称作梯度消失。或者出现另一种现象,越邻近第一层,连接的权重变化越大,该现象称作梯度爆炸,常见于 RNN。

梯度消失或梯度爆炸的解决方案如下。

① 连接权重的初始化放弃完全随机的方式,而是采用随机生成特定标准差的数值作为初始化连接权重。

② 使用 ReLU 作为激活函数。ReLU 的函数变量 W 有时会变为 0(Dying ReLU 的问题),因此又演化出 LReLU、RReLU、PReLU 以及 ELU 这些变种。一般来说,激活函数的选择优先顺序是 ELU＞leaky ReLU(包括 LReLU、RReLU、PReLU)＞ReLU＞Tanh＞Sigmoid。

③ 批标准化(batch normalization):每层都对输入量进行标准化,使其以 0 为中心分布。最终求解的同时还需要得出每层用来缩放、平移的参数值。

④ 梯度裁剪(gradient clipping):在反向传播的过程中限制梯度不超过某个阈值,如果超过就减去相应的阈值。

初始化方法 Xavier 的基本思想是通过网络层时,使输入和输出的方差相同,包括正向传播和反向传播。Xavier 在激活函数为 Tanh 时表现很好,但在使用 ReLU 激活函数时表现很差,ReLU 的演进版作为激活函数,可以解决梯度消失和梯度爆炸问题。也可使用 He 初始化方法。

性能问题的解决方案:通常来说,很难获得足够标记好的训练数据,常用解决方案如下。

① 复用已有的训练好的网络。通常可以找到已经训练好的模型。

② 无监督的预训练(unsupervised pretraining)。对无标签的训练数据,使用无监督的特征检测算法,如限制玻尔兹曼机(RBM)或自动编码器(autoencoders)。每层都被训练成先前训练过的层的输出(除被训练的层之外的所有层都被冻结)。一旦所有层都以这种方式进行了训练,对于少部分有标签的数据可以使用监督学习对网络进行微调,得到最终的网络。

对于大规模数据的训练,训练速度通常很慢。可以使用 AdamOptimizer 替代 GradientDescentOptimizer,会大大加快收敛速度。

过拟合问题的解决方案如下。

① 增加训练数据。训练数据越多,泛化能力越好。因此,增加训练数据是防止过拟合的最优方案。但在很多情况下无法获取更多的数据,因此还需要一些其他的方法解决过拟合问题。

② 提前停止训练。一旦发现在验证集上性能下降,立即停止训练。

③ 在目标函数上添加 L_1、L_2 正则项。所谓的 L_1、L_2 正则项是对模型复杂度的惩罚项。模型的优化目标是既要使预测偏差尽量小,又要使预测模型尽量简单。

④ 使用 Dropout(丢弃)。每次随机选择一些神经元不参与训练,只有在预测时这些神经元才生效。在正向传播时,让某神经元以一定的概率 p 进行激活,没有激活的神经元停止工作,这样可以使模型的泛化能力更强。

⑤ 改变网络结构(network structure)。出现过拟合问题的原因是网络模型与数据量不匹配,也就是数据量过少,或网络结构过于复杂。可以通过减少网络的深度、减少神经元数量等方式来改善过拟合现象。

⑥ 数据增强。如果训练数据量不足,可以对已有的训练数据做一定的变换(如图像的翻转、平移、旋转等方法),增加数据集规模,再继续做训练,提升模型的泛化能力。

12.4 深度学习基础

深度学习(DL，Deep Learning)是机器学习(ML，Machine Learning)领域中一个新的研究方向，它被引入机器学习，使其更接近于最初的目标——人工智能(AI，Artificial Intelligence)。

深度学习是学习样本数据的内在规律和表示层次。在学习过程中获得的信息对文字、图像和声音等数据的解释有很大的帮助。深度学习的最终目标是使机器能够像人一样具有分析学习能力，能够进一步识别文字、图像和声音等数据。深度学习是一个复杂的机器学习算法，在语音和图像识别方面取得的成果远远超过先前相关技术。

深度学习在搜索技术、数据挖掘、机器翻译、自然语言处理、多媒体学习、语音、推荐和个性化技术，以及其他相关领域都取得了显著成果。深度学习使机器模仿视听和思考等人类活动，解决了诸多复杂模式识别难题，使得人工智能相关技术的发展取得重大成效。

区别于传统的浅层学习，深度学习的不同之处在于：

① 强调了模型结构的深度，通常有 5 层、6 层，甚至更多层的隐层节点。

② 明确了特征学习的重要性。也就是说，通过逐层特征变换，将样本在原空间的特征表示变换到一个新特征空间，从而使分类或预测更容易。与人工规则构造特征的方法相比，利用大数据来学习特征，更能够刻画数据丰富的内在信息。

通过设计、建立适量的神经元计算节点和多层运算层次结构，选择合适的输入层和输出层，通过网络的学习和调优，建立起从输入到输出的函数关系，虽然不能 100% 找到输入与输出的函数关系，但是可以尽可能地逼近现实的关联关系。使用训练成功的网络模型，可以实现对复杂事务处理的自动化要求。

【例 12.3】 利用神经网络解决回归问题。

```
# 建立数据集
import torch
import torch.nn.functional as F
import matplotlib.pyplot as plt
% matplotlib inline
import os
os.environ['KMP_DUPLICATE_LIB_OK'] = 'True'
# 如果不加该句,容易出现"内核似乎挂掉了,它将很快重启"的提示

torch.manual_seed(1)    # 生成随机数的种子,为了以后的复现
x = torch.unsqueeze(torch.linspace(-1, 1, 100), dim=1)    # x data (tensor),
shape = (100, 1)
y = x.pow(2) + 0.2 * torch.rand(x.size())    # noisy y data (tensor), shape =
(100, 1)

# 画图
plt.scatter(x.data.numpy(), y.data.numpy())
plt.show()
```

```
# 建立神经网络
class Net(torch.nn.Module):  # 继承 torch 的 Module
    def __init__(self, n_feature, n_hidden, n_output):
        super(Net, self).__init__()  # 继承 __init__ 功能
        # 定义每层用什么样的形式
        self.hidden = torch.nn.Linear(n_feature, n_hidden)  # 隐藏层线性输出
        self.predict = torch.nn.Linear(n_hidden, n_output)  # 输出层线性输出

    def forward(self, x):  # 这同时也是 Module 中的 forward 功能
        # 正向传播输入值，神经网络分析出输出值
        x = F.relu(self.hidden(x))  # 激活函数(隐藏层的线性值)
        x = self.predict(x)  # 输出值
        return x

net = Net(n_feature = 1, n_hidden = 10, n_output = 1)  # 定义 network
print(net)  # net 的结构


# 训练网络
# optimizer 是训练的工具
optimizer = torch.optim.SGD(net.parameters(), lr = 0.2)  # 传入 net 的所有参
数，学习率
loss_func = torch.nn.MSELoss()  # 预测值和真实值的误差计算公式（均方差）
plt.ion()  # 画图


for t in range(100):
    prediction = net(x)  # 输入 net 训练数据 x，输出预测值

    loss = loss_func(prediction, y)  # 计算两者的误差

    optimizer.zero_grad()  # 清空上一步的残余更新参数值
    loss.backward()  # 误差反向传播，计算参数更新值
    optimizer.step()  # 将参数更新值施加到 net 的参数上

    if t % 50 == 0:
        # 可视化训练过程
        plt.cla()
        plt.scatter(x.data.numpy(), y.data.numpy())
        plt.plot(x.data.numpy(), prediction.data.numpy(), 'r-', lw = 5)
        plt.text(0.5, 0, 'Loss = %.4f' % loss.data.numpy(), fontdict = {'size': 20,
'color': 'red'})
```

```
    plt.show()
    plt.pause(0.1)
```

```
plt.ioff()
```
运行结果如图 12.9 所示。

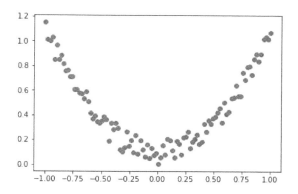

```
Net(
    (hidden): Linear(in_features=1, out_features=10, bias=True)
    (predict): Linear(in_features=10, out_features=1, bias=True)
)
```

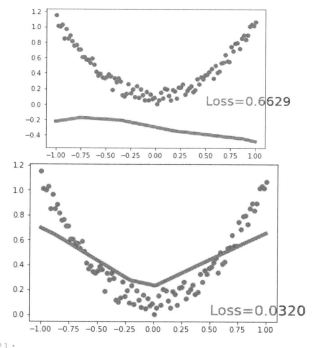

```
Out[12]:
<matplotlib.pyplot._IoffContext at 0x27e367701c0>
```

图 12.9　例 12.3 的运行结果

上述代码中,torch.unsqueeze()用于增加一维。例如:

```
import torch
a = torch.rand((1,2,3))    #三维:1页2行3列
print("a",a)
b = a.squeeze(0)    #减少一维,减少第0维,变成二维的2行3列
print("b",b)
c = b.unsqueeze(-1)    #增加一维,增加第3维
print("c",c)
```

运行结果如下:

```
a tensor([[[0.1782, 0.2079, 0.2861],
          [0.8555, 0.3366, 0.1264]]])
b tensor([[0.1782, 0.2079, 0.2861],
          [0.8555, 0.3366, 0.1264]])
c tensor([[[0.1782],
          [0.2079],
          [0.2861]],

          [[0.8555],
          [0.3366],
          [0.1264]]])
```

【例12.4】 利用神经网络解决分类问题。

```
# 建立数据集
import torch
from torch.autograd import Variable
import torch.nn.functional as F    # 激活函数都在此
import matplotlib.pyplot as plt
% matplotlib inline


torch.manual_seed(1)
# 假数据
n_data = torch.ones(100, 2)    # 数据的基本形态
x0 = torch.normal(2 * n_data, 1)    # x0 数据类型:data(tensor),其 shape 是:(100, 2)
y0 = torch.zeros(100)    # y0 类型 data(tensor), shape = (100, )
x1 = torch.normal(-2 * n_data, 1)    # x1 类型 data(tensor), shape = (100, 1)
y1 = torch.ones(100)    # y1 类型 data(tensor), shape = (100, )
# torch.cat 合并数据
x = torch.cat((x0, x1), 0).type(torch.FloatTensor)    #FloatTensor = 32 位浮点
y = torch.cat((y0, y1), ).type(torch.LongTensor)    # shape (200,),LongTensor =
```

64 位整数

```python
# torch 只能训练 Variable，因此将它们转换为 Variable
x, y = Variable(x), Variable(y)

# 画图
plt.scatter(x.data.numpy()[:, 0], x.data.numpy()[:, 1], c = y.data.numpy(),
s = 100, lw = 0, cmap = 'RdYlGn')
plt.show()


# 建立神经网络
class Net(torch.nn.Module):  # 继承 torch 的 Module
    def __init__(self, n_feature, n_hidden, n_output):
        super(Net, self).__init__() # 继承 __init__ 功能
        self.hidden = torch.nn.Linear(n_feature, n_hidden)  # 隐藏层线性输出
        self.out = torch.nn.Linear(n_hidden, n_output)  # 输出层线性输出

    def forward(self, x):
        # 正向传播输入值，神经网络分析出输出值
        x = F.relu(self.hidden(x))  # 激活函数(隐藏层的线性值)
        x = self.out(x)  # 输出值，x 不是预测值，预测值还需另外计算
        return x


net = Net(n_feature = 2, n_hidden = 10, n_output = 2)  # 有几个类别就有几
个 output
print(net)  # net 的结构


# 训练网络
# optimizer 是训练的工具
optimizer = torch.optim.SGD(net.parameters(), lr = 0.02) # 传入 net 的所有参
数，学习率
# 算误差时，注意真实值不是 one - hot 形式的，而是一维 tensor(batch,)
# 但是预测值是二维 tensor (batch,n_classes)
loss_func = torch.nn.CrossEntropyLoss()

plt.ion()  # 画图

for t in range(100):
    out = net(x)  # 输入 net 训练数据 x,输出分析值
    loss = loss_func(out, y)  # 计算两者的误差
```

```
optimizer.zero_grad()   # 清空上一步的残余更新参数值
loss.backward()    # 误差反向传播,计算参数更新值
optimizer.step()    # 将参数更新值施加到 net 的参数上

if t % 50 == 0 or t in [3, 6]:
    # 可视化训练过程
    plt.cla()
    # 过了一道 softmax 激活函数后的最大概率才是预测值
    _, prediction = torch.max(F.softmax(out, dim = 1), 1)
    # squeeze():从矩阵 shape 中,去掉维度为 1 的。例如,一个矩阵的 shape 是
(5,1),使用这个函数后,结果为(5,)
    pred_y = prediction.data.numpy().squeeze()
    target_y = y.data.numpy()
    # print("target_y", target_y)
    plt.scatter(x.data.numpy()[:, 0], x.data.numpy()[:, 1], c = pred_y,
s = 100, lw = 0, cmap = 'RdYlGn')
    plt.scatter(x.data.numpy()[:, 0][pred_y == 0], x.data.numpy()[:, 1]
[pred_y == 0], marker = 'ω')
    plt.scatter(x.data.numpy()[:, 0][pred_y == 1], x.data.numpy()[:, 1]
[pred_y == 1], marker = '.')
    accuracy = sum(pred_y == target_y)/200.   # 预测值中有多少和真实值一样
    plt.text(1.5, -4, 'Accuracy = %.2f' % accuracy, fontdict = {'size': 20,
'color': 'red'})
    plt.show()
    plt.pause(0.1)

plt.ioff()  # 停止画图
```

部分运行结果如图 12.10 所示。

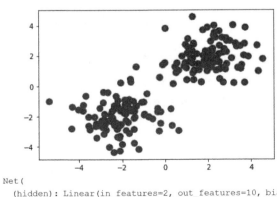

```
Net(
    (hidden): Linear(in_features=2, out_features=10, bias=True)
    (out): Linear(in_features=10, out_features=2, bias=True)
)
```

(a)

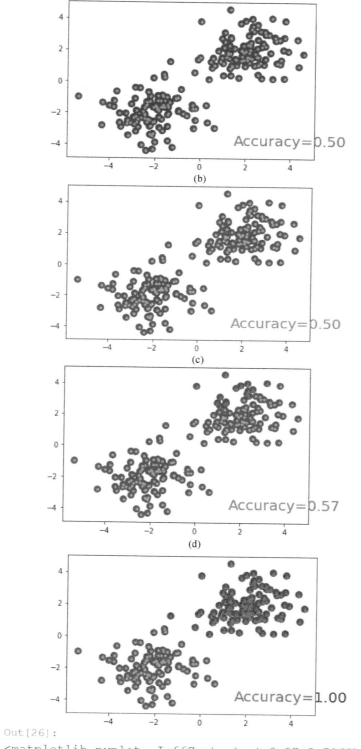

```
Out[26]:
<matplotlib.pyplot._IoffContext at 0x27e3a7962b0>
```
(e)

图 12.10　例 12.4 的部分运行结果

【例 12.5】 使用 torch 库中的 nn. functional 快速搭建一个神经网络。

```python
import torch
import torch.nn.functional as F


# net1:
class Net(torch.nn.Module):
    def __init__(self, n_feature, n_hidden, n_output):
        super(Net, self).__init__()
        self.hidden = torch.nn.Linear(n_feature, n_hidden)   # 隐藏层
        self.predict = torch.nn.Linear(n_hidden, n_output)   # 输出层

    def forward(self, x):
        x = F.relu(self.hidden(x))   # 激活函数
        x = self.predict(x)   # 线性输出
        return x


net1 = Net(1, 10, 1)


# net2:快速搭建法
net2 = torch.nn.Sequential(
        torch.nn.Linear(1, 10),
        torch.nn.ReLU(),
        torch.nn.Linear(10, 1)
)
print(net1)     # net1 的结构
print(net2)     # net2 的结构
```

运行结果如下：

```
Net(
  (hidden): Linear(in_features = 1, out_features = 10, bias = True)
  (predict): Linear(in_features = 10, out_features = 1, bias = True)
)
Sequential(
  (0): Linear(in_features = 1, out_features = 10, bias = True)
  (1):ReLU()
  (2): Linear(in_features = 10, out_features = 1, bias = True)
)
```

从运行结果的结构中可以看出，net 2 相较于 net 1 显示了激活函数。在 net1 中，激活函数实际上是在 forward()功能中被调用的。net1 可以根据项目需要，增加正向传播过程的激活函数。当没有过多的个性化要求时，net2 更为直观，例如，数据经过全连接层后，调

用激活函数,又经过一次全连接层得到输出结果(预测结果),它不同于 net1,需要建立中间
hidden 对象和 predict 对象。在搭建好神经网络之后,需要对模型进行训练,再将搭建、训练
好的模型进行保存。下次需要实现相同的任务时(不需要重新训练,省去了训练模型的时
间),可以直接读取或者加载现有的神经网络模型。下面是保存和加载神经网络模型的
代码。

```
＃保存
torch.save(net1,'net.pkl')  ＃ 保存整个网络
torch.save(net1.state_dict(),'net_params.pkl')  ＃ 只保存网络中的参数（速度
快，占内存少）
＃加载
def restore_net():
    ＃ 加载模型
    net2 = torch.load('net.pkl')
    prediction = net2(x)
```

参 考 文 献

[1] 周志华.机器学习[J].中国民商,2016,3(21):93.

[2] 张寅森.解释型语言采用动态作用域的优点及实现[J].当代职校生,2017(10):44-45.

[3] 莫烦.Python 基础教学[EB/OL].[2021-03-06].https://mofanpy.com/tutorials/python-basic/.

[4] 触摸壹缕阳光.Python-Numpy 模块 Meshgrid 函数[EB/OL].(2018-02-07)[2021-03-06].https://zhuanlan.zhihu.com/p/33579211.

[5] 王圣元.快乐机器学习[M].北京:电子工业出版社,2020:44-46.

[6] 泰初.机器学习——K 近邻（KNN）算法的原理及优缺点[EB/OL].(2019-10-28)[2021-03-10].https://www.cnblogs.com/lsm-boke/p/11756173.html.

[7] 使用 PYTHON 做线性回归,SCIPY,STATSMODELS,SKLEARN[EB/OL].[2021-03-15].https://www.freesion.com/article/62641025856/.

[8] TypeFloat.线性回归的数学推导及代码实现[EB/OL].(2021-03-06)[2021-03-15].https://zhuanlan.zhihu.com/p/354753427.

[9] 奶糖猫.机器学习笔记（十四）——线性回归及其两种常用的优化方法[EB/OL].(2020-05-01)[2021-03-20].https://zhuanlan.zhihu.com/p/137626930.

[10] Sehr_Gut.API 详解:sklearn.linear_model.LinearRegression[EB/OL].(2018-03-07)[2021-03-20].https://blog.csdn.net/weixin_39175124/article/details/79465558.

[11] 不分享的知识毫无意义.统计学中的各种检验——scipy.stats 和 statsmodels.stats 的使用[EB/OL].(2020-04-13)[2021-03-30].https://www.jianshu.com/p/ec35a505ba90.

[12] Toretto.机器学习入门——逻辑回归的分类评估方法[EB/OL].(2021-01-17)[2021-04-03].https://www.cnblogs.com/yangxiao-/p/14290292.html.

[13] saltriver.分类模型的评估方法——召回率（Recall）[EB/OL].(2017-06-30)[2021-04-10].https://blog.csdn.net/saltriver/article/details/74012075.

[14] 阿泽.逻辑回归[EB/OL].(2019-08-01)[2021-04-15].https://zhuanlan.zhihu.com/p/74874291.

[15] weixin_39737831.python 语言适用于哪些领域_python 可以应用于哪些领域?[EB/OL].(2020-11-20)[2021-03-03].https://blog.csdn.net/weixin_39737831/article/details/109875431.

[16] VAPNIK V.Statistical learning theory[J].Annals of the Institute of Statistical Mathematics,2003,55(2):371-389.

[17] 丁然.支持向量机多类分类算法研究[D].哈尔滨:哈尔滨理工大学,2012.

[18] ZacksTang.SVM-支持向量机（三）SVM 回归与原理[EB/OL].(2020-02-25)[2021-

04-20]. https://www. cnblogs. com/zackstang/p/12363612. html.

[19] BROWNLEE J. Naive Bayes Classifier from Scratch in Python[EB/OL]. (2019-10-25)[2021-04-25]. https://machinelearningmastery. com/naive-bayes-classifier-scratch-python/.

[20] ZingpLiu. 集成学习总结[EB/OL]. (2019-06-24)[2021-04-30]. https://www. cnblogs. com/zingp/p/11076362. html.

[21] TransientYear. 详解机器学习主成分分析(PCA)[EB/OL]. (2019-10-30)[2021-05-05]. https://blog. csdn. net/z_feng12489/article/details/102821759.

[22] Will. PCA 的数学原理及推导证明[EB/OL]. (2017-09-14)[2021-05-10]. https://zhuanlan. zhihu. com/p/26951643.

[23] SINGH A. 使用高斯混合模型,让聚类更好更精确[EB/OL]. 张玲,译. (2019-11-18)[2021-05-20]. https://blog. csdn. net/Tw6cy9uKyDea86Z/article/details/103141195.

[24] wjchen. 高斯混合模型(GMM)与 EM 算法的推导[EB/OL]. (2019-07-24)[2021-05-25]. https://zhuanlan. zhihu. com/p/71010421.

[25] 机器之心. 手把手教你在多种无监督聚类算法实现 Python[EB/OL]. (2018-06-05)[2021-05-30]. https://www. sohu. com/a/234088964_197042.

[26] webary. 数据挖掘篇——特征工程之特征降维[EB/OL]. (2018-06-05)[2021-06-10]. https://www. cnblogs. com/webary/p/12498886. html.

[27] FUDAN_ZCY. 常见机器学习算法:监督学习、无监督学习、半监督学习、强化学习[EB/OL]. (2019-11-13)[2021-04-20]. https://www. jianshu. com/p/a517c251d6d2.

[28] atyun. 5 种主要聚类算法的简单介绍[EB/OL]. (2018-03-12)[2021-06-20]. https://www. sohu. com/a/225353030_99992181.

[29] 莫烦. PyTorchPython3 动态神经网络[EB/OL]. (2018-03-12)[2021-06-30]. https://mofanpy. com/tutorials/machine-learning/torch/.

[30] MorvanZhou. PyTorch Tutorials[EB/OL]. (2018-03-12)[2021-07-20]. https://github. com/MorvanZhou/PyTorch-Tutorial.

[31] ANDREW Ng. CS230 deep learning[EB/OL]. [2021-07-25]. http://cs230. stanford. edu/.

[32] 量子位. 如何自己从零实现一个神经网络[EB/OL]. [2021-08-10]. https://www. zhihu. com/question/314879954/answer/638380202.

[33] 墨攻科技. 30 分钟讲清楚深度神经网络[EB/OL]. (2018-08-31)[2021-08-20]. https://www. jianshu. com/p/daf5b4f0238c.

[34] Huanxtt. 多层前馈神经网络算法[EB/OL]. (2015-12-09)[2021-08-27]. https://wenku. baidu. com/view/38f6cab9a76e58fafab003b0. html.

[35] 呆呆的猫. 深度学习基础知识介绍[EB/OL]. (2018-08-03)[2021-09-05]. https://blog. csdn. net/jiaoyangwm/article/details/79929014.

[36] 古德费洛,本吉奥,库维尔. 深度学习[M]. 北京:人民邮电出版社,2017.

附录　Python 安装指南

1. 安装 Python

在官方网站上下载 Python：https：//www.python.org/downloads/windows/。下载界面如附图 1 所示。

Python »» Downloads »» Windows

Python Releases for Windows

- Latest Python 3 Release - Python 3.9.1
- Latest Python 2 Release - Python 2.7.18

附图 1　Python 下载界面

可以看出较新版本是 3.9.1，如附图 2 所示。从附图 2 中选中"Download Windows installer(64-bit)"选项进行安装（首先看版本，x86-64 是 64 位版本，x86 是 32 位版本，需要下载和计算机系统一致的版本）。

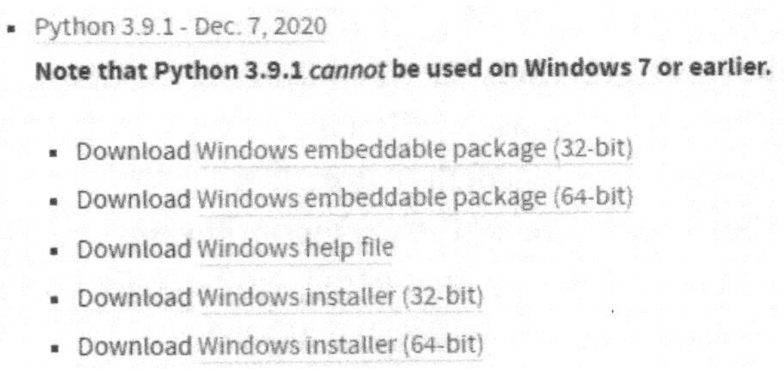

- Python 3.9.1 - Dec. 7, 2020
  Note that Python 3.9.1 *cannot* be used on Windows 7 or earlier.

  - Download Windows embeddable package (32-bit)
  - Download Windows embeddable package (64-bit)
  - Download Windows help file
  - Download Windows installer (32-bit)
  - Download Windows installer (64-bit)

附图 2　Python 的较新版本

下载好以后安装 Python。Windows 系统安装 Python 的步骤如下。

双击已经下载好的文件图标，如附图 3 所示。

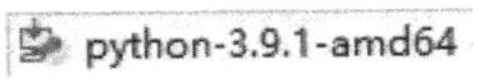

python-3.9.1-amd64

附图 3　下载好的 Pyhton 文件图标

出现的界面如附图 4 所示，先勾选"Add Python 3.9 to PATH"，然后选择"Customize installation"。弹出附图 5 所示的界面后，勾选图中所有的选项，然后单击"Next"按钮，会弹出附图 6 所示的界面，选择安装目录，然后单击"Install"按钮，会弹出附图 7 和附图 8 所示的界面，即安装成功。

附图 4　Python 安装界面

附图 5　选择特征界面

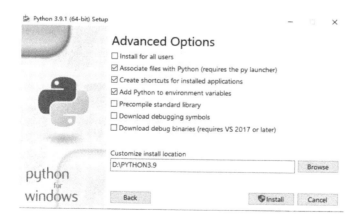

附图 6　高级选项界面

测试一下能否调用,同时按下"Windows＋R"键,会弹出附图 9 所示的运行命令界面,输入"cmd",然后单击"确定"按钮,会弹出附图 10 所示的界面。或者单击"开始|Windows系统|命令提示符",也会弹出附图 10 所示的界面。

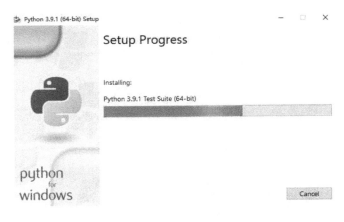

附图 7　安装进度界面

附图 8　安装成功界面

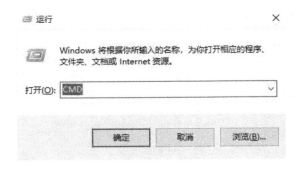

附图 9　运行命令界面

进入命令行,输入"python",若输出附图 10 所示的提示信息,则表示安装成功。

输入" print(' Hello,World! ')",写下第一句 Python 代码,对应输出"Hello,World!",如附图 11 所示。

由于在命令行界面编写代码非常不便,因此需要安装另外的编辑器。

按"Ctrl+Z"键后再按"Enter"键,即可退出 Python 环境,如附图 12 所示。

```
C:\Windows\system32\CMD.exe - PYTHON
Microsoft Windows [版本 10.0.19041.264]
(c) 2020 Microsoft Corporation. 保留所有权利。

C:\Users\ZhaoMin>PYTHON
Python 3.9.1 (tags/v3.9.1:1e5d33e, Dec  7 2020, 17:08:21) [MSC v.1927 64 bit (AMD64)] on win32
Type "help", "copyright", "credits" or "license" for more information.
>>>
```

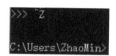

附图 10　进入命令行，输入 python 后的输出

```
>>> print('Hello,World!')
Hello,World!
>>>
```

附图 11　写第一个 Python 语句

```
>>> ^Z

C:\Users\ZhaoMin>
```

附图 12　退出 Python 环境

另外，还需要测试一下 pip 有没有安装成功，pip 是用来安装第三方库的“神器”。退出 Python 环境后，输入“pip”命令，然后按“Enter”键。如附图 13 所示，输出了一长串命令指南，说明 pip 安装成功了。

```
C:\Users\ZhaoMin>pip

Usage:
  pip <command> [options]

Commands:
  install                     Install packages.
  download                    Download packages.
  uninstall                   Uninstall packages.
  freeze                      Output installed packages in requirements format.
  list                        List installed packages.
  show                        Show information about installed packages.
  check                       Verify installed packages have compatible dependencies.
  config                      Manage local and global configuration.
  search                      Search PyPI for packages.
  cache                       Inspect and manage pip's wheel cache.
  wheel                       Build wheels from your requirements.
  hash                        Compute hashes of package archives.
  completion                  A helper command used for command completion.
  debug                       Show information useful for debugging.
  help                        Show help for commands.
```

附图 13　检测 pip 命令是否安装成功

2. Windows 系统安装 Anaconda

在下面的网站中下载 Anaconda：https://repo.anaconda.com/archive/Anaconda3-2020.11-Windows-x86_64.exe。

Anaconda 存放在文件夹中，如“C:\Users\ZhaoMin\Downloads”文件夹。下载所需安装的软件后，双击该文件 Anaconda3-2020.11-Windows-x86_64 。然后会弹出附图 14 所示的欢迎界面，单击“Next”按钮，会弹出附图 15 所示的界面。如果在安装过程中遇到任何问题，可以暂时地关闭杀毒软件，并在程序安装完成之后再打开。

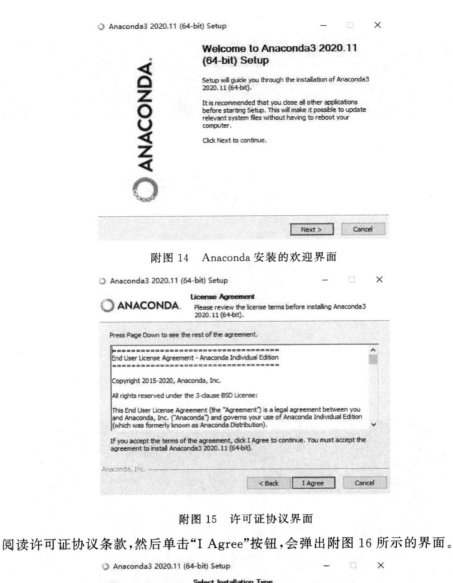

附图 14　Anaconda 安装的欢迎界面

附图 15　许可证协议界面

阅读许可证协议条款,然后单击"I Agree"按钮,会弹出附图 16 所示的界面。

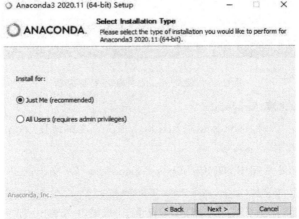

附图 16　选择安装类型

除非是以管理员身份为所有用户安装,否则仅选中"Just Me",然后单击"Next"按钮,会弹出附图 17 所示的界面。

注意:目标路径中不能含有空格,同时不能使用 Unicode 编码。

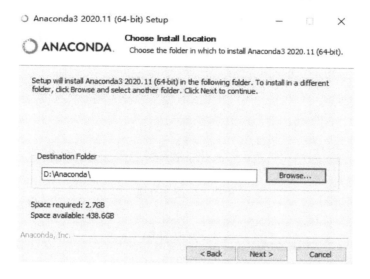

附图 17 选择安装位置

然后单击"Next"按钮,会弹出附图 18 所示的界面。除非需要使用多个版本的 Anaconda 或者多个版本的 Python,否则应勾选"Register Anaconda3 as my default Python 3.8"。单击"Install"按钮,会弹出附图 19 所示的界面,再单击"Next"按钮,会弹出附图 20 所示的界面。单击"Next"按钮,若弹出附图 21 所示的界面,则意味着安装成功,单击 "Finish"按钮完成安装。

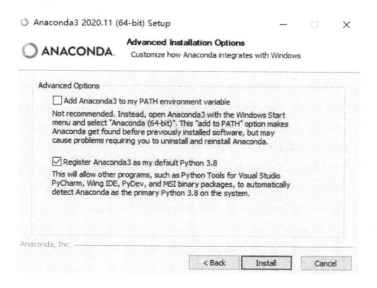

附图 18 Anaconda 的高级安装选项

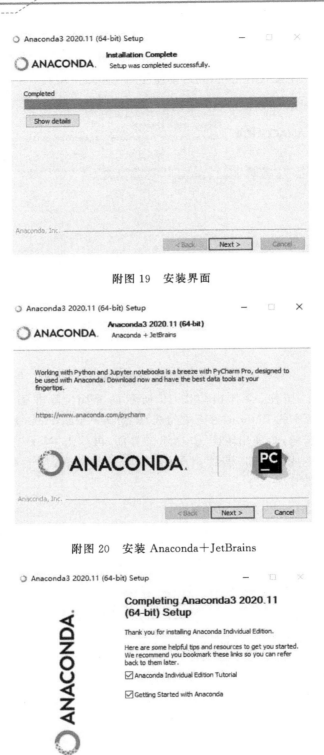

附图 19　安装界面

附图 20　安装 Anaconda＋JetBrains

附图 21　完成 Anaconda 安装界面

验证安装结果,可选以下任意方法。

一种方法是单击"开始 → Anaconda3(64-bit)→ Anaconda Navigator",若可以成功启动 Anaconda Navigator,如附图 22 所示,则说明安装成功。

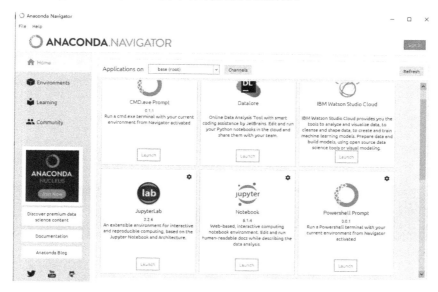

附图 22 Anaconda Navigator 界面

另一种方法是单击"开始 → Anaconda3(64-bit)→Anaconda Prompt → 以管理员身份运行",在 Anaconda Prompt 界面中输入"conda list",可以查看已经安装的包及其版本号,如附图 23 所示,若结果可以正常显示,则说明安装成功。

```
(base) C:\Users\ZhaoMin>conda list
# packages in environment at D:\Anaconda:
#
# Name                    Version                   Build  Channel
_ipyw_jlab_nb_ext_conf    0.1.0                     py38_0
alabaster                 0.7.12                    py_0
anaconda                  2020.11                   py38_0
anaconda-client           1.7.2                     py38_0
anaconda-navigator        1.10.0                    py38_0
anaconda-project          0.8.4                     py_0
argh                      0.26.2                    py38_0
argon2-cffi               20.1.0            py38he774522_1
asn1crypto                1.4.0                     py_0
astroid                   2.4.2                     py38_0
astropy                   4.0.2             py38he774522_0
async_generator           1.10                      py_0
```

附图 23 已经安装的包及其版本号

安装好 Anaconda 之后,开始界面应该有附图 24 所示的选项。

不过我们需要的一般只有 Jupyter Notebook 和 Anaconda Prompt。Jupyter Notebook 可以当作 Python 来用,只是界面不同。Anaconda Prompt 和 Windows 的 CMD 相似。在 Prompt 中输入"python",则会显示 Python 的版本(这里是3.8.5),并进入 Python 的编程环境,如附图 25 所示。通常不在这里写代码。

代码一般都在 Jupyter Notebook 中写。如附图 22 所示,在 Anaconda Navigator 界面

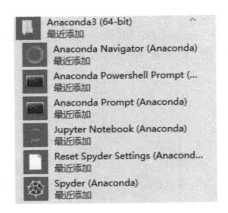

附图 24　安装好 Anaconda 后开始界面的选项

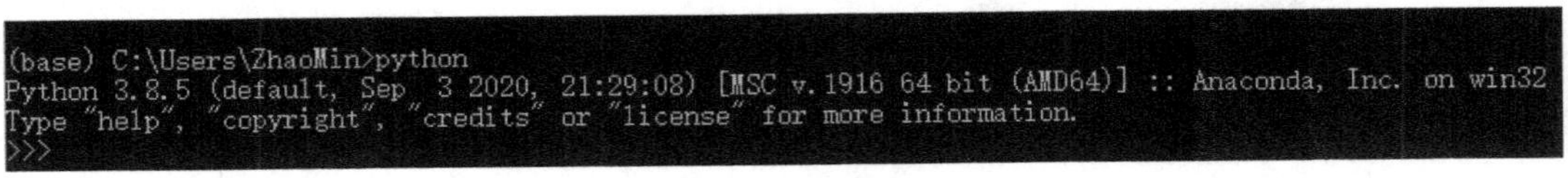

```
(base) C:\Users\ZhaoMin>python
Python 3.8.5 (default, Sep  3 2020, 21:29:08) [MSC v.1916 64 bit (AMD64)] :: Anaconda, Inc. on win32
Type "help", "copyright", "credits" or "license" for more information.
>>>
```

附图 25　Python 的编程环境

中单击"Jupyter Notebook",会自动打开 Jupyter 页面,弹出附图 26 所示的界面。Anaconda 中的 Python 就是一个 Web 程序。至此就可以开始使用 Python 了。

附图 26　Jupyter 页面

单击附图 26 中的"New"按钮,有如下选项:Python 3(ipykernel)、Text file、Folder 和 Terminal。选择"Python 3(ipykernel)"就可以正常进行代码编写了,下面是一段代码。

```
# - * - coding: UTF - 8 - * -
price = 100   # 赋值整型变量
number = 199.0  # 浮点型
name = "Hilary"  # 字符串
print(price)
print(number)
print(name)
```

按住"Shift+Enter"键就可以运行代码,运行结果如附图 27 所示。

附图 27　运行结果

3. 下载并安装 PyCharm

① 在官网中下载社区版本的 PyCharm:https://www.jetbrains.com/zh-cn/pycharm/download/download-thanks.html? platform=windows&code=PCC。

② 双击下载的可执行文件"pycharm-community-2020.3.3",如附图 28 所示,会弹出附图 29 所示的界面。单击"Next"按钮,会弹出附图 30 所示的界面。如果在安装过程中遇到任何问题,可以暂时地关闭杀毒软件,并在程序安装完成之后再打开。

附图 28　PyCharm 安装文件

附图 29　PyCharm 安装欢迎界面

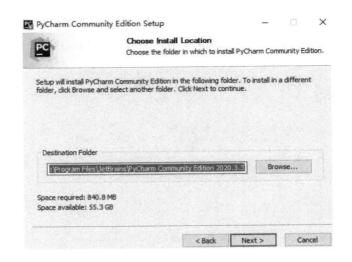

附图 30　PyCharm 安装位置选择

继续单击"Next"按钮后,会弹出附图 31 所示的界面。Create Desktop Shortcut 表示创建桌面快捷方式,根据需要进行选择;Update PATH variable(restart needed)表示更新路径变量(需要重新启动),Add launchers dir to the PATH 表示将启动器目录添加到路径中,根据需要进行选择;Update context menu 表示更新上下文菜单,Add "Open Folder as Project"表示添加打开文件夹作为项目,根据需要进行选择;Create Associations 表示创建关联,即关联.py 文件。若双击.py 文件,默认是用 PyCharm 打开。

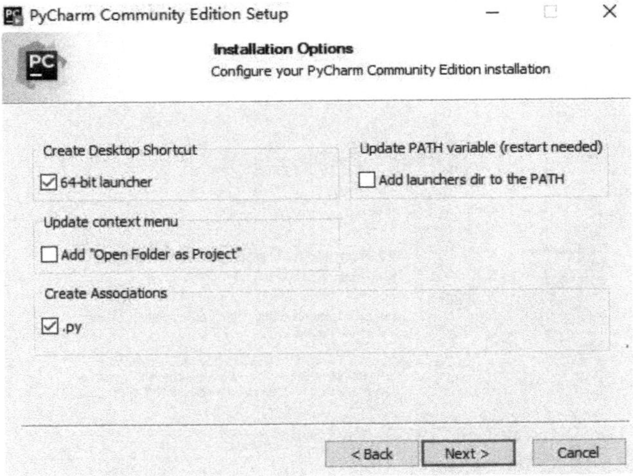

附图 31　安装选择

单击"Next"按钮,进入附图 32 所示的界面,默认安装即可,直接单击"Install"按钮。安装进程如附图 33 所示。

之后就会出现附图 34 所示的安装完成界面。

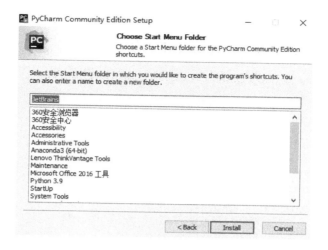

附图 32　选择 PyCharm 开始菜单文件夹

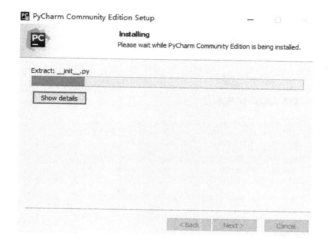

附图 33　安装进程

附图 34　安装完成界面

选中"Run PyCharm Community Edition"复选框，然后单击"Finish"按钮，进行PyCharm 的第一次运行，界面如附图 35 所示，单击"Continue"按钮，会弹出附图 36 所示的界面，然后单击"Don't Send"按钮，将看到附图 37 所示的欢迎界面。

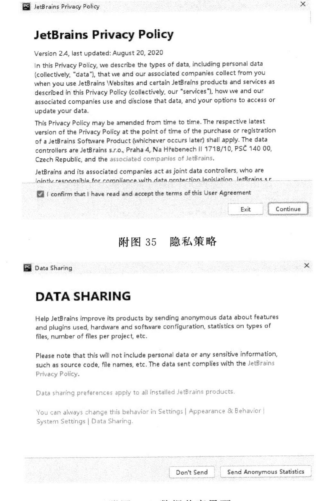

附图 35　隐私策略

附图 36　数据共享界面

附图 37　PyCharm 欢迎界面

PyCharm 的使用：PyCharm 是一款很流行的编写 Python 程序的编程软件，通常用于编写项目文件，下面介绍如何使用 PyCharm 编写简单的 Python 程序。单击"开始→JetBrains→PyCharm Community Edition"，如附图 38 所示。

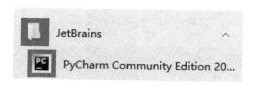

附图 38　启动 PyCharm 运行程序

打开 PyCharm，单击"File"，然后选择"New Project..."，在弹出的"Create Project"窗口中选择文件夹，如附图 39 所示，文件夹名称最好全为英文，且在非 C 盘。如果文件夹为空，单击"Create"按钮创建项目时，则会弹出附图 40 所示的界面，如果文件夹不为空，则会弹出附图 41 所示的界面。

单击默认按钮，会弹出附图 42 所示的界面。

如附图 43 所示，项目创建完成。

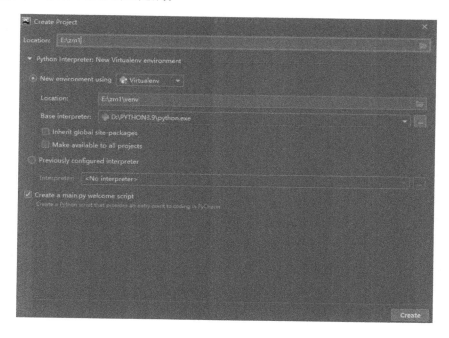

附图 39　创建项目界面

附图 40　文件夹为空时的提示

附图 41　打开项目的方式

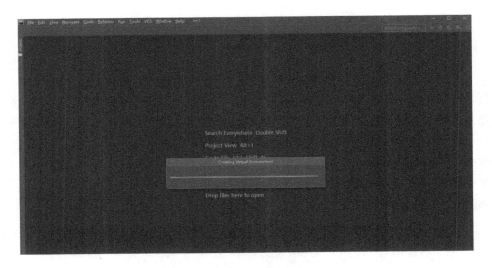

附图 42　创建虚拟环境

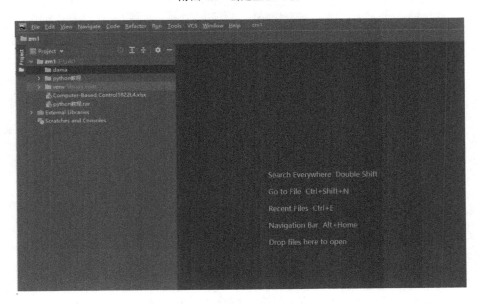

附图 43　项目创建完成

　　然后将鼠标指针放在创建的项目上,右击后依次选择"New→Python File",如附图 44 所示。

　　然后会弹出一个"New Python file"窗口,如附图 45 所示,输入文件名后按"Enter"键。

　　然后就可以输入代码了。如附图 46 所示,输入了一句很简单的 Python 代码。

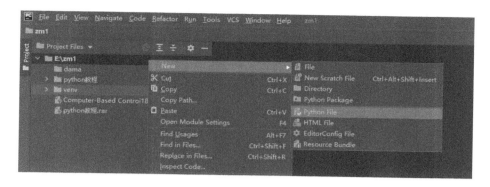

附图 44　在项目中创建 Python 文件

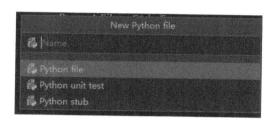

附图 45　输入新的 Python 文件名

附图 46　在新的 Python 文件中输入一句代码

　　编写完成以后，右击编写代码的窗口，然后选择"Run'文件名'"，就可以运行程序了，如附图 47 所示。

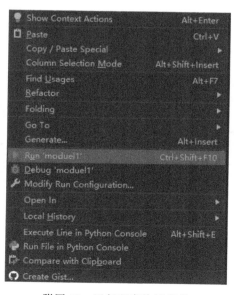

附图 47　运行程序快捷菜单

如附图 48 所示,在界面的下端可以看到运行的结果。

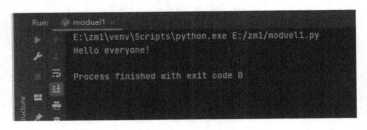

附图 48　使用 PyCharm 运行 Python 文件的结果

4. 安装 PyQt

安装 PyQt 和 PyQt-tools 时,建议直接在安装好的 Anaconda Prompt 界面中使用 pip 命令安装,这样能够省去很多配置方面的麻烦和开发过程中的不便。具体安装方法如下。

① 单击计算机桌面左下角的"开始",找到"Anaconda Prompt"(以管理员身份运行)并单击打开。

② 安装 PyQt5:打开"Anaconda Prompt"界面后,在命令行中输入"pip3 install Sip",如附图 49(a)所示,安装成功后再输入"pip3 install PyQt5"(当前最新的 PyQt 版本是 PyQt5),即可开始下载 PyQt,下载完成后会自动进行安装,如附图 49(b)所示。

```
(base) C:\Users\ZhaoMin>pip3 install Sip
Requirement already satisfied: Sip in d:\anaconda\lib\site-packages (4.19.13)
```

(a)

```
(base) C:\Users\ZhaoMin>pip3 install PyQt5
Requirement already satisfied: PyQt5 in d:\anaconda\lib\site-packages (5.15.3)
Requirement already satisfied: PyQt5-sip<13,>=12.8 in d:\anaconda\lib\site-packages (from PyQt5) (12.8.1)
Requirement already satisfied: PyQt5-Qt>=5.15 in d:\anaconda\lib\site-packages (from PyQt5) (5.15.2)
```

(b)

附图 49　安装 Sip 和安装 PyQt5 界面

③ 安装 PyQt5-tools:同理,在 Anaconda Prompt 的命令行中,输入命令"pip3 install PyQt5-tools",即可下载安装对应的 PyQt5-tools,如附图 50 所示。

```
(base) C:\Users\ZhaoMin>pip install PyQt5-tools
Requirement already satisfied: PyQt5-tools in d:\anaconda\lib\site-packages (5.15.2.3.0.2)
Requirement already satisfied: pyqt5-plugins<5.15.2.3,>=5.15.2.2 in d:\anaconda\lib\site-packages (from PyQt5-tools) (5.15.2.2.0.1)
Requirement already satisfied: click in d:\anaconda\lib\site-packages (from PyQt5-tools) (7.1.2)
Requirement already satisfied: python-dotenv in d:\anaconda\lib\site-packages (from PyQt5-tools) (0.15.0)
Requirement already satisfied: pyqt5==5.15.2 in d:\anaconda\lib\site-packages (from PyQt5-tools) (5.15.2)
Requirement already satisfied: qt5-tools<5.15.2.2,>=5.15.2.1 in d:\anaconda\lib\site-packages (from pyqt5-plugins<5.15.2.3,>=5.15.2.2->PyQt5-tools) (5.15.2.1.0.1)
Requirement already satisfied: PyQt5-sip<13,>=12.8 in d:\anaconda\lib\site-packages (from pyqt5==5.15.2->PyQt5-tools) (12.8.1)
Requirement already satisfied: qt5-applications<5.15.2.3,>=5.15.2.2 in d:\anaconda\lib\site-packages (from qt5-tools<5.15.2.2,>=5.15.2.1->pyqt5-plugins<5.15.2.3,>=5.15.2.2->PyQt5-tools) (5.15.2.2.1)
```

附图 50　安装 PyQt5-tools 界面

④ 在计算机中添加全局变量。

a. 选择"开始→Windows 系统控制面板(查看方式:大图标)→系统→高级系统设置→环境变量",如附图 51 所示。

附图 51　控制面板

b. 在系统变量栏中,找到 Path,单击"编辑"按钮。在出现的界面中单击"新建"按钮,输入地址即可(本书中用 Anaconda Prompt 界面安装的 PyQt5 路径为:D:\Anaconda\Lib\site-packages\pyqt5_tools),如附图 52 所示。然后单击"确定"按钮。

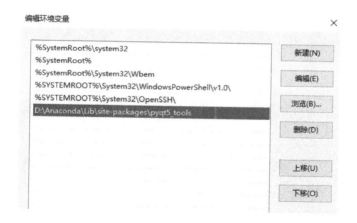

附图 52　编辑环境变量

编写代码创建窗体:可以在 Anaconda Jupyter 中写入如下代码,界面如附图 53 所示。

```
import sys
from PyQt5 import QtWidgets
app = QtWidgets.QApplication(sys.argv)
widget = QtWidgets.QWidget()
widget.resize(200, 200)
widget.setWindowTitle("你好 PyQt5!")
widget.show()
sys.exit(app.exec())
```

附图 53　使用 PyQt5 创建窗体

　　在 Python3.9 中安装 PyQt5：进入"Windows 系统→命令提示符"以后，打开命令行窗口，用"pip list"命令列出当前已经安装的第三方 Python 包，用"pip install"安装第三方包，在路径下键入命令"pip install PyQt5"，如附图 54 所示。

```
C:\Users\ZhaoMin>pip install PyQt5
Collecting PyQt5
  Using cached PyQt5-5.15.3-cp36.cp37.cp38.cp39-none-win_amd64.whl (6.8 MB)
Collecting PyQt5-Qt>=5.15
  Using cached PyQt5_Qt-5.15.2-py3-none-win_amd64.whl (50.1 MB)
Requirement already satisfied: PyQt5-sip<13,>=12.8 in d:\python3.9\lib\site-packages (from PyQt5) (12.8.1)
Installing collected packages: PyQt5-Qt, PyQt5
Successfully installed PyQt5-5.15.3 PyQt5-Qt-5.15.2
WARNING: You are using pip version 20.2.3; however, version 21.0.1 is available.
You should consider upgrading via the 'd:\python3.9\python.exe -m pip install --upgrade pip' command.
```

附图 54　在 Python3.9 中安装 PyQt5

　　然后键入命令"pip install PyQt5-tools"，如附图 55 所示。

```
C:\Users\ZhaoMin>pip install pyqt5-tools
Collecting pyqt5-tools
  Using cached pyqt5_tools-5.15.2.3.0.2-py3-none-any.whl (28 kB)
Collecting pyqt5==5.15.2
  Using cached PyQt5-5.15.2-5.15.2-cp35.cp36.cp37.cp38.cp39-none-win_amd64.whl (56.9 MB)
Collecting python-dotenv
  Using cached python_dotenv-0.15.0-py2.py3-none-any.whl (18 kB)
Collecting click
  Using cached click-7.1.2-py2.py3-none-any.whl (82 kB)
Collecting pyqt5-plugins<5.15.2.3,>=5.15.2.2
  Using cached pyqt5_plugins-5.15.2.2.0.1-cp39-cp39-win_amd64.whl (65 kB)
Requirement already satisfied: PyQt5-sip<13,>=12.8 in d:\python3.9\lib\site-packages (from pyqt5==5.15.2->pyqt5-tools) (12.8.1)
Collecting qt5-tools<5.15.2.2,>=5.15.2.1
  Using cached qt5_tools-5.15.2.1.0.1-py3-none-any.whl (12 kB)
Collecting qt5-applications<5.15.2.3,>=5.15.2.2
  Downloading qt5_applications-5.15.2.2.1-py3-none-win_amd64.whl (61.0 MB)
     |███████████████████████████| 61.0 MB 87 kB/s
Installing collected packages: qt5-applications, click, qt5-tools, pyqt5, python-dotenv, pyqt5-plugins, pyqt5-tools
  Attempting uninstall: pyqt5
    Found existing installation: PyQt5 5.15.3
    Uninstalling PyQt5-5.15.3:
      Successfully uninstalled PyQt5-5.15.3
Successfully installed click-7.1.2 pyqt5-5.15.2 pyqt5-plugins-5.15.2.2.0.1 pyqt5-tools-5.15.2.3.0.2 python-dotenv-0.15.0
qt5-applications-5.15.2.2.1 qt5-tools-5.15.2.1.0.1
```

附图 55　在 Python3.9 中安装 PyQt5-tools

　　成功安装后，在 IDEL 中同样可以运行成功，但在 PyCharm 中会报错：No module named 'PyQt5'。查看文件夹 D:\PYTHON3.9\Lib\site-packages 中 PyQt5 的相关文件，

目录中存在 PyQt5,如附图 56 所示。

> PyQt5
> pyqt5_plugins
> pyqt5_plugins-5.15.2.2.0.1.dist-info
> PyQt5_Qt-5.15.2.dist-info
> PyQt5_sip-12.8.1.dist-info
> pyqt5_tools
> pyqt5_tools-5.15.2.3.0.2.dist-info
> PyQt5-5.15.2.dist-info

附图 56　目录中存在 PyQt5

在 PyCharm 中调用 PyQt5 模块为什么会报错呢?因为高版本 PyCharm 创建了一个 Python 虚拟环境,默认没有把安装的第三方库添加进来,所以造成了这种问题。在新建项目的时候,如附图 57 所示,勾选"Inherit global site-packages"和"Make available to all projects",如果不想自动生成一个 main.py 欢迎脚本,则不勾选"Create a main.py welcome script"。

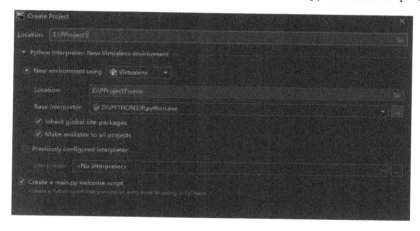

附图 57　设置添加第三方库

之后,再使用 PyCharm 调用 PyQt5 就不会报错了。然后运行附图 58 左侧的代码会出现右侧的窗体界面。

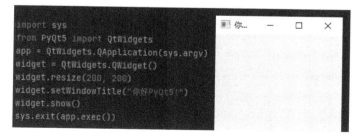

附图 58　使用 PyCharm 调用 PyQt5 模块创建窗体的代码及窗体界面

或者在已有项目最下面的 External Libraries 中找到 venv 目录,如附图 59 所示,在 pyvenv.cfg 文件中修改参数:include-system-site-packages＝true。对于已有的项目,如果

需要引用 PyQt5，同样可以成功调用相关库。

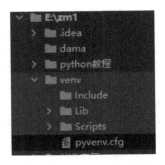

附图 59　pyvenv. cfg 文件

5. 在 Windows 10 上安装 MySQL

① 在浏览器里打开 MySQL 的官网：http://www.mysql.com/ 。

② 进入页面顶部的"Downloads"，打开页面后有多个版本可以选择，其中：

- MySQL Enterprise Edition 是企业版本，拥有更多的功能，需要付费使用。
- MySQL Cluster CGE 是高级集群版本，需要付费使用。
- MySQL Community（GPL）Downloads 页面可以下载社区版本 MySQL Community Server，该版本开源且免费。

③ 打开页面底部的"Community(GPL) Downloads"，再进入页面顶部的"Downloads"。
然后单击"MySQL Community Server"，会出现附图 60 所示的页面。

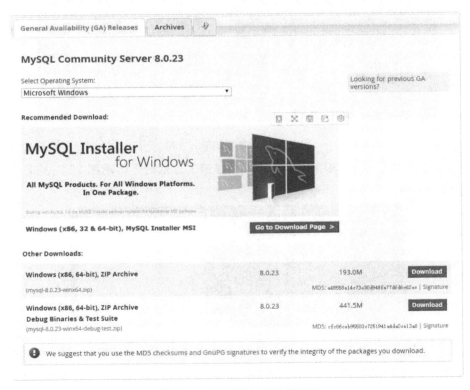

附图 60　社区版本的下载页面

然后单击 Windows(x86,32&64-bit),MySQL Installer MSI 右侧的"Go to Download Page"按钮,跳转至附图 61 所示的页面。

附图 61　MySQL 下载页面

建议下载 Windows(x86,32-bit),MSI Installer(mysql-installer-community-8.0.23. 0.msi)离线的完整安装包,可以在不联网的情况下安装。MSI 格式是指 Windows 的安装程序,下载后直接双击就能进入安装向导,区别于对文件进行解压的安装方式。单击 "Download"按钮,进入附图 62 所示的新页面,该页面询问是否登录,并介绍登录之后有哪些益处,选择不登录,单击页面底部的"No thanks, just start my download."开始下载。

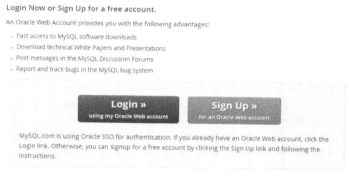

附图 62　选择是否登录

下载完成后,需要安装 MySQL。双击下载好的 MySQL 安装文件"mysql-installer-community-8.0.23.0.msi"打开安装程序,图标为 mysql-installer-community-8.0.23.0 ,打开

后需要稍等一下,进入附图 63 所示的界面。单击"Next"按钮,进入附图 64 所示的界面。

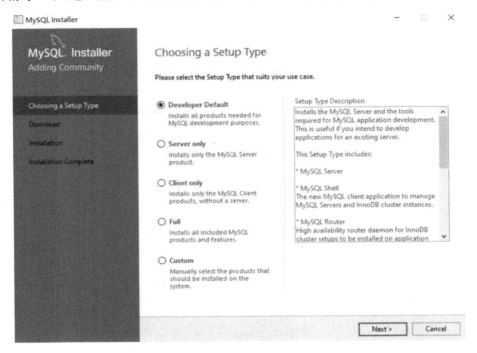

附图 63　MySQL 初始安装界面

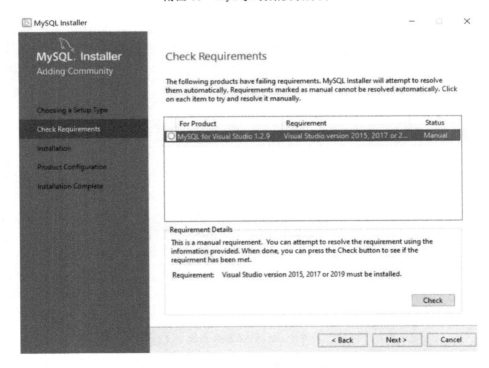

附图 64　Check Requirements 界面

　　不单击附图 64 中的"Check"按钮,直接单击"Next"按钮,会弹出附图 65(a)所示的页面。单击附图 65(a)中的"Yes"按钮后,会弹出附图 65(b)所示的页面,单击附图 65(b)中的"Execute"按钮后,会弹出附图 65(c)所示的页面,单击附图 65(c)中的"Next"按钮后进入附图 66 所示的页面。

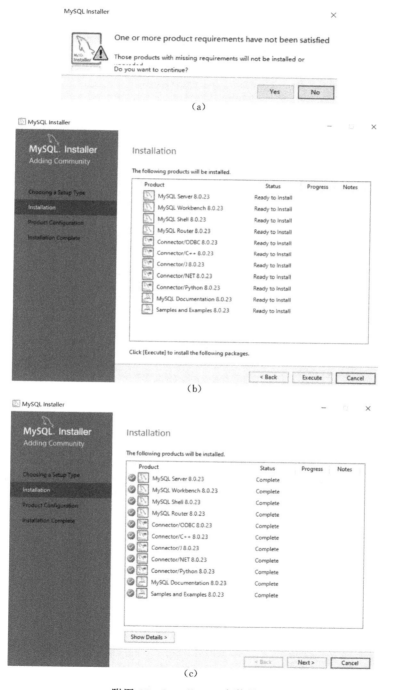

附图 65　Installation 安装界面

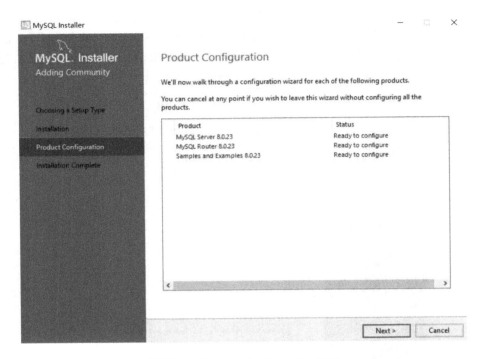

附图 66   Product Configuration 界面

单击"Next"按钮,进入附图 67 所示的界面。配置分为 3 个部分,单击"Next"按钮,进入 Authentication Method 配置界面,如附图 68 所示。

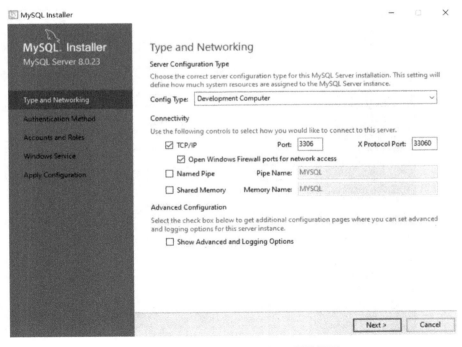

附图 67   Type and Networking 配置界面

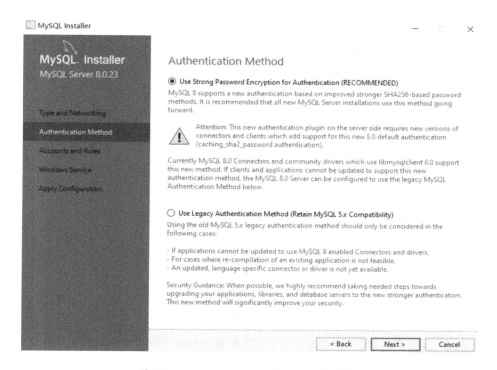

附图 68　Authentication Method 配置界面

单击"Next"按钮,进入附图 69 所示的界面,安装时设定密码 MySQL Root Password,出于教学需要,此处设定为很好记忆的 123456。

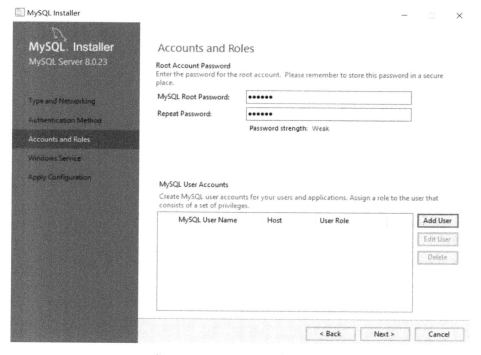

附图 69　Accounts and Roles 界面

再单击"Add User"按钮添加新的用户账号,如附图 70 所示。

附图 70　设定新用户的用户名和密码

设置 User Name 为 dba,Password 为 123456,Role 为 DB Admin。然后单击"OK"按钮,返回到 Accounts and Roles 界面,可以看到刚刚添加的新用户,如附图 71 所示。

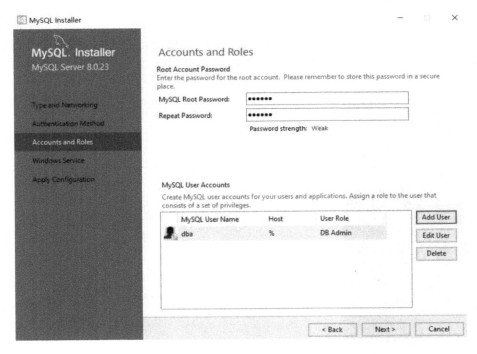

附图 71　新用户在 Accounts and Roles 界面中显现

单击"Next"按钮,进入附图 72 所示的界面。

单击"Next"按钮,进入附图 73 所示的界面,单击"Execute"按钮后会显示附图 74 所示的界面。

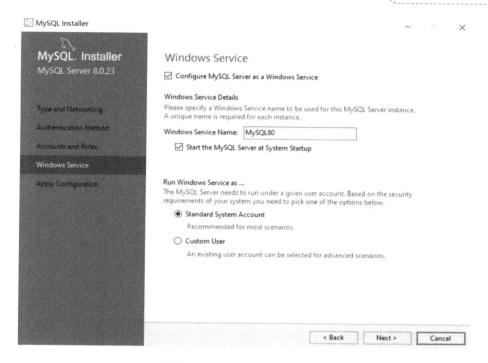

附图 72　Windows Service 界面

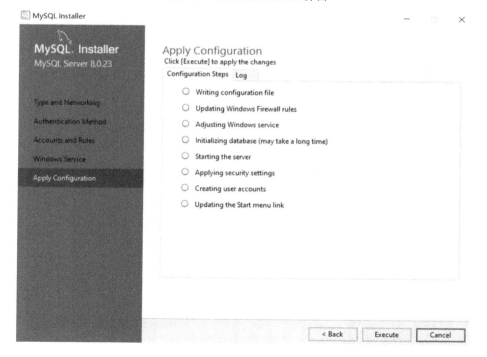

附图 73　Apply Configuration 界面

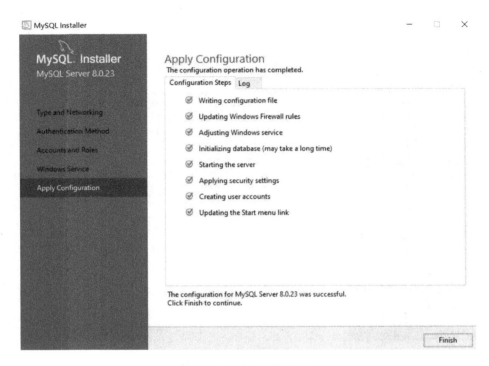

附图 74　应用配置操作完成界面

单击"Finish"按钮,返回附图 75 所示的 Product Configuration 界面。

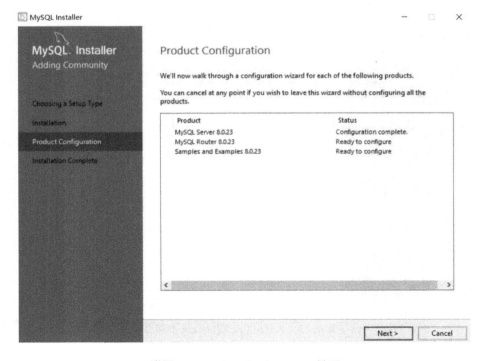

附图 75　Product Configuration 界面

单击"Next"按钮,进入附图 76 所示的界面。

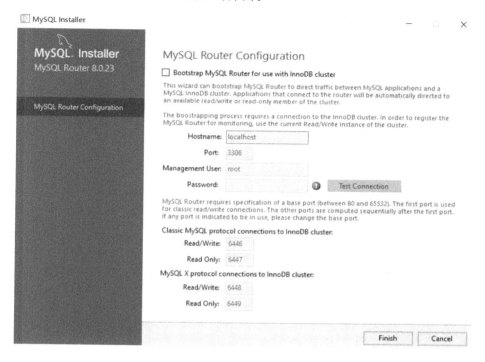

附图 76   MySQL Router Configuration 界面

单击"Finish"按钮,重新进入附图 77 所示的界面。

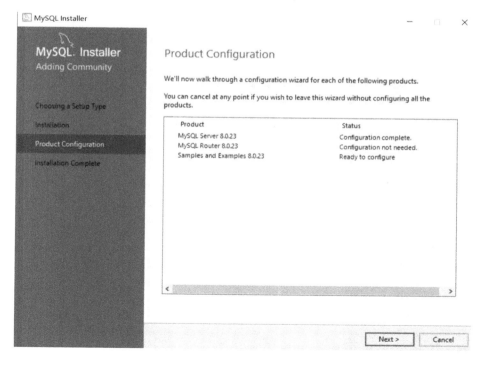

附图 77   重新进入 Product Configuration 界面

单击"Next"按钮,进入附图78所示的界面。

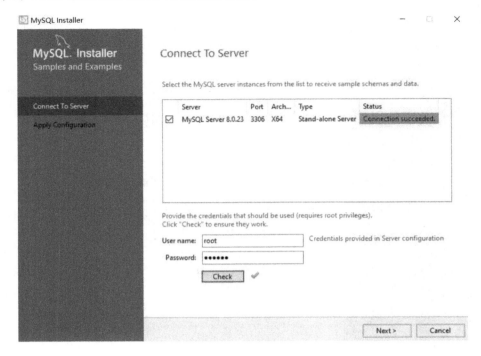

附图78 Connect To Server 界面

输入密码,单击"Check"按钮,然后 Status 变成 Connection succeeded。 单击"Next"按钮,进入附图79所示的界面。

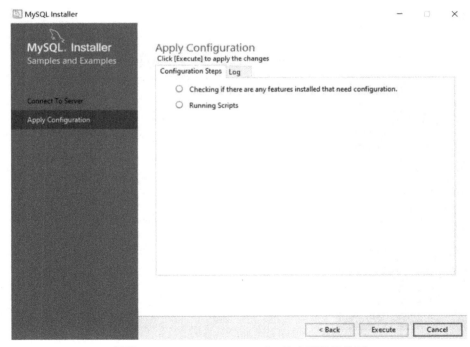

附图79 Samples and Examples 的应用配置界面

单击"Execute"按钮,进入附图 80 所示的界面。

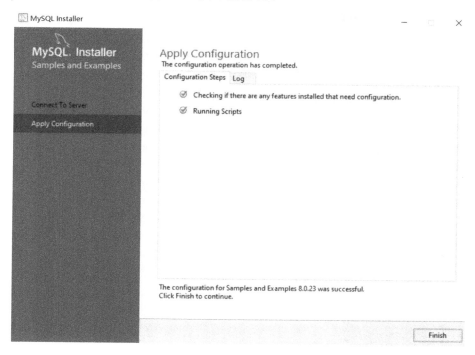

附图 80　Samples and Examples 的应用配置完成界面

单击"Finish"按钮后,又重新返回附图 81 所示的界面。

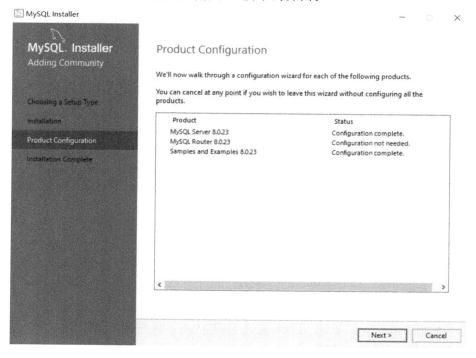

附图 81　Product Configuration 界面

单击"Next"按钮,进入附图 82 所示的界面。

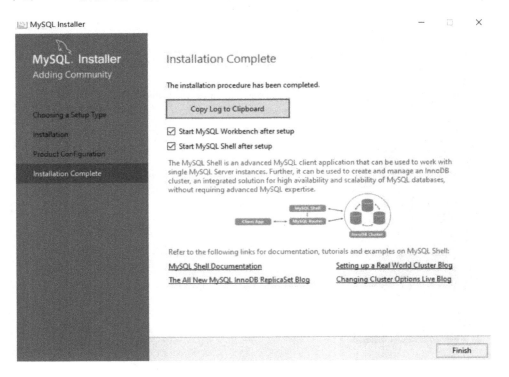

附图 82　安装完成界面

选中附图 82 中的两个复选框,单击"Finish"按钮完成安装。运行的 MySQL Shell 如附图 83 所示。

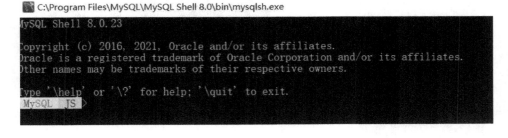

附图 83　MySQL Shell 界面

在完成安装 MySQL Community Server 时,已经自动安装 MySQL Workbench,会提示是否需要开启 MySQL Workbench,使用 MySQL Workbench 可以创建新的数据库、对数据库进行操作、迁移和备份数据库等。可以在 Windows、Linux 和 Mac 操作系统上使用,本书是在 Windows 操作系统上安装。附图 84 所示是 MySQL Workbench 的欢迎界面。

双击"Local instance MySQL"按钮,进入附图 85 所示的界面。

输入密码后进入附图 86 所示的 MySQL Workbench 操作界面。

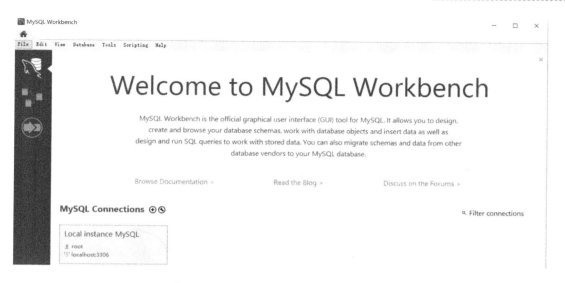

附图 84 MySQL Workbench 的欢迎界面

附图 85 Connect to MySQL Server 界面

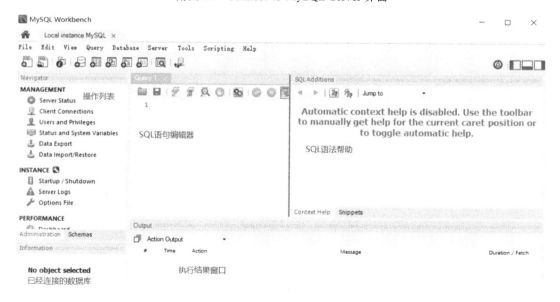

附图 86 MySQL Workbench 操作界面

在真正使用 MySQL 前,需要配置环境变量,操作如下。

在计算机中添加全局变量。选择"开始/Windows 系统→控制面板(查看方式:大图标)→系统→高级系统设置→环境变量",进入附图 87 所示的界面。

附图 87　环境变量界面

在环境变量界面找到"Path",选中它,单击"编辑"按钮,进入附图 88 所示的界面。

附图 88　编辑环境变量界面

我们可以在 Windows 10 系统中右击"开始"菜单,在出现的菜单中选择"命令提示符(管理员)",打开命令行窗口。

另一种方法是:Windows 系统→命令提示符,选中命令提示符并右击,然后再选择"更多"→"以管理员身份运行"。

运行命令"mysqld --install"。

配置 MySQL 环境变量后,在命令行窗口中键入"mysql -u root -p"连接数据库,如附图 89 所示,就可以看到数据库安装成功了。

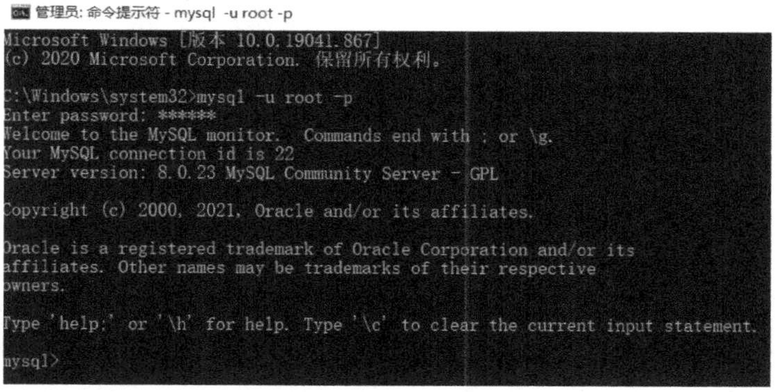

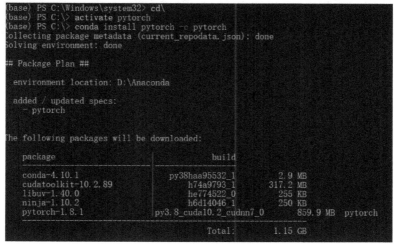

附图 89　连接数据库

再输入命令"quit"退出。

6. 安装 PyTorch 和 torchvision

打开 Anaconda Powershell Prompt(Anaconda)命令窗口,输入以下命令即可安装 PyTorch 和 torchvision,如附图 90 和附图 91 所示。

```
conda install pytorch -c pytorch
pip3 install torchvision
```

附图 90　安装 PyTorch

```
(base) PS C:\> pip3 install torchvision
Collecting torchvision
  Downloading torchvision-0.9.1-cp38-cp38-win_amd64.whl (852 kB)
     |████████████████████████████████| 852 kB 72 kB/s
Requirement already satisfied: torch==1.8.1 in d:\anaconda\lib\site-packages (from torchvision) (1.8.1)
Requirement already satisfied: pillow>=4.1.1 in d:\anaconda\lib\site-packages (from torchvision) (8.0.1)
Requirement already satisfied: numpy in d:\anaconda\lib\site-packages (from torchvision) (1.19.2)
Requirement already satisfied: typing_extensions in d:\anaconda\lib\site-packages (from torch==1.8.1->torchvision) (3.7.
4.3)
Installing collected packages: torchvision
Successfully installed torchvision-0.9.1
(base) PS C:\>
```

附图 91　安装 torchvision

7. 安装 factor-analyzer

在主菜单中找到 Anaconda Prompt(Anaconda)并右击,然后选择“更多”→“以管理员身份运行”,在命令行中运行如下命令:

pip install factor-analyzer

如附图 92 所示,安装成功。

```
管理员: Anaconda Prompt (Anaconda)

(base) C:\Windows\system32>pip install factor-analyzer
Collecting factor-analyzer
  Downloading factor_analyzer-0.3.2.tar.gz (40 kB)
     |████████████████████████████████| 40 kB 147 kB/s
Requirement already satisfied: pandas in d:\anaconda\lib\site-packages (from factor-analyzer) (1.1.3)
Requirement already satisfied: scipy in d:\anaconda\lib\site-packages (from factor-analyzer) (1.5.2)
Requirement already satisfied: numpy in d:\anaconda\lib\site-packages (from factor-analyzer) (1.19.2)
Requirement already satisfied: scikit-learn in d:\anaconda\lib\site-packages (from factor-analyzer) (0.23.2)
Requirement already satisfied: pytz>=2017.2 in d:\anaconda\lib\site-packages (from pandas->factor-analyzer) (2020.1)
Requirement already satisfied: python-dateutil>=2.7.3 in d:\anaconda\lib\site-packages (from pandas->factor-analyzer) (2
.8.1)
Requirement already satisfied: joblib>=0.11 in d:\anaconda\lib\site-packages (from scikit-learn->factor-analyzer) (0.17.
0)
Requirement already satisfied: threadpoolctl>=2.0.0 in d:\anaconda\lib\site-packages (from scikit-learn->factor-analyzer
) (2.1.0)
Requirement already satisfied: six>=1.5 in d:\anaconda\lib\site-packages (from python-dateutil>=2.7.3->pandas->factor-an
alyzer) (1.15.0)
Building wheels for collected packages: factor-analyzer
  Building wheel for factor-analyzer (setup.py) ... done
  Created wheel for factor-analyzer: filename=factor_analyzer-0.3.2-py3-none-any.whl size=40383 sha256=2819774f139284f74
c57f49feed3d9ffd8f44284a01e5e94cfc2d11aaff4b15b
  Stored in directory: c:\users\zhaomin\appdata\local\pip\cache\wheels\b1\d4\b5\9da0e0e81266e87f5e85068f031077c8a2ae0eed
f76ea1d294
Successfully built factor-analyzer
Installing collected packages: factor-analyzer
Successfully installed factor-analyzer-0.3.2

(base) C:\Windows\system32>
```

附图 92　安装 factor-analyzer

8. 安装 imblearn(imbalanced-learn)

在主菜单中找到 Anaconda Prompt(Anaconda)并右击,然后选择“更多”→“以管理员身份运行”,在命令行中运行如下命令:

pip install imbalanced-learn

如附图 93 所示,安装成功。

9. 安装 xgboost

在主菜单中找到 Anaconda Prompt(Anaconda)并右击,然后选择“更多”→“以管理员身份运行”,在命令行中运行如下命令:

pip3 install xgboost

如附图 94 所示,安装成功。

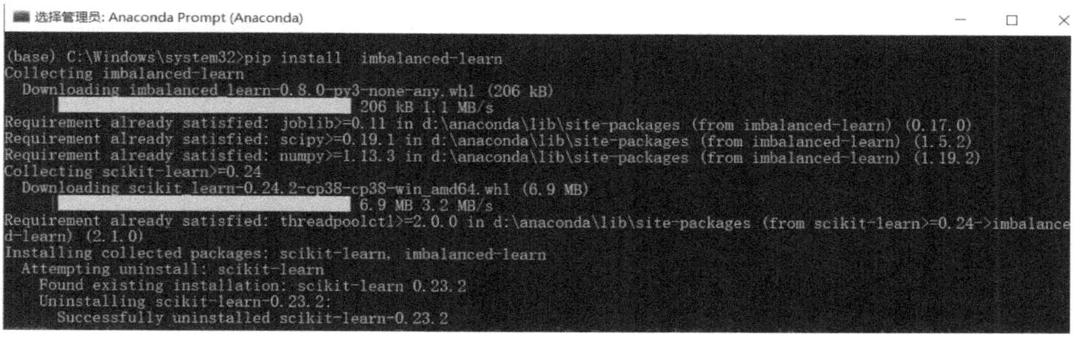

附图 93　安装 imblearn

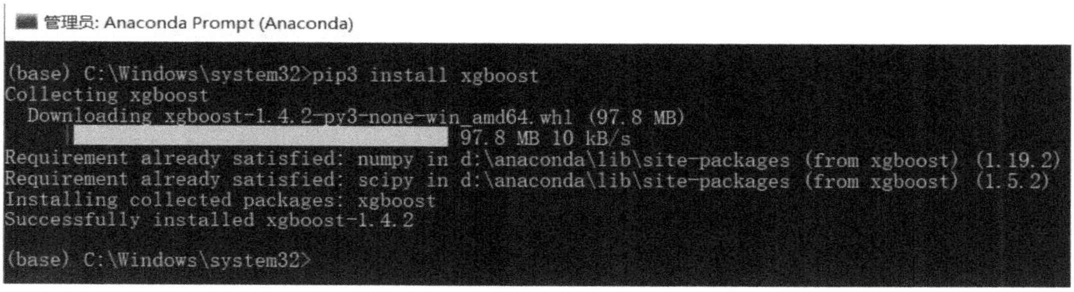

附图 94　安装 xgboost

或者通过在网上搜索资料，直接下载 xgboost 的 whl 文件，在 Anaconda 控制台下运行"pip3 install whl 文件名"命令即可，注意 whl 文件应该与计算机中 Python 的位数和版本一致。